大学数学系列教材

线性代数

(第3版)

主　编　张序萍　焦方蕾　陈贵磊　吕亚男
副主编　郭秀荣　王鲁新　张　宁　杨立星

北京交通大学出版社
·北京·

内容简介

本书是根据高等学校理工类及经管类各专业线性代数的教学大纲要求，结合当前高等教育的多样化要求，并参照近年来线性代数课程及教材建设的经验和成果编写而成的，主要内容有行列式、矩阵、线性方程组与向量组、矩阵的特征值与特征向量、二次型。另外，本书还在有关章节配有相关的MATLAB实现，介绍了利用MATLAB进行数学实验的方法。

本书编写侧重于介绍线性代数的基本内容和方法，适当地减少了相关的推导和证明，使学生在相对较少的学时内就能较系统地掌握该课程的基本内容。本书特别适合作为普通本科院校理工类、经管类线性代数课程教材，也可作为普通本科学生自学用参考书。

图书在版编目（CIP）数据

线性代数/张序萍等主编．—3版．—北京：北京交通大学出版社，2021.8（2023.7重印）
ISBN 978-7-5121-4539-9

Ⅰ.①线…　Ⅱ.①张…　Ⅲ.①线性代数-高等学校-教材　Ⅳ.①O151.2

中国版本图书馆CIP数据核字（2021）第153038号

线性代数
XIANXING DAISHU

责任编辑：严慧明
出版发行：北京交通大学出版社　　电话：010－51686414　　http：//www.bjtup.com.cn
地　　址：北京市海淀区高梁桥斜街44号　　邮编：100044
印 刷 者：三河市华骏印务包装有限公司
经　　销：全国新华书店
开　　本：185 mm×260 mm　　印张：13.25　　字数：331千字
版 印 次：2017年11月第1版　　2021年8月第3版　　2023年7月第2次印刷
印　　数：3001～4500册　　定价：38.00元

本书如有质量问题，请向北京交通大学出版社质监组反映。对您的意见和批评，我们表示欢迎和感谢。
投诉电话：010－51686043，51686008；传真：010－62225406；E-mail：press@bjtu.edu.cn。

第3版前言

自2019年本教材第2版出版以来，随着国家高等教育进一步深化改革，课程建设持续推进，我们也做了大量的课程改革实践。根据我们的实践经验和当前教学的实际需要，在继续保持教材原有特色，保持教材主体面貌的基础上，我们对本教材进行了以下修订。

（1）结合教学内容适量增加了一些线性代数发展史的介绍，并用唯物辩证法的观点对一些重要概念进行了诠释。

（2）对第2版中的编印错误进行了勘误修正。

本版的编写工作由山东科技大学教师和泰山科技学院教师共同承担。其中，张序萍、焦方蕾、陈贵磊、吕亚男任主编，郭秀荣、王鲁新、张宁、杨立星任副主编，边平勇、徐亚鹏、王娟、许曰才、邓薇、王云丽、郭文静、彭丽、张相虎参与编写。

在本次再版过程中，兄弟院校的许多老师也针对本教材的使用提出了宝贵的建议和修改意见，在此表示衷心的感谢，同时恳请读者继续批评指正。

编　者

2021年7月

第 2 版前言

本教材第 1 版自出版后，受到了读者的欢迎，得到了他们的广泛认可。然而，本教材第 1 版中还存在一些错误和不足。为了能够使读者更好地学习线性代数相关知识，在本书再版之际，编者结合同行的意见，对本教材第 1 版作了以下修改和补充。

（1）对其中的部分概念表述和例题讲解进行了修改，使其与全书风格更为一致。

（2）适量补充了部分习题和复习题，使其更利于读者自学自测。

（3）对其中的编印错误进行了勘正。

本教材第 2 版的编写工作继续由山东科技大学教师承担。焦方蕾、张序萍、陈贵磊、吕亚男任主编，王鲁新、张宁任副主编，徐亚鹏、王娟、许曰才、邓薇、郭秀荣、王云丽、郭文静、彭丽、张相虎参与编写。

在本教材第 1 版的使用过程中，许多老师提出了宝贵的建议，在此向他们致谢。本教材肯定还存在缺点和错误，恳请读者继续批评指正。

编　者

2019 年 2 月

第 1 版前言

线性代数是高等学校各专业的公共基础课，对培养学生抽象思维、逻辑推理和科学计算能力具有重要的作用，同时也是学生学习专业课和进一步学习现代科学知识的必修课程。编者根据多年累积的教学经验，结合近年来线性代数课程建设的实践，切合学生实际编写了本教材，力求深入浅出，化难为易，服务专业课程。

（1）本教材内容系统，语言简洁、直观。

（2）习题分为 A、B 组，A 组为基本要求，B 组为较高要求，这样的分组便于学生视自身情况选用。

（3）各章后均设有总复习题，便于学生系统复习使用。

（4）某些章节后配有针对本节内容的 MATLAB 实现，且书后附有 MATLAB 使用简介，因此不需要专门的 MATLAB 教程学生就能及时掌握软件的使用方法以进行所学知识的运算，为培养具有创新能力的应用型人才目标服务。

本教材由焦方蕾、张序萍、陈贵磊任主编，吕亚男、王鲁新任副主编。另外，徐亚鹏、王娟、许曰才、邓薇、郭秀荣、郭文静、彭丽、张宁、张相虎也参与了本教材的编写。

本教材可作为普通本科院校理工类、经管类线性代数课程教材，也可作为普通本科学生自学用参考书。

在编写本教材的过程中得到了山东科技大学有关领导和同行的大力支持和帮助，也参考了许多成熟的教材，在此一并表示感谢！囿于编者水平有限，加之时间仓促，本教材的缺点与错误在所难免，恳请专家和读者批评指正。

编　者

2017 年 6 月

目　录

第1章 行 列 式

行列式是线性代数的基本内容之一，它是现代数学各个分支必不可少的重要研究工具，是研究线性方程组的主要方法，在生产实际和经济管理中有着广泛的应用. 本章从行列式的概念出发，介绍行列式的计算方法，以及利用行列式求解特殊类型的线性方程组的方法，即克拉默法则. 行列式的思想在1683年和1693年分别由日本数学家关孝和和德国数学家莱布尼茨分别提出来，它的形成比矩阵理论早160多年.

1.1 行列式的定义

1.1.1 二阶行列式

对于二元线性方程组

$$\begin{cases} a_{11}x_1+a_{12}x_2=b_1 & ① \\ a_{21}x_1+a_{22}x_2=b_2 & ② \end{cases} \tag{1-1}$$

用消元法解此方程组，①式$\times a_{22}-$②式$\times a_{12}$得

$$(a_{11}a_{22}-a_{12}a_{21})x_1=b_1a_{22}-b_2a_{12} \tag{1-2}$$

②式$\times a_{11}-$①式$\times a_{21}$得

$$(a_{11}a_{22}-a_{12}a_{21})x_2=b_2a_{11}-b_1a_{21} \tag{1-3}$$

当$a_{11}a_{22}-a_{12}a_{21}\neq 0$时，方程组有唯一解：

$$\begin{cases} x_1=\dfrac{b_1a_{22}-b_2a_{12}}{a_{11}a_{22}-a_{12}a_{21}} \\ x_2=\dfrac{b_2a_{11}-b_1a_{21}}{a_{11}a_{22}-a_{12}a_{21}} \end{cases}$$

为方便记忆，引进记号$\begin{vmatrix} a_{11} & a_{12} \\ a_{21} & a_{22} \end{vmatrix}$. 令$\begin{vmatrix} a_{11} & a_{12} \\ a_{21} & a_{22} \end{vmatrix}=a_{11}a_{22}-a_{12}a_{21}$，称$\begin{vmatrix} a_{11} & a_{12} \\ a_{21} & a_{22} \end{vmatrix}$为二阶行

列式，代数和 $a_{11}a_{22}-a_{12}a_{21}$ 是行列式的值. 其中 $a_{ij}(i=1,2;j=1,2)$ 叫作行列式的元素，横排称作行，竖排称作列. $a_{ij}(i=1,2;j=1,2)$ 的第一个下标 i 称为行标，第二个下标 j 称为列标. a_{ij} 表示该元素位于第 i 行、第 j 列.

计算二阶行列式时可以采用"对角线法则"，即二阶行列式的值等于主对角线（从左上角到右下角的连线）上两元素之积减去副对角线（从右上角到左下角的连线）上两元素之积所得的差值.

$$\begin{vmatrix} a_{11} & a_{12} \\ a_{21} & a_{22} \end{vmatrix}=a_{11}a_{22}-a_{12}a_{21}$$

副对角线　主对角线

按二阶行列式的定义，记 $D=\begin{vmatrix} a_{11} & a_{12} \\ a_{21} & a_{22} \end{vmatrix}$，$D_1=\begin{vmatrix} b_1 & a_{12} \\ b_2 & a_{22} \end{vmatrix}$，$D_2=\begin{vmatrix} a_{11} & b_1 \\ a_{21} & b_2 \end{vmatrix}$，则当系数行列式 $D\neq 0$ 时，二元线性方程组(1-1)的解可表示为

$$x_1=\frac{D_1}{D}=\frac{\begin{vmatrix} b_1 & a_{12} \\ b_2 & a_{22} \end{vmatrix}}{\begin{vmatrix} a_{11} & a_{12} \\ a_{21} & a_{22} \end{vmatrix}},\quad x_2=\frac{D_2}{D}=\frac{\begin{vmatrix} a_{11} & b_1 \\ a_{21} & b_2 \end{vmatrix}}{\begin{vmatrix} a_{11} & a_{12} \\ a_{21} & a_{22} \end{vmatrix}} \tag{1-4}$$

例 1　用二阶行列式解线性方程组 $\begin{cases} 2x_1+4x_2=1 \\ x_1+3x_2=2 \end{cases}$.

解：因为

$$D=\begin{vmatrix} 2 & 4 \\ 1 & 3 \end{vmatrix}=2\times3-4\times1=2\neq0$$

$$D_1=\begin{vmatrix} 1 & 4 \\ 2 & 3 \end{vmatrix}=1\times3-4\times2=-5,\quad D_2=\begin{vmatrix} 2 & 1 \\ 1 & 2 \end{vmatrix}=2\times2-1\times1=3$$

所以，方程组有唯一解：$x_1=\frac{D_1}{D}=\frac{-5}{2}=-\frac{5}{2}$，$x_2=\frac{D_2}{D}=\frac{3}{2}$.

1.1.2　三阶行列式

类似于解二元线性方程组，解三元线性方程组

$$\begin{cases} a_{11}x_1+a_{12}x_2+a_{13}x_3=b_1 \\ a_{21}x_1+a_{22}x_2+a_{23}x_3=b_2 \\ a_{31}x_1+a_{32}x_2+a_{33}x_3=b_3 \end{cases} \tag{1-5}$$

也会产生代数和算式，同样为方便记忆，此时引进三阶行列式，记为$\begin{vmatrix} a_{11} & a_{12} & a_{13} \\ a_{21} & a_{22} & a_{23} \\ a_{31} & a_{32} & a_{33} \end{vmatrix}$. 该三阶行列式的值为$a_{11}a_{22}a_{33}+a_{12}a_{23}a_{31}+a_{13}a_{21}a_{32}-a_{13}a_{22}a_{31}-a_{11}a_{23}a_{32}-a_{12}a_{21}a_{33}$.

三阶行列式的计算式包含三正三负共六项，也可以利用“对角线法则”来记忆. 如图 1－1 所示，a_{11}，a_{22}，a_{33} 的连线为主对角线（从左上角到右下角的连线），a_{13}，a_{22}，a_{31} 的连线为副对角线（从右上角到左下角的连线）. 位于主对角线上元素的乘积 $a_{11}a_{22}a_{33}$ 及乘积 $a_{12}a_{23}a_{31}$，$a_{13}a_{21}a_{32}$ 这三项为正项，乘积 $a_{12}a_{23}a_{31}$ 和乘积 $a_{13}a_{21}a_{32}$ 中的三个元素的连线均形成底边平行于主对角线的三角形；位于副对角线上的元素乘积 $a_{13}a_{22}a_{31}$ 及乘积 $a_{12}a_{21}a_{33}$，$a_{11}a_{23}a_{32}$ 这三项为负项，乘积 $a_{12}a_{21}a_{33}$ 和乘积 $a_{11}a_{23}a_{32}$ 中的三个元素的连线均形成底边平行于副对角线的三角形.

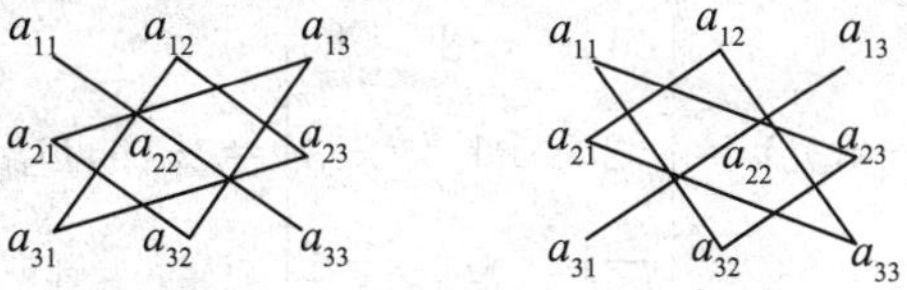

图 1－1

例 2　计算三阶行列式$\begin{vmatrix} 1 & 2 & 3 \\ 4 & 0 & 5 \\ -1 & 0 & 6 \end{vmatrix}$.

解：
$$\begin{vmatrix} 1 & 2 & 3 \\ 4 & 0 & 5 \\ -1 & 0 & 6 \end{vmatrix}=1\times0\times6+2\times5\times(-1)+3\times4\times0-3\times0\times(-1)-1\times5\times0-4\times2\times6$$
$$=-10-48=-58$$

三元线性方程组的解也可以用三阶行列式给出. 记

$$D=\begin{vmatrix} a_{11} & a_{12} & a_{13} \\ a_{21} & a_{22} & a_{23} \\ a_{31} & a_{32} & a_{33} \end{vmatrix},D_1=\begin{vmatrix} b_1 & a_{12} & a_{13} \\ b_2 & a_{22} & a_{23} \\ b_3 & a_{32} & a_{33} \end{vmatrix},D_2=\begin{vmatrix} a_{11} & b_1 & a_{13} \\ a_{21} & b_2 & a_{23} \\ a_{31} & b_3 & a_{33} \end{vmatrix},D_3=\begin{vmatrix} a_{11} & a_{12} & b_1 \\ a_{21} & a_{22} & b_2 \\ a_{31} & a_{32} & b_3 \end{vmatrix}.$$

当系数行列式 $D\neq0$ 时，三元线性方程组（1－5）有唯一解：

$$x_1=\frac{D_1}{D},x_2=\frac{D_2}{D},x_3=\frac{D_3}{D} \tag{1-6}$$

其解的结构与二元线性方程组解的结构相类似.

例 3 解三元线性方程组$\begin{cases} x_1-2x_2+x_3=-2 \\ 2x_1+x_2-3x_3=1 \\ -x_1+x_2-x_3=0 \end{cases}$.

解:由于方程组的系数行列式

$$D=\begin{vmatrix} 1 & -2 & 1 \\ 2 & 1 & -3 \\ -1 & 1 & -1 \end{vmatrix}$$

$$=1\times1\times(-1)+(-2)\times(-3)\times(-1)+1\times2\times1-1\times(-1)\times1-1\times(-3)\times1-(-2)\times2\times(-1)$$

$$=-5\neq0$$

$$D_1=\begin{vmatrix} -2 & -2 & 1 \\ 1 & 1 & -3 \\ 0 & 1 & -1 \end{vmatrix}=-5, D_2=\begin{vmatrix} 1 & -2 & 1 \\ 2 & 1 & -3 \\ -1 & 0 & -1 \end{vmatrix}=-10, D_3=\begin{vmatrix} 1 & -2 & -2 \\ 2 & 1 & 1 \\ -1 & 1 & 0 \end{vmatrix}=-5$$

故所求方程组的解为

$$x_1=\frac{D_1}{D}=1, x_2=\frac{D_2}{D}=2, x_3=\frac{D_3}{D}=1$$

1.1.3 n 阶行列式

由 1.1.1 节和 1.1.2 节可知：

$$\begin{vmatrix} a_{11} & a_{12} \\ a_{21} & a_{22} \end{vmatrix}=a_{11}a_{22}-a_{12}a_{21}$$

$$\begin{vmatrix} a_{11} & a_{12} & a_{13} \\ a_{21} & a_{22} & a_{23} \\ a_{31} & a_{32} & a_{33} \end{vmatrix}=a_{11}a_{22}a_{33}+a_{12}a_{23}a_{31}+a_{13}a_{21}a_{32}-a_{13}a_{22}a_{31}-a_{11}a_{23}a_{32}-a_{12}a_{21}a_{33}$$

观察上述结果不难发现：

(1)二阶行列式的值是 2! 项的代数和，三阶行列式的值是 3! 项的代数和；

(2)二阶行列式的计算式中每一项都是两个元素的乘积 $a_{1j_1}a_{2j_2}$，其中行标是自然数顺序 1,2，列标 j_1,j_2 是数 1,2 的一个不重复排列，共 2! 个；三阶行列式的计算式中每一项都是三个元素的乘积 $a_{1j_1}a_{2j_2}a_{3j_3}$，其中行标是自然数顺序 1,2,3，列标 j_1,j_2,j_3 是数 1,2,3 的一个不重复排列，共3！个；

(3)行列式的计算式中的每一项前面都带有正负号，其中正负各半，且正负号由列标的排列顺序决定.

定义1.1 由自然数1,2,…,n组成的不重复的一种有确定次序的排列称为一个n级排列，简称排列.

例如，1234是一个4级排列，3412也是一个4级排列，而52341是一个5级排列. 由数1,2,3组成的所有3级排列为：123,132,213,231,312,321，共有3！个.

数字由小到大的n级排列$1234\cdots n$称为自然排列或者标准排列.

定义1.2 在一个n级排列$(j_1j_2\cdots j_r\cdots j_s\cdots j_n)$中，如果有较大的数$j_r$排在较小的数$j_s$的前面，则称$j_r$与$j_s$构成一个逆序，一个$n$级排列中逆序的总数称为这个排列的逆序数，记作$N(j_1j_2\cdots j_n)$.

例4 计算4级排列3412的逆序数.

解：从左到右将各个数字与其后面的数字相比较：

(1)3分别与4,1,2比较，31,32各构成一个逆序，共2个逆序；

(2)4分别与1,2比较，41,42各构成一个逆序，共2个逆序；

(3)1与2比较，没有构成逆序.

所以，4级排列3412的逆序数为$N(3412)=2+2=4$. 也可以从右向左比较，结果必然一致.

容易看出，自然排列的逆序数为0.

定义1.3 如果排列$j_1j_2\cdots j_n$的逆序数$N(j_1j_2\cdots j_n)$是奇数，则称此排列为奇排列，逆序数是偶数的排列则称为偶排列.

二阶行列式和三阶行列式的计算式中各项符号的确定原则为：将该项元素的行标按自然数顺序排列后，如果对应列标构成的排列是偶排列，则该项符号取正；如果对应列标构成的排列是奇排列，则该项符号取负.

将二阶、三阶行列式推广，可得到n阶行列式的定义.

定义1.4 由n行n列的n^2个数$a_{ij}\,(i,j=1,2,\cdots,n)$形成的记号

$$\begin{vmatrix} a_{11} & a_{12} & \cdots & a_{1n} \\ a_{21} & a_{22} & \cdots & a_{2n} \\ \vdots & \vdots & & \vdots \\ a_{n1} & a_{n2} & \cdots & a_{nn} \end{vmatrix}$$

称为 n 阶行列式.它表示所有取自不同行和不同列的 n 个元素乘积的代数和,各项符号的确定原则是:当该项各元素的行标按自然数顺序排列后,若对应列标构成的排列是偶排列则取正号,为奇排列则取负号.即

$$\begin{vmatrix} a_{11} & a_{12} & \cdots & a_{1n} \\ a_{21} & a_{22} & \cdots & a_{2n} \\ \vdots & \vdots & & \vdots \\ a_{n1} & a_{n2} & \cdots & a_{nn} \end{vmatrix} = \sum_{j_1 j_2 \cdots j_n} (-1)^{N(j_1 j_2 \cdots j_n)} a_{1j_1} a_{2j_2} \cdots a_{nj_n}$$

由自然数 $1,2,3,\cdots,n$ 组成的 n 级排列共有 $n!$ 个,$j_1 j_2 \cdots j_n$ 是其中的一个. $\sum\limits_{j_1 j_2 \cdots j_n}$ 表示将这 $n!$ 个 n 级排列分别代入 $(-1)^{N(j_1 j_2 \cdots j_n)} a_{1j_1} a_{2j_2} \cdots a_{nj_n}$ 进行求和.

行列式中横排称为行,竖排称为列,a_{ij} $(i,j=1,2,\cdots,n)$ 称为行列式的元素,$(-1)^{N(j_1 j_2 \cdots j_n)} a_{1j_1} a_{2j_2} \cdots a_{nj_n}$ 称为行列式的一般项.

行列式有时也简记为 $\det(a_{ij})$ 或 $|a_{ij}|$.

四阶及四阶以上的行列式称为高阶行列式,由于项数较多,已难以根据定义用直接展开的方法计算,也不能使用二阶、三阶行列式所适用的"对角线法则".但对于一些特殊的高阶行列式,可以根据定义求出行列式的值.

例 5 计算上三角形行列式 $D=\begin{vmatrix} a_{11} & a_{12} & \cdots & a_{1n} \\ 0 & a_{22} & \cdots & a_{2n} \\ \vdots & \vdots & & \vdots \\ 0 & 0 & \cdots & a_{nn} \end{vmatrix}$,其中 $a_{ii} \neq 0 (i=1,2,\cdots,n)$.

解:n 阶行列式的计算式中应有 $n!$ 项,其一般项为 $(-1)^{N(j_1 j_2 \cdots j_n)} a_{1j_1} a_{2j_2} \cdots a_{nj_n}$,由于 D 中有许多元素为 0,故只需求出上述一般项中不为 0 的项即可,此时可自右向左分析行列式的各个元素的取值.先观察 a_{nj_n},只有当 $j_n=n$ 时元素才不为 0.再观察 $a_{(n-1)j_{n-1}}$,j_{n-1} 只有取 $n-1$ 和 n 时元素才不为 0,而 $j_n=n$,故 $j_{n-1}=n-1$.逐个向上推,不难看出,在展开式中只有 $a_{11}a_{22}\cdots a_{nn}$ 一项不等于 0,而该项的列标所组成的排列的逆序数 $N(12\cdots n)=0$,故该项取正号.因此,由行列式的定义有

$$D=\begin{vmatrix} a_{11} & a_{12} & \cdots & a_{1n} \\ 0 & a_{22} & \cdots & a_{2n} \\ \vdots & \vdots & & \vdots \\ 0 & 0 & \cdots & a_{nn} \end{vmatrix} = a_{11}a_{22}\cdots a_{nn}$$

即上三角形行列式的值等于主对角线上各元素的乘积.

同理可求得下三角形行列式

$$\begin{vmatrix} a_{11} & 0 & \cdots & 0 \\ a_{21} & a_{22} & \cdots & 0 \\ \vdots & \vdots & & \vdots \\ a_{n1} & a_{n2} & \cdots & a_{nn} \end{vmatrix}=a_{11}a_{22}\cdots a_{nn}$$

特别地,对角行列式

$$\begin{vmatrix} a_{11} & 0 & \cdots & 0 \\ 0 & a_{22} & \cdots & 0 \\ \vdots & \vdots & & \vdots \\ 0 & 0 & \cdots & a_{nn} \end{vmatrix}=a_{11}a_{22}\cdots a_{nn}$$

这三个结论在以后的行列式计算中可以直接应用.

例 6 根据行列式的定义计算 $D_n=\begin{vmatrix} 0 & 0 & \cdots & 0 & 1 & 0 \\ 0 & 0 & \cdots & 2 & 0 & 0 \\ \vdots & \vdots & & \vdots & \vdots & \vdots \\ n-1 & 0 & \cdots & 0 & 0 & 0 \\ 0 & 0 & \cdots & 0 & 0 & n \end{vmatrix}$.

解:仿例 5 的分析过程可得

$D_n=(-1)^s a_{1(n-1)}a_{2(n-2)}\cdots a_{(n-1)1}a_{nn}=(-1)^s 1\cdot 2\cdot\cdots\cdot(n-2)\cdot(n-1)\cdot n=$ $(-1)^s n!$,其中,$s=N[(n-1)(n-2)\cdots 21n]=(n-2)+(n-3)+\cdots+1=\frac{(n-1)(n-2)}{2}$.

所以,$D_n=(-1)^{\frac{(n-1)(n-2)}{2}}n!$.

习题 1-1

(A)

1. 计算下列行列式.

(1) $\begin{vmatrix} a & b \\ a^2 & b^2 \end{vmatrix}$;

(2) $\begin{vmatrix} x-1 & 1 \\ -x^2-1 & x^2+x+1 \end{vmatrix}$;

(3) $\begin{vmatrix} 1 & 2 & 3 \\ 1 & 1 & 1 \\ 2 & 2 & 2 \end{vmatrix}$；　　(4) $\begin{vmatrix} a & -b & 0 \\ b & 1 & -1 \\ c & 0 & 1 \end{vmatrix}$.

2. 证明：$\begin{vmatrix} a_1 & b_1 & c_1 \\ a_2 & b_2 & c_2 \\ a_3 & b_3 & c_3 \end{vmatrix} = a_1 \begin{vmatrix} b_2 & c_2 \\ b_3 & c_3 \end{vmatrix} - b_1 \begin{vmatrix} a_2 & c_2 \\ a_3 & c_3 \end{vmatrix} + c_1 \begin{vmatrix} a_2 & b_2 \\ a_3 & b_3 \end{vmatrix}$.

3. 求下列各排列的逆序数.

(1)4132；　(2)3421；　(3)3712456；　(4)$13\cdots(2n-1)24\cdots(2n)$.

4. 写出四阶行列式的计算式中所有带负号并含有 $a_{11}a_{23}$ 的项.

5. 在六阶行列式的计算式中，下列各项应取什么符号？

(1)$a_{15}a_{23}a_{32}a_{44}a_{51}a_{66}$；　(2)$a_{21}a_{53}a_{16}a_{42}a_{65}a_{34}$.

(B)

1. 根据行列式的定义计算下列行列式.

(1) $\begin{vmatrix} 0 & b_1 & 0 & \cdots & 0 \\ 0 & 0 & b_2 & \cdots & 0 \\ \vdots & \vdots & \vdots & & \vdots \\ 0 & 0 & 0 & \cdots & b_{n-1} \\ b_n & 0 & 0 & \cdots & 0 \end{vmatrix}$；　(2) $\begin{vmatrix} a & 0 & 0 & \cdots & 0 & 1 \\ 0 & a & 0 & \cdots & 0 & 0 \\ 0 & 0 & a & \cdots & 0 & 0 \\ \vdots & \vdots & \vdots & & \vdots & \vdots \\ 0 & 0 & 0 & \cdots & a & 0 \\ 1 & 0 & 0 & \cdots & 0 & a \end{vmatrix}$；

(3) $\begin{vmatrix} a_1 & b_1 & 0 & \cdots & 0 & 0 \\ 0 & a_2 & b_2 & \cdots & 0 & 0 \\ 0 & 0 & a_3 & \cdots & 0 & 0 \\ \vdots & \vdots & \vdots & & \vdots & \vdots \\ 0 & 0 & 0 & \cdots & a_{n-1} & b_{n-1} \\ b_n & 0 & 0 & \cdots & 0 & a_n \end{vmatrix}$.

2. 求一个二次多项式 $f(x)$，使 $f(1)=0, f(2)=3, f(-3)=28$.

1.2　行列式的性质

本节探讨 n 阶行列式的性质及如何利用它们进行高阶行列式的计算.

1.2.1 对换

定义 1.5 在 n 级排列中，将任意两个元素交换位置，其余的元素不动，这种做出新排列的方法叫作对换. 将相邻两个元素对换，叫作相邻对换.

定理 1.1 将一个 n 级排列中的任意两个元素对换，排列的奇偶性改变.

证明：先证明相邻对换的情形.

设排列为 $a_1\cdots a_l abb_1\cdots b_m$，对换 a 与 b，该排列变为 $a_1\cdots a_l bab_1\cdots b_m$. 显然，对换之后，$a_1\cdots a_l$，$b_1\cdots b_m$ 中每个数与其他数的相对顺序并不改变，a，b 两数与其他数的相对顺序也不改变，但 a，b 两数之间的顺序改变，这将使逆序数发生变化. 当 $a<b$ 时，经对换后逆序数增加 1；当 $a>b$ 时，经对换后逆序数减少 1. 所以排列 $a_1\cdots a_l abb_1\cdots b_m$ 与排列 $a_1\cdots a_l bab_1\cdots b_m$ 的奇偶性不同.

再证明一般对换的情形.

设排列为 $a_1\cdots a_l ab_1\cdots b_m bc_1\cdots c_n$，经 m 次相邻对换，该排列变为 $a_1\cdots a_l abb_1\cdots b_m c_1\cdots c_n$，再经 $m+1$ 次相邻对换，该排列变为 $a_1\cdots a_l bb_1\cdots b_m ac_1\cdots c_n$. 即经 $2m+1$ 次相邻对换后，排列 $a_1\cdots a_l ab_1\cdots b_m bc_1\cdots c_n$ 变为 $a_1\cdots a_l bb_1\cdots b_m ac_1\cdots c_n$，所以这两个排列的奇偶性亦相反.

推论 1.1 奇排列调整成自然排列的对换次数为奇数，偶排列调整成自然排列的对换次数为偶数.

由定理 1.1 知对换的次数就是排列奇偶性变化的次数，而自然排列是偶排列（逆序数是 0），因此得知推论 1.1 成立.

定理 1.2 n 阶行列式也可定义为

$$D=\sum (-1)^s a_{i_1j_1}a_{i_2j_2}\cdots a_{i_nj_n} \tag{1-7}$$

其中 s 为行标所组成的排列与列标所组成的排列的逆序数之和，即 $s=N(i_1i_2\cdots i_n)+N(j_1j_2\cdots j_n)$，$\sum$ 表示将 $i_1i_2\cdots i_n$，$j_1j_2\cdots j_n$ 其中一组设为固定的一个 n 级排列，而将另一组所有的 n 级排列分别代入 $(-1)^s a_{i_1j_1}\cdots a_{i_nj_n}$ 求和.

下面证明

$$D=\sum_{j_1j_2\cdots j_n}(-1)^{N(j_1j_2\cdots j_n)}a_{1j_1}a_{2j_2}\cdots a_{nj_n} \tag{1-8}$$

证明：考虑排列 $i_1i_2\cdots i_n$ 是固定的，若要对换式(1-7)中一般项中两元素的位置，则意味着要同时进行一个行标的对换和一个列标的对换，故交换位置后行标所组成的排列与列标所组成的排列的逆序数之和的奇偶性保持不变，即对换式(1-7)中一般项中两元素的位置后，其符号保持不变. 因此，总可以经过有限次的对换，当将行标所组成的排列调整成自然排列时，式(1－7)中的一般项就变为式(1－8)中的一般项. 得证.

推论 1.2 n 阶行列式还可定义为

$$D=\sum_{i_1 i_2\cdots i_n}(-1)^{N(i_1 i_2\cdots i_n)}a_{i_1 1}a_{i_2 2}\cdots a_{i_n n}$$

1.2.2 行列式的重要性质

性质 1.1 将行列式 D 的行与列互换后得到的行列式与原行列式的值相等. 若 $D=\begin{vmatrix} a_{11} & a_{12} & \cdots & a_{1n} \\ a_{21} & a_{22} & \cdots & a_{2n} \\ \vdots & \vdots & & \vdots \\ a_{n1} & a_{n2} & \cdots & a_{nn} \end{vmatrix}$，行与列互换后得 $D^{\mathrm{T}}=\begin{vmatrix} a_{11} & a_{21} & \cdots & a_{n1} \\ a_{12} & a_{22} & \cdots & a_{n2} \\ \vdots & \vdots & & \vdots \\ a_{1n} & a_{2n} & \cdots & a_{nn} \end{vmatrix}$，则 $D=D^{\mathrm{T}}$. 其中 D^{T} 称为 D 的转置行列式，也记为 D'.

证明: 记 D 的转置行列式 $D^{\mathrm{T}}=\begin{vmatrix} b_{11} & b_{12} & \cdots & b_{1n} \\ b_{21} & b_{22} & \cdots & b_{2n} \\ \vdots & \vdots & & \vdots \\ b_{n1} & b_{n2} & \cdots & b_{nn} \end{vmatrix}$，则 $b_{ij}=a_{ji}\,(i,j=1,2,\cdots,n)$，按定义有

$$D^{\mathrm{T}}=\sum_{j_1 j_2\cdots j_n}(-1)^{N(j_1 j_2\cdots j_n)}b_{1j_1}b_{2j_2}\cdots b_{nj_n}=\sum_{j_1 j_2\cdots j_n}(-1)^{N(j_1 j_2\cdots j_n)}a_{j_1 1}a_{j_2 2}\cdots a_{j_n n}$$

对于 D^{T} 中的每一项 $(-1)^{N(j_1 j_2\cdots j_n)}b_{1j_1}b_{2j_2}\cdots b_{nj_n}$，总有且仅有 D 中的某一项 $(-1)^{N(j_1 j_2\cdots j_n)}\times a_{j_1 1}a_{j_2 2}\cdots a_{j_n n}$ 与之对应并相等；反之，对于 D 中的每一项 $(-1)^{N(j_1 j_2\cdots j_n)}a_{j_1 1}a_{j_2 2}\cdots a_{j_n n}$，也总有且仅有 D^{T} 中的某一项 $(-1)^{N(j_1 j_2\cdots j_n)}b_{1j_1}b_{2j_2}\cdots b_{nj_n}$ 与之对应并相等，从而 $D=D^{\mathrm{T}}$.

由性质 1.1 可知，行列式的行与列具有相同的地位，行列式的行具有的性质，它的列也同样具有.

性质 1.2 交换行列式的两行(列)，行列式的值改变符号.

证明: 设行列式

$$D_1=\begin{vmatrix} b_{11} & b_{12} & \cdots & b_{1n} \\ b_{21} & b_{22} & \cdots & b_{2n} \\ \vdots & \vdots & & \vdots \\ b_{n1} & b_{n2} & \cdots & b_{nn} \end{vmatrix}$$

是由行列式 $D=\begin{vmatrix} a_{11} & a_{12} & \cdots & a_{1n} \\ a_{21} & a_{22} & \cdots & a_{2n} \\ \vdots & \vdots & & \vdots \\ a_{n1} & a_{n2} & \cdots & a_{nn} \end{vmatrix}$ 交换 i,j 两行得到的：当 $k\neq i,j$ 时，$b_{kp}=a_{kp}$；当 $k=i,j$ 时，$b_{ip}=a_{jp}$，$b_{jp}=a_{ip}$. 于是

$$\begin{aligned} D_1 &= \sum (-1)^t b_{1p_1}\cdots b_{ip_i}\cdots b_{jp_j}\cdots b_{np_n} \\ &= \sum (-1)^t a_{1p_1}\cdots a_{jp_i}\cdots a_{ip_j}\cdots a_{np_n} \\ &= \sum (-1)^t a_{1p_1}\cdots a_{ip_j}\cdots a_{jp_i}\cdots a_{np_n} \end{aligned}$$

其中 $1\cdots i\cdots j\cdots n$ 为自然排列，$N(p_1\cdots p_i\cdots p_j\cdots p_n)=t$，$N(p_1\cdots p_j\cdots p_i\cdots p_n)=t_1$，则 $(-1)^t=-(-1)^{t_1}$，故

$$D_1=-\sum (-1)^{t_1} a_{1p_1}\cdots a_{ip_j}\cdots a_{jp_i}\cdots a_{np_n}=-D$$

注意： r_i 表示行列式的第 i 行，c_i 表示行列式的第 i 列. 交换 i,j 两行记作 $r_i\leftrightarrow r_j$，交换 i,j 两列记作 $c_i\leftrightarrow c_j$.

推论 1.3　若行列式有两行(列)的对应元素完全相同，则此行列式的值为 0.

证明： 把这两行交换，有 $D=-D$，故 $D=0$.

性质 1.3　行列式的某一行(列)中所有的元素都乘以同一数 k 等于用数 k 乘以此行列式.

证明：
$$\begin{vmatrix} a_{11} & a_{12} & \cdots & a_{1n} \\ \vdots & \vdots & & \vdots \\ ka_{i1} & ka_{i2} & \cdots & ka_{in} \\ \vdots & \vdots & & \vdots \\ a_{n1} & a_{n2} & \cdots & a_{nn} \end{vmatrix} = \sum (-1)^t a_{1j_1}a_{2j_2}\cdots(ka_{ij_i})\cdots a_{nj_n}$$

$$= k\sum (-1)^t a_{1j_1}a_{2j_2}\cdots a_{ij_i}\cdots a_{nj_n} = k\begin{vmatrix} a_{11} & a_{12} & \cdots & a_{1n} \\ \vdots & \vdots & & \vdots \\ a_{i1} & a_{i2} & \cdots & a_{in} \\ \vdots & \vdots & & \vdots \\ a_{n1} & a_{n2} & \cdots & a_{nn} \end{vmatrix}$$

注意：第 i 行乘以 k 记作 $r_i\times k$(或 kr_i)，第 i 列乘以 k 记作 $c_i\times k$(或 kc_i).

推论 1.4 如果行列式有两行(列)元素对应成比例，则此行列式的值等于 0.

推论 1.5 行列式某一行(列)的所有元素的公因子可提到行列式的外面.

性质 1.4 若行列式的某一行(列)的元素都是两个子元素之和，设

$$D=\begin{vmatrix} a_{11} & a_{12} & \cdots & a_{1n} \\ \vdots & \vdots & & \vdots \\ b_{i1}+c_{i1} & b_{i2}+c_{i2} & \cdots & b_{in}+c_{in} \\ \vdots & \vdots & & \vdots \\ a_{n1} & a_{n2} & \cdots & a_{nn} \end{vmatrix}$$

则

$$D=\begin{vmatrix} a_{11} & a_{12} & \cdots & a_{1n} \\ \vdots & \vdots & & \vdots \\ b_{i1} & b_{i2} & \cdots & b_{in} \\ \vdots & \vdots & & \vdots \\ a_{n1} & a_{n2} & \cdots & a_{nn} \end{vmatrix}+\begin{vmatrix} a_{11} & a_{12} & \cdots & a_{1n} \\ \vdots & \vdots & & \vdots \\ c_{i1} & c_{i2} & \cdots & c_{in} \\ \vdots & \vdots & & \vdots \\ a_{n1} & a_{n2} & \cdots & a_{nn} \end{vmatrix}=D_1+D_2$$

即行列式 D 变为两个行列式之和.

根据行列式定义，若行列式的计算式中的一般项中第 i 行元素由两项组成，则可将一般项一分为二，从而性质 1.4 得到证明.

性质 1.5 把行列式的某一行(列)的各元素乘以同一数然后加到另一行(列)的对应元素上去，行列式的值不变.

例如，以数 k 乘以第 j 列再加到第 i 列上去(记作 c_i+kc_j)，有

$$\begin{vmatrix} a_{11} & \cdots & a_{1i} & \cdots & a_{1j} & \cdots & a_{1n} \\ a_{21} & \cdots & a_{2i} & \cdots & a_{2j} & \cdots & a_{2n} \\ \vdots & & \vdots & & \vdots & & \vdots \\ a_{n1} & \cdots & a_{ni} & \cdots & a_{nj} & \cdots & a_{nn} \end{vmatrix} \xlongequal{c_i+kc_j} \begin{vmatrix} a_{11} & \cdots & a_{1i}+ka_{1j} & \cdots & a_{1j} & \cdots & a_{1n} \\ a_{21} & \cdots & a_{2i}+ka_{2j} & \cdots & a_{2j} & \cdots & a_{2n} \\ \vdots & & \vdots & & \vdots & & \vdots \\ a_{n1} & \cdots & a_{ni}+ka_{nj} & \cdots & a_{nj} & \cdots & a_{nn} \end{vmatrix} \quad (i\neq j).$$

利用性质 1.4 和推论 1.4 可证明此性质.

注意：以数 k 乘以第 j 行再加到第 i 行上记作 r_i+kr_j.

1.2.3 利用“三角化”计算行列式

计算行列式时，常使用行列式的性质把它化为上三角形行列式来计算，具体步骤如下：

(1)如果第1列第一个元素为0，首先将第1行与其他行交换使得第1列第一个元素不为0(最好为1，如果不是，也可以通过交换两行或两列得到)；

(2)把第1行乘以适当的常数加到其他各行，使得第1列除第一个元素外其余元素全为0；

(3)用同样的方法处理除去第1行和第1列后余下的低一阶行列式，如此继续下去，直至使待求行列式成为上三角形行列式，这时主对角线上各元素的乘积就是所求行列式的值.

例1 计算 $D=\begin{vmatrix} 3 & 1 & -1 & 2 \\ -5 & 1 & 3 & -4 \\ 2 & 0 & 1 & -1 \\ 1 & -5 & 3 & -3 \end{vmatrix}$.

解：

$$D \xlongequal{c_1 \leftrightarrow c_2} -\begin{vmatrix} 1 & 3 & -1 & 2 \\ 1 & -5 & 3 & -4 \\ 0 & 2 & 1 & -1 \\ -5 & 1 & 3 & -3 \end{vmatrix} \xlongequal[r_4+5r_1]{r_2-r_1} -\begin{vmatrix} 1 & 3 & -1 & 2 \\ 0 & -8 & 4 & -6 \\ 0 & 2 & 1 & -1 \\ 0 & 16 & -2 & 7 \end{vmatrix}$$

$$\xlongequal{r_2 \leftrightarrow r_3} \begin{vmatrix} 1 & 3 & -1 & 2 \\ 0 & 2 & 1 & -1 \\ 0 & -8 & 4 & -6 \\ 0 & 16 & -2 & 7 \end{vmatrix} \xlongequal[r_4-8r_2]{r_3+4r_2} \begin{vmatrix} 1 & 3 & -1 & 2 \\ 0 & 2 & 1 & -1 \\ 0 & 0 & 8 & -10 \\ 0 & 0 & -10 & 15 \end{vmatrix}$$

$$\xlongequal{r_4+\frac{5}{4}r_3} \begin{vmatrix} 1 & 3 & -1 & 2 \\ 0 & 2 & 1 & -1 \\ 0 & 0 & 8 & -10 \\ 0 & 0 & 0 & 5/2 \end{vmatrix} = 40$$

例2 计算 $D=\begin{vmatrix} a & b & b & b \\ b & a & b & b \\ b & b & a & b \\ b & b & b & a \end{vmatrix}$.

分析:注意到行列式的各列 4 个数之和都是 $3b+a$,故可把第 2,3,4 行同时加到第 1 行,再提出公因子 $3b+a$,最后将第 2,3,4 行分别减去第 1 行的 b 倍即可将待求行列式化为上三角形行列式.

解:$$D\xlongequal{r_1+r_2+r_3+r_4}\begin{vmatrix}3b+a & 3b+a & 3b+a & 3b+a\\ b & a & b & b\\ b & b & a & b\\ b & b & b & a\end{vmatrix}=(3b+a)\begin{vmatrix}1 & 1 & 1 & 1\\ b & a & b & b\\ b & b & a & b\\ b & b & b & a\end{vmatrix}$$

$$\xlongequal[\substack{r_2-br_1\\ r_3-br_1\\ r_4-br_1}]{}(3b+a)\begin{vmatrix}1 & 1 & 1 & 1\\ 0 & a-b & 0 & 0\\ 0 & 0 & a-b & 0\\ 0 & 0 & 0 & a-b\end{vmatrix}$$

$$=(3b+a)(a-b)^3$$

仿照上述方法可得到更一般的结果:

$$\begin{vmatrix}a & b & b & \cdots & b\\ b & a & b & \cdots & b\\ \vdots & \vdots & \vdots & & \vdots\\ b & b & b & \cdots & a\end{vmatrix}=[(n-1)b+a](a-b)^{n-1}$$

例 3 计算 $D=\begin{vmatrix}a & b & c & d\\ a & a+b & a+b+c & a+b+c+d\\ a & 2a+b & 3a+2b+c & 4a+3b+2c+d\\ a & 3a+b & 6a+3b+c & 10a+6b+3c+d\end{vmatrix}$.

解:

$$D\xlongequal[\substack{r_4-r_3\\ r_3-r_2\\ r_2-r_1}]{}\begin{vmatrix}a & b & c & d\\ 0 & a & a+b & a+b+c\\ 0 & a & 2a+b & 3a+2b+c\\ 0 & a & 3a+b & 6a+3b+c\end{vmatrix}\xlongequal[\substack{r_4-r_3\\ r_3-r_2}]{}\begin{vmatrix}a & b & c & d\\ 0 & a & a+b & a+b+c\\ 0 & 0 & a & 2a+b\\ 0 & 0 & a & 3a+b\end{vmatrix}$$

$$\xlongequal{r_4-r_3}\begin{vmatrix}a & b & c & d\\ 0 & a & a+b & a+b+c\\ 0 & 0 & a & 2a+b\\ 0 & 0 & 0 & a\end{vmatrix}=a^4$$

将行列式化为上三角形行列式的方法不是唯一的，比如还可以利用列的性质将第 n 行对角线左侧的元素化为 0，再将第 $n-1$ 行对角线左侧的元素化为 0，依次向上，最终将行列式化为上三角形行列式. 也可以交替使用行的性质与列的性质. 相比之下，例 3 中采用的方法最为自然，其他方法一般较少使用.

计算行列式时还可以将其化为下三角形行列式来计算. 将行列式化为下三角形行列式的过程与化为上三角形行列式的过程类似，主要是使用性质 1.5，可以只使用列的性质，也可以只使用行的性质，还可以二者交替使用.

例 4 计算 $D=\begin{vmatrix} a_1 & -a_1 & 0 & 0 \\ 0 & a_2 & -a_2 & 0 \\ 0 & 0 & a_3 & -a_3 \\ 1 & 1 & 1 & 1 \end{vmatrix}$.

分析：根据该行列式的特点，可首先将第 1 列加至第 2 列，然后将第 2 列加至第 3 列，最后将第 3 列加至第 4 列，即可将待求行列式化为下三角形行列式.

解：
$$D\xlongequal{c_2+c_1}\begin{vmatrix} a_1 & 0 & 0 & 0 \\ 0 & a_2 & -a_2 & 0 \\ 0 & 0 & a_3 & -a_3 \\ 1 & 2 & 1 & 1 \end{vmatrix}\xlongequal{c_3+c_2}\begin{vmatrix} a_1 & 0 & 0 & 0 \\ 0 & a_2 & 0 & 0 \\ 0 & 0 & a_3 & -a_3 \\ 1 & 2 & 3 & 1 \end{vmatrix}\xlongequal{c_4+c_3}\begin{vmatrix} a_1 & 0 & 0 & 0 \\ 0 & a_2 & 0 & 0 \\ 0 & 0 & a_3 & 0 \\ 1 & 2 & 3 & 4 \end{vmatrix}$$
$$=4a_1a_2a_3$$

例 5 设

$$D=\begin{vmatrix} a_{11} & \cdots & a_{1k} & 0 & \cdots & 0 \\ \vdots & & \vdots & \vdots & & \vdots \\ a_{k1} & \cdots & a_{kk} & 0 & \cdots & 0 \\ d_{11} & \cdots & d_{1k} & b_{11} & \cdots & b_{1n} \\ \vdots & & \vdots & \vdots & & \vdots \\ d_{n1} & \cdots & d_{nk} & b_{n1} & \cdots & b_{nn} \end{vmatrix},D_1=\begin{vmatrix} a_{11} & \cdots & a_{1k} \\ \vdots & & \vdots \\ a_{k1} & \cdots & a_{kk} \end{vmatrix},D_2=\begin{vmatrix} b_{11} & \cdots & b_{1n} \\ \vdots & & \vdots \\ b_{n1} & \cdots & b_{nn} \end{vmatrix},$$

证明：$D=D_1D_2$.

证明：对 D_1 作运算 r_i+kr_j，对 D_2 作运算 c_i+kc_j，可分别把 D_1 和 D_2 化为下三角形行列式：

$$D_1=\begin{vmatrix} p_{11} & & 0 \\ \vdots & \ddots & \\ p_{k1} & \cdots & p_{kk} \end{vmatrix}=p_{11}\cdots p_{kk},D_2=\begin{vmatrix} q_{11} & & 0 \\ \vdots & \ddots & \\ q_{n1} & \cdots & q_{nn} \end{vmatrix}=q_{11}\cdots q_{nn}$$

对 D 的前 k 行作运算 r_i+kr_j，对 D 的后 n 列作运算 c_i+kc_j，即把 D 化为下三角形行列式，此时左下角的块不发生变化.

$$D=\begin{vmatrix} p_{11} & & & & & \\ \vdots & \ddots & & & 0 & \\ p_{k1} & \cdots & p_{kk} & & & \\ d_{11} & \cdots & d_{1k} & q_{11} & & \\ \vdots & & \vdots & \vdots & \ddots & \\ d_{n1} & \cdots & d_{nk} & q_{n1} & \cdots & q_{nn} \end{vmatrix}$$

故 $$D=p_{11}\cdots p_{kk}\cdot q_{11}\cdots q_{nn}=D_1D_2$$

习题 1-2

(A)

1. 计算下列行列式.

(1) $\begin{vmatrix} 4 & 1 & 2 & 4 \\ 1 & 2 & 0 & 2 \\ 10 & 5 & 2 & 0 \\ 0 & 1 & 1 & 7 \end{vmatrix}$；　　(2) $\begin{vmatrix} 2 & 1 & 4 & 1 \\ 3 & -1 & 2 & 1 \\ 1 & 2 & 3 & 2 \\ 5 & 0 & 6 & 2 \end{vmatrix}$；

(3) $\begin{vmatrix} a & 1 & 0 & 0 \\ -1 & b & 1 & 0 \\ 0 & -1 & c & 1 \\ 0 & 0 & -1 & d \end{vmatrix}$；　　(4) $\begin{vmatrix} 1 & -1 & 1 & x-1 \\ 1 & -1 & x+1 & -1 \\ 1 & x-1 & 1 & -1 \\ x+1 & -1 & 1 & -1 \end{vmatrix}$.

2. 证明：

(1) $\begin{vmatrix} a^2 & ab & b^2 \\ 2a & a+b & 2b \\ 1 & 1 & 1 \end{vmatrix}=(a-b)^3$；

(2) $\begin{vmatrix} ax+by & ay+bz & az+bx \\ ay+bz & az+bx & ax+by \\ az+bx & ax+by & ay+bz \end{vmatrix}=(a^3+b^3)\begin{vmatrix} x & y & z \\ y & z & x \\ z & x & y \end{vmatrix}$.

3. 求多项式方程 $f(x)=\begin{vmatrix} 1 & a_1 & a_2 & a_3 \\ 1 & a_1+x & a_2 & a_3 \\ 1 & a_1 & a_2+x+1 & a_3 \\ 1 & a_1 & a_2 & a_3+x+2 \end{vmatrix}=0$ 的根.

4. 若方程 $\begin{vmatrix} 1 & 2 & 3 & 4 \\ 1 & 3-x^2 & 3 & 4 \\ 3 & 4 & 1 & 2 \\ 3 & 4 & 1 & 5-x^2 \end{vmatrix}=0$,求其解.

5. 计算行列式 $\begin{vmatrix} a_0 & 1 & 1 & \cdots & 1 \\ 1 & a_1 & 0 & \cdots & 0 \\ 1 & 0 & a_2 & \cdots & 0 \\ \vdots & \vdots & \vdots & & \vdots \\ 1 & 0 & 0 & \cdots & a_n \end{vmatrix}$ (其中 $a_i\neq0$).

(B)

1. 计算行列式 $\begin{vmatrix} 1 & 2 & 2 & \cdots & 2 \\ 2 & 2 & 2 & \cdots & 2 \\ 2 & 2 & 3 & \cdots & 2 \\ \vdots & \vdots & \vdots & & \vdots \\ 2 & 2 & 2 & \cdots & n \end{vmatrix}$.

2. 已知 255,459,527 都能被 17 整除,不求行列式的值,证明:行列式 $\begin{vmatrix} 2 & 4 & 5 \\ 5 & 5 & 2 \\ 5 & 9 & 7 \end{vmatrix}$ 能被 17 整除.

3. 计算行列式 $\begin{vmatrix} x-2 & x-1 & x-2 & x-3 \\ 2x-2 & 2x-1 & 2x-2 & 2x-3 \\ 3x-3 & 3x-2 & 4x-5 & 3x-5 \\ 4x & 4x-3 & 5x-7 & 4x-3 \end{vmatrix}$.

4. 已知 $f(x)=\begin{vmatrix} x & 1 & 2 & 4 \\ 1 & 2-x & 2 & 4 \\ 2 & 0 & 1 & 2-x \\ 1 & x & x+3 & x+6 \end{vmatrix}$，证明：$f'(x)=0$ 有小于 1 的正根.

5. 若 $(-1)^{N(i432k)+N(52j14)}a_{i5}a_{42}a_{3j}a_{21}a_{k4}$ 是五阶行列式的计算式中的一项，则 i,j,k 应取何值？此时该项的符号是什么？

1.3 行列式按行(列)展开

1.3.1 行列式按一行(列)展开

定义 1.6 在 n 阶行列式 D 中，划去元素 a_{ij} 所在的第 i 行和第 j 列后，余下的元素按原来的位置构成一个 $n-1$ 阶行列式，该 $n-1$ 阶行列式称为元素 a_{ij} 的余子式，记作 M_{ij}. 在元素 a_{ij} 的余子式 M_{ij} 前面添上符号 $(-1)^{i+j}$ 后得到元素 a_{ij} 的代数余子式，记作 A_{ij}，即 $A_{ij}=(-1)^{i+j}M_{ij}$.

例如，四阶行列式

$$D=\begin{vmatrix} a_{11} & a_{12} & a_{13} & a_{14} \\ a_{21} & a_{22} & a_{23} & a_{24} \\ a_{31} & a_{32} & a_{33} & a_{34} \\ a_{41} & a_{42} & a_{43} & a_{44} \end{vmatrix}$$

中，元素 a_{23} 的余子式和代数余子式分别是

$$M_{23}=\begin{vmatrix} a_{11} & a_{12} & a_{14} \\ a_{31} & a_{32} & a_{34} \\ a_{41} & a_{42} & a_{44} \end{vmatrix},A_{23}=(-1)^{2+3}M_{23}=-\begin{vmatrix} a_{11} & a_{12} & a_{14} \\ a_{31} & a_{32} & a_{34} \\ a_{41} & a_{42} & a_{44} \end{vmatrix}$$

引理 1.1 对于 n 阶行列式 D，若其中第 i 行所有元素除 a_{ij} 外都为 0，则该行列式等于 a_{ij} 与它的代数余子式的乘积，即 $D=a_{ij}A_{ij}$.

证明：先证明 a_{ij} 位于第 1 行第 1 列的情形，此时

$$D=\begin{vmatrix} a_{11} & 0 & \cdots & 0 \\ a_{21} & a_{22} & \cdots & a_{2n} \\ \vdots & \vdots & & \vdots \\ a_{n1} & a_{n2} & \cdots & a_{nn} \end{vmatrix}$$

利用 1.2 节例 5 的结论，有 $D=a_{11}M_{11}=a_{11}(-1)^{1+1}M_{11}=a_{11}A_{11}$.

再证明一般情形，此时

$$D=\begin{vmatrix} a_{11} & \cdots & a_{1j} & \cdots & a_{1n} \\ \vdots & & \vdots & & \vdots \\ 0 & \cdots & a_{ij} & \cdots & 0 \\ \vdots & & \vdots & & \vdots \\ a_{n1} & \cdots & a_{nj} & \cdots & a_{nn} \end{vmatrix}$$

为了利用前面的结果，把 D 的行和列作如下调换：把 D 的第 i 行依次与第 $i-1,i-2,\cdots,1$ 行对调，这样 a_{ij} 就被调到原来 a_{1j} 的位置上，调换的次数为 $i-1$；再把第 j 列依次与第 $j-1,j-2,\cdots,1$ 列对调，这样 a_{ij} 就被调到左上角，调换的次数为 $j-1$. 即经过 $i+j-2$ 次对调可把 a_{ij} 调到左上角，得到的行列式记为 D_1. 此时有

$$D=(-1)^{i+j-2}D_1=(-1)^{i+j}D_1$$

由于元素 a_{ij} 在 D_1 中的余子式等于 a_{ij} 在 D 中的余子式 M_{ij}，且 a_{ij} 位于 D_1 的左上角，利用前面的结果有

$$D=(-1)^{i+j}D_1=(-1)^{i+j}a_{ij}M_{ij}=a_{ij}A_{ij}$$

定理 1.3　n 阶行列式的值等于它的任一行(列)的各元素与其对应的代数余子式乘积之和，即

$$D=a_{i1}A_{i1}+a_{i2}A_{i2}+\cdots+a_{in}A_{in}\ (i=1,2,\cdots,n)$$

或

$$D=a_{1j}A_{1j}+a_{2j}A_{2j}+\cdots+a_{nj}A_{nj}\ (j=1,2,\cdots,n)$$

将 n 阶行列式的某行各个元素分别写成该元素与 $n-1$ 个 0 的和的形式，然后利用性质 1.4 并结合引理 1.1 将原 n 阶行列式写成 n 个新行列式之和后可证明该定理.

推论 1.6　行列式某一行(列)的各元素与另一行(列)的对应元素的代数余子式乘积之和等于 0，即

$$a_{i1}A_{j1}+a_{i2}A_{j2}+\cdots+a_{in}A_{jn}=0\ (i\neq j)$$

或

$$a_{1i}A_{1j}+a_{2i}A_{2j}+\cdots+a_{ni}A_{nj}=0\ (i\neq j)$$

综上所述，可得到有关代数余子式的一个重要性质：

$$\sum_{k=1}^{n} a_{ki}A_{kj}=D\delta_{ij}=\begin{cases}D, i=j\\0, i\neq j\end{cases} \quad 或 \quad \sum_{k=1}^{n} a_{ik}A_{jk}=D\delta_{ij}=\begin{cases}D, i=j\\0, i\neq j\end{cases}$$

其中，$\delta_{ij}=\begin{cases}1, i=j\\0, i\neq j\end{cases}$.

例 1　利用定理 1.3 求行列式 $\begin{vmatrix}2 & -1 & 3\\-1 & 2 & 1\\4 & 1 & 2\end{vmatrix}$ 的值.

解：$\begin{vmatrix}2 & -1 & 3\\-1 & 2 & 1\\4 & 1 & 2\end{vmatrix}=2\times\begin{vmatrix}2 & 1\\1 & 2\end{vmatrix}-(-1)\times\begin{vmatrix}-1 & 3\\1 & 2\end{vmatrix}+4\times\begin{vmatrix}-1 & 3\\2 & 1\end{vmatrix}$

$$=2\times(4-1)+(-2-3)+4\times(-1-6)=6-5-28=-27$$

例 2　试按第 3 列展开计算行列式 $D=\begin{vmatrix}1 & 2 & 3 & 4\\1 & 0 & 1 & 2\\3 & -1 & -1 & 0\\1 & 2 & 0 & -5\end{vmatrix}$.

解：将 D 按第 3 列展开，得到：

$D=a_{13}A_{13}+a_{23}A_{23}+a_{33}A_{33}+a_{43}A_{43}$，其中 $a_{13}=3, a_{23}=1, a_{33}=-1, a_{43}=0$.

$$A_{13}=(-1)^{1+3}\begin{vmatrix}1 & 0 & 2\\3 & -1 & 0\\1 & 2 & -5\end{vmatrix}=19,\quad A_{23}=(-1)^{2+3}\begin{vmatrix}1 & 2 & 4\\3 & -1 & 0\\1 & 2 & -5\end{vmatrix}=-63$$

$$A_{33}=(-1)^{3+3}\begin{vmatrix}1 & 2 & 4\\1 & 0 & 2\\1 & 2 & -5\end{vmatrix}=18,\quad A_{43}=(-1)^{4+3}\begin{vmatrix}1 & 2 & 4\\1 & 0 & 2\\3 & -1 & 0\end{vmatrix}=-10$$

所以 $D=3\times19+1\times(-63)+(-1)\times18+0\times(-10)=-24$.

1.3.2　用降阶法计算行列式

定理 1.3 表明，n 阶行列式可以用 $n-1$ 阶行列式来表示，利用它并结合行列式的其他性质可以大大简化行列式的计算. 计算行列式时，首先利用性质将某一行(列)化简为仅含有一个非零元素，然后按定理1.3展开，使行列式变为低一阶的行列式，如此继续下去，直到将行列式化为三阶或二阶行列式，这种方法称为降阶法，它在行列式的计算中是最常用的方法.

例3 计算行列式 $D=\begin{vmatrix}1 & 2 & 3 & 4\\ 1 & 0 & 1 & 2\\ 3 & -1 & -1 & 0\\ 1 & 2 & 0 & -5\end{vmatrix}$.

解:

$$D\xlongequal[r_4+2r_3]{r_1+2r_3}\begin{vmatrix}7 & 0 & 1 & 4\\ 1 & 0 & 1 & 2\\ 3 & -1 & -1 & 0\\ 7 & 0 & -2 & -5\end{vmatrix}=(-1)\times(-1)^{3+2}\begin{vmatrix}7 & 1 & 4\\ 1 & 1 & 2\\ 7 & -2 & -5\end{vmatrix}$$

$$\xlongequal[r_3+2r_2]{r_1-r_2}\begin{vmatrix}6 & 0 & 2\\ 1 & 1 & 2\\ 9 & 0 & -1\end{vmatrix}=1\times(-1)^{2+2}\begin{vmatrix}6 & 2\\ 9 & -1\end{vmatrix}=-6-18=-24$$

例4 求证 $D=\begin{vmatrix}1 & 2 & 3 & 4 & \cdots & n\\ 1 & 1 & 2 & 3 & \cdots & n-1\\ 1 & x & 1 & 2 & \cdots & n-2\\ 1 & x & x & 1 & \cdots & n-3\\ \vdots & \vdots & \vdots & \vdots & & \vdots\\ 1 & x & x & x & \cdots & 2\\ 1 & x & x & x & \cdots & 1\end{vmatrix}=(-1)^{n+1}x^{n-2}$.

证明:

$$D\xlongequal[(i=2,\cdots,n)]{r_{i-1}-r_i}\begin{vmatrix}0 & 1 & 1 & 1 & \cdots & 1 & 1\\ 0 & 1-x & 1 & 1 & \cdots & 1 & 1\\ 0 & 0 & 1-x & 1 & \cdots & 1 & 1\\ 0 & 0 & 0 & 1-x & \cdots & 1 & 1\\ \vdots & \vdots & \vdots & \vdots & & \vdots & 1\\ 0 & 0 & 0 & 0 & \cdots & 1-x & 1\\ 1 & x & x & x & \cdots & 1 & 1\end{vmatrix}$$

$$=(-1)^{n+1}\begin{vmatrix} 1 & 1 & 1 & \cdots & 1 & 1 \\ 1-x & 1 & 1 & \cdots & 1 & 1 \\ 0 & 1-x & 1 & \cdots & 1 & 1 \\ 0 & 0 & 1-x & \cdots & 1 & 1 \\ \vdots & \vdots & \vdots & & \vdots & \vdots \\ 0 & 0 & 0 & \cdots & 1-x & 1 \end{vmatrix}$$

$$\xlongequal[(i=2,\cdots,n)]{r_{i-1}-r_i}(-1)^{n+1}\begin{vmatrix} x & 0 & 0 & \cdots & 0 & 0 \\ 1-x & x & 0 & \cdots & 0 & 0 \\ 0 & 1-x & x & \cdots & 0 & 0 \\ 0 & 0 & 1-x & \cdots & 0 & 0 \\ \vdots & \vdots & \vdots & & \vdots & \vdots \\ 0 & 0 & 0 & \cdots & 1-x & 1 \end{vmatrix}=(-1)^{n+1}x^{n-2}$$

例 5 设 $D=\begin{vmatrix} 3 & -5 & 2 & 1 \\ 1 & 1 & 0 & -5 \\ -1 & 3 & 1 & 3 \\ 2 & -4 & -1 & -3 \end{vmatrix}$，求 $A_{11}+A_{12}+A_{13}+A_{14}$ 及 $M_{11}+M_{21}+M_{31}+M_{41}$.

解：注意到 $A_{11}+A_{12}+A_{13}+A_{14}$ 等于用 1,1,1,1 代替 D 的第 1 行所得的行列式，即

$$A_{11}+A_{12}+A_{13}+A_{14}=\begin{vmatrix} 1 & 1 & 1 & 1 \\ 1 & 1 & 0 & -5 \\ -1 & 3 & 1 & 3 \\ 2 & -4 & -1 & -3 \end{vmatrix}\xlongequal[r_3-r_1]{r_4+r_3}\begin{vmatrix} 1 & 1 & 1 & 1 \\ 1 & 1 & 0 & -5 \\ -2 & 2 & 0 & 2 \\ 1 & -1 & 0 & 0 \end{vmatrix}$$

$$=\begin{vmatrix} 1 & 1 & -5 \\ -2 & 2 & 2 \\ 1 & -1 & 0 \end{vmatrix}\xlongequal{c_2+c_1}\begin{vmatrix} 1 & 2 & -5 \\ -2 & 0 & 2 \\ 1 & 0 & 0 \end{vmatrix}=\begin{vmatrix} 2 & -5 \\ 0 & 2 \end{vmatrix}=4$$

又按定义知，

$$M_{11}+M_{21}+M_{31}+M_{41}=A_{11}-A_{21}+A_{31}-A_{41}$$

$$=\begin{vmatrix} 1 & -5 & 2 & 1 \\ -1 & 1 & 0 & -5 \\ 1 & 3 & 1 & 3 \\ -1 & -4 & -1 & -3 \end{vmatrix}\xlongequal{r_4+r_3}\begin{vmatrix} 1 & -5 & 2 & 1 \\ -1 & 1 & 0 & -5 \\ 1 & 3 & 1 & 3 \\ 0 & -1 & 0 & 0 \end{vmatrix}$$

$$=-\begin{vmatrix}1&2&1\\-1&0&-5\\1&1&3\end{vmatrix}\xlongequal{r_1-2r_3}-\begin{vmatrix}-1&0&-5\\-1&0&-5\\1&1&3\end{vmatrix}=0$$

例 6 证明:范德蒙德(Vandermonde)行列式

$$D_n=\begin{vmatrix}1&1&\cdots&1\\x_1&x_2&\cdots&x_n\\x_1^2&x_2^2&\cdots&x_n^2\\\vdots&\vdots&&\vdots\\x_1^{n-1}&x_2^{n-1}&\cdots&x_n^{n-1}\end{vmatrix}=\prod_{n\geqslant i>j\geqslant 1}(x_i-x_j)$$

证明:用数学归纳法. 当 $n=2$ 时,$D_2=\begin{vmatrix}1&1\\x_1&x_2\end{vmatrix}=x_2-x_1=\prod\limits_{2\geqslant i>j\geqslant 1}(x_i-x_j)$,所证等式成立.

假设所证等式对于 $n-1$ 阶范德蒙德行列式成立,n 阶行列式 D_n 从第 n 行开始,后一行减去前一行的 x_1 倍,然后按照第 1 列展开,并把每列的公因子(x_j-x_1)提出,有

$$D_n\xlongequal[(i=n,n-1,\cdots,2)]{r_i-x_1r_{i-1}}\begin{vmatrix}1&1&1&\cdots&1\\0&x_2-x_1&x_3-x_1&\cdots&x_n-x_1\\0&x_2(x_2-x_1)&x_3(x_3-x_1)&\cdots&x_n(x_n-x_1)\\\vdots&\vdots&\vdots&&\vdots\\0&x_2^{n-2}(x_2-x_1)&x_3^{n-2}(x_3-x_1)&\cdots&x_n^{n-2}(x_n-x_1)\end{vmatrix}$$

$$=(x_2-x_1)(x_3-x_1)\cdots(x_n-x_1)\begin{vmatrix}1&1&\cdots&1\\x_2&x_3&\cdots&x_n\\\vdots&\vdots&&\vdots\\x_2^{n-2}&x_3^{n-2}&\cdots&x_n^{n-2}\end{vmatrix}$$

上式右端含 $n-1$ 阶范德蒙德行列式,由归纳假设,它等于所有(x_i-x_j)因子的乘积,其中 $n\geqslant i>j\geqslant 2$,故

$$\begin{aligned}D_n&=(x_2-x_1)(x_3-x_1)\cdots(x_n-x_1)\prod_{n\geqslant i>j\geqslant 2}(x_i-x_j)\\&=\prod_{n\geqslant i>j\geqslant 1}(x_i-x_j).\end{aligned}$$

注意:今后可以直接使用该结论.

习题 1－3

(A)

1. 计算下列行列式.

(1) $\begin{vmatrix} 5 & -2 & 1 & 3 \\ 0 & 0 & 4 & 0 \\ -3 & -1 & 6 & 2 \\ 1 & 0 & 7 & 0 \end{vmatrix}$；　　(2) $\begin{vmatrix} 2 & -3 & 4 & 1 \\ 4 & 2 & 3 & 2 \\ 1 & 0 & 2 & 0 \\ 3 & -1 & 4 & 0 \end{vmatrix}$；

(3) $\begin{vmatrix} 1 & 27 & 8 & 64 \\ 1 & 9 & 4 & 16 \\ 1 & 3 & 2 & 4 \\ 1 & 1 & 1 & 1 \end{vmatrix}$；　　(4) $\begin{vmatrix} 1 & 1 & 1 & 1 \\ a & b & c & d \\ a^2 & b^2 & c^2 & d^2 \\ a^4 & b^4 & c^4 & d^4 \end{vmatrix}$.

2. (1)已知四阶行列式 D 的第 3 列元素依次为 $-1,2,0,1$，它们的余子式依次为 $5,3,-7,4$，求 D.

(2)已知四阶行列式 D 的第 1 行元素分别为 $1,2,0,-4$，第 3 行元素的余子式依次为 $6,x,19,2$，求 x 的值.

3. 用降阶法计算下列行列式.

(1) $D_n=\begin{vmatrix} x & y & 0 & \cdots & 0 & 0 \\ 0 & x & y & \cdots & 0 & 0 \\ \vdots & \vdots & \vdots & & \vdots & \vdots \\ 0 & 0 & 0 & \cdots & x & y \\ y & 0 & 0 & \cdots & 0 & x \end{vmatrix}$；　(2) $D_n=\begin{vmatrix} a_0 & -1 & 0 & \cdots & 0 & 0 \\ a_1 & x & -1 & \cdots & 0 & 0 \\ \vdots & \vdots & \vdots & & \vdots & \vdots \\ a_{n-2} & 0 & 0 & \cdots & x & -1 \\ a_{n-1} & 0 & 0 & \cdots & 0 & x \end{vmatrix}$.

4. 设多项式

$$f(x)=\begin{vmatrix} 2 & 0 & x & 1 \\ -1 & 3 & 4 & 0 \\ 1 & 2 & x^3 & 1 \\ 0 & -2 & x^2 & 4 \end{vmatrix}$$

求 $f(x)$.

5. 设行列式 $D=\begin{vmatrix}1&5&7&8\\1&1&1&1\\2&0&3&6\\1&2&3&4\end{vmatrix}$，设 M_{4j} 和 A_{4j} 分别是元素 a_{4j} 的余子式和代数余子式，求 $A_{41}+A_{42}+A_{43}+A_{44}$，$M_{41}+M_{42}+M_{43}+M_{44}$.

(B)

1. 计算元素为 $a_{ij}=|i-j|$ 的 n 阶行列式.

2. 计算行列式 $D_n=\begin{vmatrix}x&-1&0&\cdots&0\\0&x&-1&\cdots&0\\\vdots&\vdots&\vdots&&\vdots\\a_n&a_{n-1}&a_{n-2}&\cdots&x+a_1\end{vmatrix}$.

3. 计算行列式 $D_n=\begin{vmatrix}a_1+b_1&a_2&\cdots&a_n\\a_1&a_2+b_2&\cdots&a_n\\\vdots&\vdots&&\vdots\\a_1&a_2&\cdots&a_n+b_n\end{vmatrix}$ $(b_1b_2\cdots b_n\neq0)$.

4. 计算行列式 $D_n=\begin{vmatrix}1+a_1&1&\cdots&1\\1&1+a_2&\cdots&1\\\vdots&\vdots&&\vdots\\1&1&\cdots&1+a_n\end{vmatrix}$.

5. 计算行列式 $D_{n+1}=\begin{vmatrix}a^n&(a-1)^n&\cdots&(a-n)^n\\a^{n-1}&(a-1)^{n-1}&\cdots&(a-n)^{n-1}\\\vdots&\vdots&&\vdots\\a&a-1&\cdots&a-n\\1&1&\cdots&1\end{vmatrix}$.

1.4 克拉默法则

在引入克拉默法则之前，先介绍 n 元线性方程组的有关概念. 含有 n 个未知数 $x_1,x_2,\cdots,x_n$ 的线性方程组

$$\begin{cases} a_{11}x_1+a_{12}x_2+\cdots+a_{1n}x_n=b_1 \\ a_{21}x_1+a_{22}x_2+\cdots+a_{2n}x_n=b_2 \\ \qquad\vdots \\ a_{n1}x_1+a_{n2}x_2+\cdots+a_{nn}x_n=b_n \end{cases} \tag{1-9}$$

称为 n 元线性方程组. 当其右端的常数项 $b_1,b_2,\cdots,b_n$ 不全为 0 时,线性方程组(1-9)称为非齐次线性方程组. 当 $b_1,b_2,\cdots,b_n$ 全为 0 时,线性方程组(1-9)称为齐次线性方程组,即

$$\begin{cases} a_{11}x_1+a_{12}x_2+\cdots+a_{1n}x_n=0 \\ a_{21}x_1+a_{22}x_2+\cdots+a_{2n}x_n=0 \\ \qquad\vdots \\ a_{n1}x_1+a_{n2}x_2+\cdots+a_{nn}x_n=0 \end{cases} \tag{1-10}$$

为齐次线性方程组.

线性方程组(1-9)的系数 a_{ij} 构成的行列式称为该方程组的系数行列式 D,即

$$D=\begin{vmatrix} a_{11} & a_{12} & \cdots & a_{1n} \\ a_{21} & a_{22} & \cdots & a_{2n} \\ \vdots & \vdots & & \vdots \\ a_{n1} & a_{n2} & \cdots & a_{nn} \end{vmatrix}$$

1.4.1 克拉默法则的概念

定理 1.4 (克拉默法则) 若线性方程组(1-9)的系数行列式 $D\neq 0$,则线性方程组(1-9)有唯一解,其解为

$$x_j=\frac{D_j}{D}\quad (j=1,2,\cdots,n) \tag{1-11}$$

其中 $D_j(j=1,2,\cdots,n)$是把 D 中第 j 列元素 $a_{1j},a_{2j},\cdots,a_{nj}$ 对应地换成常数项 $b_1,b_2,\cdots,b_n$,而其余各列保持不变所得到的行列式.

克拉默法则使用矩阵证明非常简便,具体证明过程详见 2.2.5 节.

例 1 解线性方程组 $\begin{cases} x_1+3x_2-2x_3+x_4=1 \\ 2x_1+5x_2-3x_3+2x_4=3 \\ -3x_1+4x_2+8x_3-2x_4=4 \\ 6x_1-x_2-6x_3+4x_4=2 \end{cases}$.

解:因为系数行列式

$$D=\begin{vmatrix}1&3&-2&1\\2&5&-3&2\\-3&4&8&-2\\6&-1&-6&4\end{vmatrix}=\begin{vmatrix}1&3&-2&1\\0&-1&1&0\\0&13&2&1\\0&-19&6&-2\end{vmatrix}=\begin{vmatrix}1&3&-2&1\\0&-1&1&0\\0&0&15&1\\0&0&-13&-2\end{vmatrix}=17\neq0$$

所以方程组有唯一解. 又

$$D_1=\begin{vmatrix}1&3&-2&1\\3&5&-3&2\\4&4&8&-2\\2&-1&-6&4\end{vmatrix}=-34,D_2=\begin{vmatrix}1&1&-2&1\\2&3&-3&2\\-3&4&8&-2\\6&2&-6&4\end{vmatrix}=0,$$

$$D_3=\begin{vmatrix}1&3&1&1\\2&5&3&2\\-3&4&4&-2\\6&-1&2&4\end{vmatrix}=17,D_4=\begin{vmatrix}1&3&-2&1\\2&5&-3&3\\-3&4&8&4\\6&-1&-6&2\end{vmatrix}=85,$$

故可得唯一解:$x_1=-\dfrac{34}{17}=-2,x_2=\dfrac{0}{17}=0,x_3=\dfrac{17}{17}=1,x_4=\dfrac{85}{17}=5.$

一般来说,用克拉默法则求线性方程组的解时,计算量是比较大的. 对具体的数字线性方程组,当未知数较多时往往可用计算机来求解,且目前已经有了一整套成熟的用计算机求解线性方程组的方法.

1.4.2　n 元线性方程组解的判断

克拉默法则在一定条件下给出了线性方程组解的存在性、唯一性,与其在计算方面的作用相比,克拉默法则更具有重大的理论价值.

定理 1.5　如果线性方程组(1－9)的系数行列式 $D\neq0$,则方程组一定有解,且解是唯一的.

直接由克拉默法则可得该结论,其逆否命题在解题或证明中更为常用.

定理 1.5′　如果线性方程组(1－9)无解或有两个以上不同的解,则它的系数行列式必为 0.

对齐次线性方程组(1－10),易见 $x_1=x_2=\cdots=x_n=0$ 一定是该方程组的解,称其为齐次线性方程组(1－10)的零解. 把定理 1.5 应用于齐次线性方程组(1－10),可得到下列结论.

定理 1.6 如果齐次线性方程组(1－10)的系数行列式 $D\neq 0$,则齐次线性方程组只有零解.

定理 1.6′ 如果齐次线性方程组(1－10)有非零解,则它的系数行列式 $D=0$.

今后还将进一步证明,如果齐次线性方程组(1－10)的系数行列式 $D=0$,则齐次线性方程组(1－10)有非零解.

例 2 设方程组 $\begin{cases} x+y+z=a+b+c \\ ax+by+cz=a^2+b^2+c^2 \\ bcx+cay+abz=3abc \end{cases}$,试问 a,b,c 满足什么条件时,方程组有唯一解,并求出唯一解.

解:

$$D=\begin{vmatrix} 1 & 1 & 1 \\ a & b & c \\ bc & ca & ab \end{vmatrix} \xlongequal[c_2-c_3]{c_1-c_2} \begin{vmatrix} 0 & 0 & 1 \\ a-b & b-c & c \\ c(b-a) & a(c-b) & ab \end{vmatrix} \xlongequal[c_2/(b-c)]{c_1/(a-b)} (a-b)(b-c)\begin{vmatrix} 0 & 0 & 1 \\ 1 & 1 & c \\ -c & -a & ab \end{vmatrix}$$

$$=(a-b)(b-c)\begin{vmatrix} 1 & 1 \\ -c & -a \end{vmatrix}=(a-b)(b-c)(c-a)$$

显然,当 a,b,c 互不相等时,$D\neq 0$,该方程组有唯一解. 又

$$D_1=\begin{vmatrix} a+b+c & 1 & 1 \\ a^2+b^2+c^2 & b & c \\ 3abc & ca & ab \end{vmatrix} \xlongequal{c_1-bc_2-cc_3} \begin{vmatrix} a & 1 & 1 \\ a^2 & b & c \\ abc & ca & ab \end{vmatrix}$$

$$\xlongequal{c_1/a} a\begin{vmatrix} 1 & 1 & 1 \\ a & b & c \\ bc & ca & ab \end{vmatrix}=aD$$

同理可得 $D_2=bD$,$D_3=cD$,于是

$$x=\frac{D_1}{D}=a,\ y=\frac{D_2}{D}=b,\ z=\frac{D_3}{D}=c$$

例 3 问 λ 为何值时,齐次线性方程组

$$\begin{cases} (1-\lambda)x_1-2x_2+4x_3=0 \\ 2x_1+(3-\lambda)x_2+x_3=0 \\ x_1+x_2+(1-\lambda)x_3=0 \end{cases}$$

有非零解？

解:系数行列式

$$D=\begin{vmatrix}1-\lambda & -2 & 4\\ 2 & 3-\lambda & 1\\ 1 & 1 & 1-\lambda\end{vmatrix}\xlongequal{c_2-c_1}\begin{vmatrix}1-\lambda & -3+\lambda & 4\\ 2 & 1-\lambda & 1\\ 1 & 0 & 1-\lambda\end{vmatrix}$$

$$=(1-\lambda)^3+(\lambda-3)-4(1-\lambda)-2(1-\lambda)(-3+\lambda)$$

$$=(1-\lambda)^3+2(1-\lambda)^2+\lambda-3=\lambda(\lambda-2)(3-\lambda)$$

由定理 1.6′可知,如果齐次线性方程组有非零解,则 $D=0$,即 $\lambda=0$ 或 $\lambda=2$ 或 $\lambda=3$. 故当 $\lambda=0$ 或 $\lambda=2$ 或 $\lambda=3$ 时,齐次线性方程组有非零解.

习题 1-4

(A)

1. 用克拉默法则解下列方程组.

(1) $\begin{cases}x_1+x_2+x_3+x_4=5\\ x_1+2x_2-x_3+4x_4=-2\\ 2x_1-3x_2-x_3-5x_4=-2\\ 3x_1+x_2+2x_3+11x_4=0\end{cases}$; (2) $\begin{cases}x_1+x_2+x_3+x_4=3\\ x_1+2x_2+4x_3+8x_4=4\\ x_1+3x_2+9x_3+27x_4=3\\ x_1+4x_2+16x_3+64x_4=-3\end{cases}$.

2. 证明:齐次线性方程组 $\begin{cases}2x_1+2x_2-x_3=0\\ x_1-2x_2+4x_3=0\\ 5x_1+8x_2-2x_3=0\end{cases}$ 仅有零解.

3. 问 λ,μ 取何值时,齐次线性方程组 $\begin{cases}\lambda x_1+x_2+x_3=0\\ x_1+\mu x_2+x_3=0\\ x_1+2\mu x_2+x_3=0\end{cases}$ 有非零解?

(B)

1. 用克拉默法则解方程组 $\begin{cases}5x_1+6x_2=1\\ x_1+5x_2+6x_3=0\\ x_2+5x_3+6x_4=0\\ x_3+5x_4+6x_5=0\\ x_4+5x_5=1\end{cases}$.

2. 设方程组$\begin{cases}ax_1+x_2+x_3+\cdots+x_n=0\\ x_1+ax_2+x_3+\cdots+x_n=0\\ x_1+x_2+ax_3+\cdots+x_n=0\\ \quad\vdots\\ x_1+x_2+x_3+\cdots+ax_n=0\end{cases}$有非零解，则 a 为何值？

3. 设曲线 $y=a_0+a_1x+a_2x^2+a_3x^3$ 通过四点 $A(1,3)$，$B(2,4)$，$C(3,3)$，$D(4,-3)$，求系数 a_0，a_1，a_2，a_3.

复习题一

一、单项选择题

1. 行列式$\begin{vmatrix}k-1 & 2\\ 2 & k-1\end{vmatrix}\neq 0$ 的充要条件是(　　).

A. $k\neq 1$　　B. $k\neq 3$

C. $k\neq -1$ 且 $k\neq 3$　　D. $k\neq -1$ 或 $k\neq 3$

2. 行列式$\begin{vmatrix}1 & 2 & 5\\ 1 & 3 & -2\\ 2 & 5 & x\end{vmatrix}=0$，则 $x=$(　　).

A. 2　　B. -1　　C. 3　　D. -3

3. 行列式$\begin{vmatrix}0 & 0 & 0 & 1\\ 0 & 0 & 2 & 0\\ 0 & 3 & 0 & 0\\ 4 & 0 & 0 & 0\end{vmatrix}$的值等于(　　).

A. 1　　B. 12　　C. -24　　D. 24

4. 行列式$\begin{vmatrix}a & 0 & 0 & b\\ 0 & c & d & 0\\ 0 & e & f & 0\\ g & 0 & 0 & h\end{vmatrix}$中元素 g 的代数余子式的值为(　　).

A. $bcf-bde$　　B. $bde-bcf$　　C. $acf-ade$　　D. $ade-acf$

5. 当 k=(　　)时,齐次线性方程组 $\begin{cases}2x_1-x_2+x_3=0\\ x_1+kx_2-x_3=0\\ kx_1+x_2+x_3=0\end{cases}$ 有非零解.

A. $k\neq-1$ 且 $k\neq4$　　　B. $k=-1$

C. $k=4$　　　D. $k=-1$ 或 $k=4$

二、填空题

1. 设行列式 $\begin{vmatrix}a_{11} & a_{12}\\ a_{21} & a_{22}\end{vmatrix}=m$, $\begin{vmatrix}a_{13} & a_{11}\\ a_{23} & a_{21}\end{vmatrix}=n$,则行列式 $\begin{vmatrix}a_{11} & a_{12}+a_{13}\\ a_{21} & a_{22}+a_{23}\end{vmatrix}=$________.

2. a,b,c 为互异实数,则 $\begin{vmatrix}a & b & c\\ a^2 & b^2 & c^2\\ b+c & c+a & a+b\end{vmatrix}=0$ 的充要条件是________.

3. 每行元素之和为0的行列式的值为________.

4. 已知四阶行列式 D 的第1行元素依次为1,3,0,−2,第3行元素对应的代数余子式依次为8,k,−7,10,则 $k=$________.

5. 设 $D=\begin{vmatrix}1 & 2 & 3 & 4\\ -2 & 4 & 7 & 0\\ 3 & 1 & 2 & 5\\ 1 & 1 & 1 & 1\end{vmatrix}$,则 $A_{21}+A_{22}+A_{23}+A_{24}=$________.

三、解答题

1. 计算下列行列式.

(1) $\begin{vmatrix}1 & 0 & 0 & 1\\ 0 & 0 & 1 & 0\\ 1 & 0 & 0 & 0\\ 0 & 1 & 0 & 1\end{vmatrix}$;　　(2) $\begin{vmatrix}0 & 0 & 1 & 0\\ 0 & 2 & 0 & 0\\ 3 & 0 & 0 & 0\\ 0 & 0 & 0 & 4\end{vmatrix}$;　　(3) $\begin{vmatrix}x & 1 & 1 & 1\\ 1 & x & 1 & 1\\ 1 & 1 & x & 1\\ 1 & 1 & 1 & x\end{vmatrix}$.

2. 利用行列式的性质证明:

$$\begin{vmatrix}a^2 & (a+1)^2 & (a+2)^2 & (a+3)^2\\ b^2 & (b+1)^2 & (b+2)^2 & (b+3)^2\\ c^2 & (c+1)^2 & (c+2)^2 & (c+3)^2\\ d^2 & (d+1)^2 & (d+2)^2 & (d+3)^2\end{vmatrix}=0.$$

3. 计算下列行列式.

(1) $\begin{vmatrix} x & 2 & 0 & 0 \\ 0 & x & 2 & 0 \\ 0 & 0 & x & 2 \\ 2 & 0 & 0 & x \end{vmatrix}$；　(2) $\begin{vmatrix} a & 0 & 0 & b \\ 0 & c & d & 0 \\ 0 & e & f & 0 \\ g & 0 & 0 & h \end{vmatrix}$；　(3) $\begin{vmatrix} 0 & 0 & \alpha & \beta \\ 0 & \alpha & \beta & 0 \\ \alpha & \beta & 0 & 0 \\ \beta & 0 & 0 & \alpha \end{vmatrix}$.

4. 已知四阶行列式 $D=\begin{vmatrix} 1 & 2 & 3 & 4 \\ 3 & 3 & 4 & 4 \\ 1 & 5 & 6 & 7 \\ 1 & 1 & 2 & 2 \end{vmatrix}=-6$，试求 $A_{41}+A_{42}$ 与 $A_{23}+A_{24}$.

5. 计算 n 阶行列式 $\begin{vmatrix} 2 & 0 & \cdots & 0 & 2 \\ -1 & 2 & \cdots & 0 & 2 \\ \vdots & \vdots & & \vdots & \vdots \\ 0 & 0 & \cdots & 2 & 2 \\ 0 & 0 & \cdots & -1 & 2 \end{vmatrix}$.

第2章 矩　　阵

矩阵是代数研究中的一个基本概念，矩阵的运算及初等变换是研究线性变换、向量组的线性相关性及线性方程组等问题的有力工具，在其他领域也有广泛应用.

2.1 矩阵的概念及其运算

2.1.1 矩阵的概念

引例1 线性方程组

$$\begin{cases} x_1-2x_2+3x_3-4x_4=4 \\ x_1+3x_2-\qquad 3x_4=1 \\ \qquad x_2-\ x_3+\ x_4=-3 \end{cases}$$

的未知数系数和常数项可构成一个数表

$$\begin{pmatrix} 1 & -2 & 3 & -4 & 4 \\ 1 & 3 & 0 & -3 & 1 \\ 0 & 1 & -1 & 1 & -3 \end{pmatrix}$$

线性方程组与这个数表形成了一一对应的关系，在研究线性方程组时，这个数表就代表了一个线性方程组，对线性方程组的研究就转化成对这个数表的研究.

引例2 对于图 2-1 所示的通信网络联系系统，如果定义变量 $a_{ij}=1$ 表示点 x_i 与 x_j 有通信联系，$a_{ij}=0$ 表示点 x_i 与 x_j 无通信联系，则图 2-1 右边的数表就反映了图 2-1 所示的通信网络联系系统.

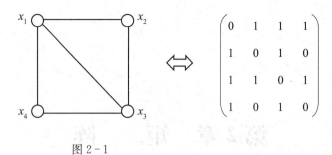

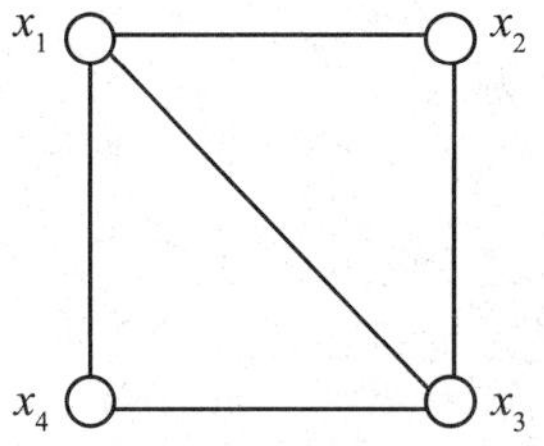

$$\Longleftrightarrow \begin{pmatrix} 0 & 1 & 1 & 1 \\ 1 & 0 & 1 & 0 \\ 1 & 1 & 0 & 1 \\ 1 & 0 & 1 & 0 \end{pmatrix}$$

图 2-1

定义 2.1 由 $m\times n$ 个数 $a_{ij}(i=1,2,\cdots,m;j=1,2,\cdots,n)$ 排成的一个 m 行 n 列数表

$$\boldsymbol{A}=\begin{pmatrix} a_{11} & a_{12} & \cdots & a_{1n} \\ a_{21} & a_{22} & \cdots & a_{2n} \\ \vdots & \vdots & & \vdots \\ a_{m1} & a_{m2} & \cdots & a_{mn} \end{pmatrix}$$

称为一个 m 行 n 列矩阵，简称 $m\times n$ 矩阵. 这 $m\times n$ 个数称为矩阵 $\boldsymbol{A}$ 的元素，a_{ij} 称为矩阵 $\boldsymbol{A}$ 的第 i 行第 j 列元素. 通常用字母 $\boldsymbol{A},\boldsymbol{B},\boldsymbol{C}$ 等表示矩阵，有时为了表明 $\boldsymbol{A}$ 的行数和列数，一个 $m\times n$ 矩阵 $\boldsymbol{A}$ 也可简写为

$$\boldsymbol{A}=\boldsymbol{A}_{m\times n}=(a_{ij})_{m\times n} \text{或} \boldsymbol{A}=(a_{ij})$$

如果两个矩阵具有相同的行数与相同的列数，则称这两个矩阵为同型矩阵.

矩阵这个词由英国数学家西尔维斯特首先使用，他的初衷就是引入数字的矩形阵列而不再使用行列式这个词. 在线性代数中，矩阵是一个按照长方阵列排列的数集，最早来自线性方程组的系数及常数构成的矩阵.

定义 2.2 $\boldsymbol{A}=(a_{ij}),\boldsymbol{B}=(b_{ij})$ 都是 $m\times n$ 矩阵（同型矩阵），若它们的对应元素相等，即

$$a_{ij}=b_{ij}(i=1,2,\cdots,m;j=1,2,\cdots,n)$$

则称矩阵 $\boldsymbol{A}$ 与 $\boldsymbol{B}$ 相等，记为 $\boldsymbol{A}=\boldsymbol{B}$.

例如，由 $\begin{pmatrix} 4 & x & 3 \\ -1 & 0 & y \end{pmatrix}=\begin{pmatrix} 4 & 5 & 3 \\ z & 0 & 6 \end{pmatrix}$ 立即可得：$x=5,y=6,z=-1$.

2.1.2 几种特殊矩阵

(1)所有元素均为 0 的矩阵称为零矩阵，记为 $\boldsymbol{0}$ 或 $\boldsymbol{0}_{m\times n}$.

(2)所有元素均为非负数的矩阵称为非负矩阵.

(3)只有一行的矩阵 $\boldsymbol{A}=(a_1 \quad a_2 \quad \cdots \quad a_n)$ 称为行矩阵. 为避免元素间的混淆，行矩阵也

记作

$$A=(a_1,a_2,\cdots,a_n)$$

(4)只有一列的矩阵 $\boldsymbol{B}=\begin{pmatrix}b_1\\b_2\\\vdots\\b_m\end{pmatrix}$ 称为列矩阵.

(5)若 $\boldsymbol{A}$ 是行数与列数都等于 n 的矩阵,则称 $\boldsymbol{A}$ 为 n 阶方阵,记为$\boldsymbol{A}_n$.

(6)形如 $\begin{pmatrix}\lambda_1&0&\cdots&0\\0&\lambda_2&\cdots&0\\\vdots&\vdots&&\vdots\\0&0&\cdots&\lambda_n\end{pmatrix}$ 的矩阵称为 n 阶对角矩阵,可简记为

$$\boldsymbol{A}=\mathrm{diag}(\lambda_1,\lambda_2,\cdots,\lambda_n)$$

(7)形如 $\begin{pmatrix}1&0&\cdots&0\\0&1&\cdots&0\\\vdots&\vdots&&\vdots\\0&0&\cdots&1\end{pmatrix}$ 的对角矩阵称为 n 阶单位矩阵,记为

$$\boldsymbol{E}=\boldsymbol{E}_n(\text{或 } \boldsymbol{I}=\boldsymbol{I}_n)$$

2.1.3 矩阵的线性运算

1. 矩阵的加法

定义 2.3 设有两个 $m\times n$ 矩阵 $\boldsymbol{A}=(a_{ij})$ 和 $\boldsymbol{B}=(b_{ij})$,矩阵 $\boldsymbol{A}$ 与 $\boldsymbol{B}$ 的和记作 $\boldsymbol{A}+\boldsymbol{B}$,且有

$$\boldsymbol{A}+\boldsymbol{B}=(a_{ij}+b_{ij})_{m\times n}=\begin{pmatrix}a_{11}+b_{11}&a_{12}+b_{12}&\cdots&a_{1n}+b_{1n}\\a_{21}+b_{21}&a_{22}+b_{22}&\cdots&a_{2n}+b_{2n}\\\vdots&\vdots&&\vdots\\a_{m1}+b_{m1}&a_{m2}+b_{m2}&\cdots&a_{mn}+b_{mn}\end{pmatrix}$$

注意: 相加的两个矩阵必须具有相同的行数和列数,否则无法相加.

例 1 设 $\boldsymbol{A}=\begin{pmatrix}2&1&4\\0&3&3\end{pmatrix}$,$\boldsymbol{B}=\begin{pmatrix}3&3&1\\4&0&3\end{pmatrix}$,求 $\boldsymbol{A}+\boldsymbol{B}$.

解：$\boldsymbol{A}+\boldsymbol{B}=\begin{pmatrix}2&1&4\\0&3&3\end{pmatrix}+\begin{pmatrix}3&3&1\\4&0&3\end{pmatrix}=\begin{pmatrix}2+3&1+3&4+1\\0+4&3+0&3+3\end{pmatrix}=\begin{pmatrix}5&4&5\\4&3&6\end{pmatrix}$

2. 矩阵的减法

设矩阵 $\boldsymbol{A}=(a_{ij})$，定义 $-\boldsymbol{A}=(-a_{ij})$，称 $-\boldsymbol{A}$ 为矩阵 $\boldsymbol{A}$ 的负矩阵，由此规定矩阵的减法为

$$\boldsymbol{A}-\boldsymbol{B}=\boldsymbol{A}+(-\boldsymbol{B})$$

可以看出

$$\boldsymbol{A}+(-\boldsymbol{A})=\boldsymbol{0}$$

3. 矩阵的数乘运算

定义 2.4 设有 $m\times n$ 矩阵 $\boldsymbol{A}=(a_{ij})$，数 k 与矩阵 $\boldsymbol{A}$ 的乘积运算称为数乘运算，记作 $k\boldsymbol{A}$ 或 $\boldsymbol{A}k$，且有

$$k\boldsymbol{A}=\boldsymbol{A}k=(ka_{ij})_{m\times n}=\begin{pmatrix}ka_{11}&ka_{12}&\cdots&ka_{1n}\\ka_{21}&ka_{22}&\cdots&ka_{2n}\\\vdots&\vdots&&\vdots\\ka_{m1}&ka_{m2}&\cdots&ka_{mn}\end{pmatrix}$$

矩阵的加法、减法和数乘运算统称为矩阵的线性运算，设 $\boldsymbol{A},\boldsymbol{B},\boldsymbol{C},\boldsymbol{0}$ 都是同型矩阵，k,l 为常数，则：

(1)$\boldsymbol{A}+\boldsymbol{B}=\boldsymbol{B}+\boldsymbol{A}$；　　(2)$(\boldsymbol{A}+\boldsymbol{B})+\boldsymbol{C}=\boldsymbol{A}+(\boldsymbol{B}+\boldsymbol{C})$；

(3)$k(l\boldsymbol{A})=(kl)\boldsymbol{A}$；　　(4)$\boldsymbol{A}+\boldsymbol{0}=\boldsymbol{A}$；

(5)$\boldsymbol{A}+(-\boldsymbol{A})=\boldsymbol{0}$；　　(6)$1\boldsymbol{A}=\boldsymbol{A}$；

(7)$(k+l)\boldsymbol{A}=k\boldsymbol{A}+l\boldsymbol{A}$；　　(8)$k(\boldsymbol{A}+\boldsymbol{B})=k\boldsymbol{A}+k\boldsymbol{B}$.

例 2 已知 $\boldsymbol{A}=\begin{pmatrix}3&-1&2&0\\1&5&7&9\\2&4&6&8\end{pmatrix}$，$\boldsymbol{B}=\begin{pmatrix}7&5&-2&4\\5&1&9&7\\8&2&-4&6\end{pmatrix}$，且 $\boldsymbol{A}+2\boldsymbol{X}=\boldsymbol{B}$，求 $\boldsymbol{X}$.

解：$\boldsymbol{X}=\dfrac{1}{2}(\boldsymbol{B}-\boldsymbol{A})=\dfrac{1}{2}\begin{pmatrix}4&6&-4&4\\4&-4&2&-2\\6&-2&-10&-2\end{pmatrix}=\begin{pmatrix}2&3&-2&2\\2&-2&1&-1\\3&-1&-5&-1\end{pmatrix}$

2.1.4 矩阵的乘法

定义 2.5 设

$$A=(a_{ij})_{m\times s}=\begin{pmatrix} a_{11} & a_{12} & \cdots & a_{1s} \\ a_{21} & a_{22} & \cdots & a_{2s} \\ \vdots & \vdots & & \vdots \\ a_{m1} & a_{m2} & \cdots & a_{ms} \end{pmatrix}, B=(b_{ij})_{s\times n}=\begin{pmatrix} b_{11} & b_{12} & \cdots & b_{1n} \\ b_{21} & b_{22} & \cdots & b_{2n} \\ \vdots & \vdots & & \vdots \\ b_{s1} & b_{s2} & \cdots & b_{sn} \end{pmatrix},$$

$$AB=(c_{ij})_{m\times n}=\begin{pmatrix} c_{11} & c_{12} & \cdots & c_{1n} \\ c_{21} & c_{22} & \cdots & c_{2n} \\ \vdots & \vdots & & \vdots \\ c_{m1} & c_{m2} & \cdots & c_{mn} \end{pmatrix}$$

定义 AB 为矩阵 A 与矩阵 B 的乘积，读作 A 左乘 B 或 B 右乘 A，这里：

$$c_{ij}=(a_{i1},a_{i2},\cdots,a_{is})\begin{pmatrix} b_{1j} \\ b_{2j} \\ \vdots \\ b_{sj} \end{pmatrix}=a_{i1}b_{1j}+a_{i2}b_{2j}+\cdots+a_{is}b_{sj}$$

$$=\sum_{k=1}^{s}a_{ik}b_{kj}(i=1,2,\cdots,m;j=1,2,\cdots,n).$$

即 AB 的元素 c_{ij} 为矩阵 A 的第 i 行元素与矩阵 B 的第 j 列对应元素乘积的和.

注意：两个矩阵进行乘法运算时必须满足左边矩阵的列数等于右边矩阵的行数.

矩阵的乘法满足结合律和分配律：

(1) $(AB)C=A(BC)$；　　(2) $k(AB)=(kA)B=A(kB)$；

(3) $(A+B)C=AC+BC$；　　(4) $C(A+B)=CA+CB$.

例3 设 $A=\begin{pmatrix} 1 & 2 & 0 \\ 2 & 1 & 3 \end{pmatrix}$，$B=\begin{pmatrix} 2 & 3 & 0 \\ 1 & -2 & -1 \\ 3 & 1 & 1 \end{pmatrix}$，求 AB.

解：因为 A 的列数等于 B 的行数，所以 AB 有意义，且 AB 为 2×3 矩阵.

$$AB=\begin{pmatrix} 1 & 2 & 0 \\ 2 & 1 & 3 \end{pmatrix}\begin{pmatrix} 2 & 3 & 0 \\ 1 & -2 & -1 \\ 3 & 1 & 1 \end{pmatrix}$$

$$=\begin{pmatrix} 1\times2+2\times1+0\times3 & 1\times3+2\times(-2)+0\times1 & 1\times0+2\times(-1)+0\times1 \\ 2\times2+1\times1+3\times3 & 2\times3+1\times(-2)+3\times1 & 2\times0+1\times(-1)+3\times1 \end{pmatrix}$$

$$=\begin{pmatrix}4 & -1 & -2\\14 & 7 & 2\end{pmatrix}$$

注意:在本例中,如果将矩阵 $\boldsymbol{B}$ 作为左矩阵,矩阵 $\boldsymbol{A}$ 作为右矩阵,则二者相乘没有意义,即 $\boldsymbol{BA}$ 没有意义,因为 $\boldsymbol{B}$ 的列数为 3,而 $\boldsymbol{A}$ 的行数为 2. 此例说明:$\boldsymbol{AB}$ 有意义,但 $\boldsymbol{BA}$ 不一定有意义.

例 4 设 $\boldsymbol{A}=\begin{pmatrix}a_1\\a_2\\\vdots\\a_n\end{pmatrix}$,$\boldsymbol{B}=(b_1,b_2,\cdots,b_n)$,求 $\boldsymbol{AB}$ 和 $\boldsymbol{BA}$.

解:$\boldsymbol{AB}=\begin{pmatrix}a_1\\a_2\\\vdots\\a_n\end{pmatrix}(b_1,b_2,\cdots,b_n)=\begin{pmatrix}a_1b_1 & a_1b_2 & \cdots & a_1b_n\\a_2b_1 & a_2b_2 & \cdots & a_2b_n\\\vdots & \vdots & & \vdots\\a_nb_1 & a_nb_2 & \cdots & a_nb_n\end{pmatrix}$

$\boldsymbol{BA}=(b_1,b_2,\cdots,b_n)\begin{pmatrix}a_1\\a_2\\\vdots\\a_n\end{pmatrix}=b_1a_1+b_2a_2+\cdots+b_na_n$

注意:在运算结果中,可以将一阶矩阵看成一个数. 此例说明,即使 $\boldsymbol{AB}$ 和 $\boldsymbol{BA}$ 都有意义,$\boldsymbol{AB}$ 和 $\boldsymbol{BA}$ 的行数及列数也不一定相同.

例 5 设 $\boldsymbol{A}=\begin{pmatrix}1 & 1\\-1 & -1\end{pmatrix}$,$\boldsymbol{B}=\begin{pmatrix}1 & -1\\-1 & 1\end{pmatrix}$,求 $\boldsymbol{AB}$ 和 $\boldsymbol{BA}$.

解:$\boldsymbol{AB}=\begin{pmatrix}1 & 1\\-1 & -1\end{pmatrix}\begin{pmatrix}1 & -1\\-1 & 1\end{pmatrix}=\begin{pmatrix}0 & 0\\0 & 0\end{pmatrix}$,$\boldsymbol{BA}=\begin{pmatrix}1 & -1\\-1 & 1\end{pmatrix}\begin{pmatrix}1 & 1\\-1 & -1\end{pmatrix}=\begin{pmatrix}2 & 2\\-2 & -2\end{pmatrix}$.

注意:此例说明,即使 $\boldsymbol{AB}$ 和 $\boldsymbol{BA}$ 都有意义且它们的行数与列数都相同,$\boldsymbol{AB}$ 和 $\boldsymbol{BA}$ 也不一定相等. 另外,此例还说明两个非零矩阵的乘积可以是零矩阵.

例 6 设 $\boldsymbol{A}=\begin{pmatrix}3 & 1\\4 & 6\end{pmatrix}$,$\boldsymbol{B}=\begin{pmatrix}2 & 1\\4 & 6\end{pmatrix}$,$\boldsymbol{C}=\begin{pmatrix}0 & 0\\1 & 1\end{pmatrix}$,求 $\boldsymbol{AC}$ 和 $\boldsymbol{BC}$.

解:$\boldsymbol{AC}=\begin{pmatrix}3 & 1\\4 & 6\end{pmatrix}\begin{pmatrix}0 & 0\\1 & 1\end{pmatrix}=\begin{pmatrix}1 & 1\\6 & 6\end{pmatrix}$,$\boldsymbol{BC}=\begin{pmatrix}2 & 1\\4 & 6\end{pmatrix}\begin{pmatrix}0 & 0\\1 & 1\end{pmatrix}=\begin{pmatrix}1 & 1\\6 & 6\end{pmatrix}$.

注意：此例说明，由 $AC=BC, C\neq 0$，一般不能推出 $A=B$.

以上几个例子说明数的乘法运算律不一定都适合于矩阵的乘法. 对于矩阵的乘法请注意下述问题：

(1)矩阵的乘法不满足交换律，即 AB 不一定等于 BA；

(2)矩阵的乘法不满足消去律，即当 $AB=AC$ 或 $BA=CA$，且 $A\neq 0$ 时，不一定有 $B=C$；

(3)两个非零矩阵的乘积可能是零矩阵，因此，一般不能由 $AB=0$ 推出 $A=0$或 $B=0$.

定义 2.6 若矩阵 A 与 B 满足 $AB=BA$，则称矩阵 A 与 B 可交换，简称为 A 与 B 可交换.

设E_m, E_n 为单位矩阵，对任意矩阵$A_{m\times n}$有$E_m A_{m\times n}=A_{m\times n}, A_{m\times n}E_n=A_{m\times n}$. 特别地，若 A 是 n 阶方阵，则有 $EA=AE=A$，即单位矩阵 E 在矩阵乘法中起的作用类似于数 1 在数的乘法中起的作用.

2.1.5 线性方程组的矩阵表示

设有线性方程组

$$\begin{cases} a_{11}x_1+a_{12}x_2+\cdots+a_{1n}x_n=b_1 \\ a_{21}x_1+a_{22}x_2+\cdots+a_{2n}x_n=b_2 \\ \qquad\vdots \\ a_{m1}x_1+a_{m2}x_2+\cdots+a_{mn}x_n=b_m \end{cases} \tag{2-1}$$

若记

系数矩阵 $A=\begin{pmatrix} a_{11} & a_{12} & \cdots & a_{1n} \\ a_{21} & a_{22} & \cdots & a_{2n} \\ \vdots & \vdots & & \vdots \\ a_{m1} & a_{m2} & \cdots & a_{mn} \end{pmatrix}$，未知量列矩阵 $x=\begin{pmatrix} x_1 \\ x_2 \\ \vdots \\ x_n \end{pmatrix}$，常数列矩阵 $b=\begin{pmatrix} b_1 \\ b_2 \\ \vdots \\ b_m \end{pmatrix}$，

则利用矩阵的乘法，线性方程组(2-1)可表示为矩阵形式：

$$Ax=b \tag{2-2}$$

将线性方程组(2-1)写成式(2-2)的形式可使书写方便，这给线性方程组的讨论带来了很大的便利.

2.1.6 线性变换的概念

若两组变量 $x_1, x_2, \cdots, x_n$ 与 $y_1, y_2, \cdots, y_m$ 存在关系式：

$$\begin{cases} y_1=a_{11}x_1+a_{12}x_2+\cdots+a_{1n}x_n \\ y_2=a_{21}x_1+a_{22}x_2+\cdots+a_{2n}x_n \\ \qquad\vdots \\ y_m=a_{m1}x_1+a_{m2}x_2+\cdots+a_{mn}x_n \end{cases} \tag{2-3}$$

则称从变量 $x_1,x_2,\cdots,x_n$ 到变量 $y_1,y_2,\cdots,y_m$ 的变换为线性变换，其中 $a_{ij}(i=1,2,\cdots,m;j=1,2,\cdots,n)$ 为常数. 变换关系式(2-3)的系数 a_{ij} 构成矩阵 $\boldsymbol{A}=(a_{ij})_{m\times n}$，称其为变换关系式(2-3)的系数矩阵.

设

$$\boldsymbol{A}=\begin{pmatrix} a_{11} & a_{12} & \cdots & a_{1n} \\ a_{21} & a_{22} & \cdots & a_{2n} \\ \vdots & \vdots & & \vdots \\ a_{m1} & a_{m2} & \cdots & a_{mn} \end{pmatrix},\boldsymbol{x}=\begin{pmatrix} x_1 \\ x_2 \\ \vdots \\ x_n \end{pmatrix},\boldsymbol{y}=\begin{pmatrix} y_1 \\ y_2 \\ \vdots \\ y_m \end{pmatrix}$$

则变换关系式(2-3)可表示为矩阵形式：

$$\boldsymbol{y}=\boldsymbol{A}\boldsymbol{x} \tag{2-4}$$

易见线性变换与其系数矩阵之间存在一一对应关系，因而可利用矩阵来研究线性变换，亦可利用线性变换来研究矩阵.

线性变换

$$\begin{cases} y_1=x_1 \\ y_2=x_2 \\ \quad\vdots \\ y_n=x_n \end{cases}$$

称为恒等变换，其系数矩阵就是单位矩阵.

矩阵 $\begin{pmatrix} 1 & 0 \\ 0 & 0 \end{pmatrix}$ 所对应的线性变换 $\begin{cases} x_1=x \\ y_1=0 \end{cases}$ 可看作是在 xOy 平面上把向量 $\overrightarrow{OP}=\begin{pmatrix} x \\ y \end{pmatrix}$ 变为向量 $\overrightarrow{OP_1}=\begin{pmatrix} x_1 \\ y_1 \end{pmatrix}=\begin{pmatrix} x \\ 0 \end{pmatrix}$ 的变换(或看作把点 P 变为点 P_1 的变换，如图 2-2 所示). 由于向量 $\overrightarrow{OP_1}$ 是向量 $\overrightarrow{OP}$ 在 x 轴上的投影向量(点 P_1 是点 P 在 x 轴上的投影)，因此这是一个投影变换.

又如矩阵$\begin{pmatrix}\cos\varphi & -\sin\varphi\\ \sin\varphi & \cos\varphi\end{pmatrix}$对应的线性变换

$$\begin{cases}x_1=x\cos\varphi-y\sin\varphi\\ y_1=x\sin\varphi+y\cos\varphi\end{cases}$$

可看作是把 xOy 平面上的向量$\overrightarrow{OP}=\begin{pmatrix}x\\ y\end{pmatrix}$变为向量$\overrightarrow{OP_1}=\begin{pmatrix}x_1\\ y_1\end{pmatrix}$. 设$\overrightarrow{OP}$的长度为 r,辐角为 θ,即设 $x=r\cos\theta, y=r\sin\theta$,那么

$$\begin{cases}x_1=r(\cos\theta\cos\varphi-\sin\theta\sin\varphi)=r\cos(\theta+\varphi)\\ y_1=r(\sin\theta\cos\varphi+\cos\theta\sin\varphi)=r\sin(\theta+\varphi)\end{cases}$$

这表明$\overrightarrow{OP_1}$的长度也为 r,而辐角为 $\theta+\varphi$. 因此,这是把向量$\overrightarrow{OP}$(沿逆时针方向)旋转 φ 角(以原点为中心把点 P 沿逆时针方向旋转 φ 角)的旋转变换,如图 2-3 所示.

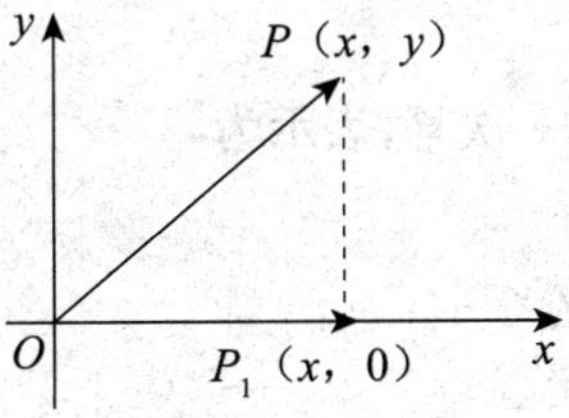

图 2-2

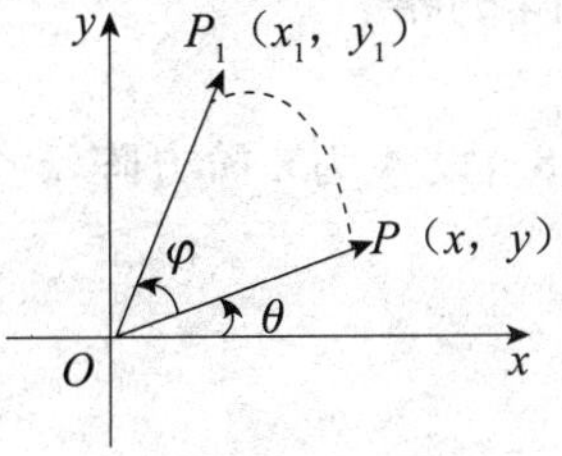

图 2-3

2.1.7　矩阵的转置

定义 2.7　把矩阵 $\boldsymbol{A}$ 的行与列对换得到的新矩阵称为 $\boldsymbol{A}$ 的转置矩阵,记作$\boldsymbol{A}^{\mathrm{T}}$(或 $\boldsymbol{A}'$).

即若 $\boldsymbol{A}=\begin{pmatrix}a_{11} & a_{12} & \cdots & a_{1n}\\ a_{21} & a_{22} & \cdots & a_{2n}\\ \vdots & \vdots & & \vdots\\ a_{m1} & a_{m2} & \cdots & a_{mn}\end{pmatrix}$,则$\boldsymbol{A}^{\mathrm{T}}=\begin{pmatrix}a_{11} & a_{21} & \cdots & a_{m1}\\ a_{12} & a_{22} & \cdots & a_{m2}\\ \vdots & \vdots & & \vdots\\ a_{1n} & a_{2n} & \cdots & a_{mn}\end{pmatrix}$.

矩阵的转置有以下性质:

(1)$(\boldsymbol{A}^{\mathrm{T}})^{\mathrm{T}}=\boldsymbol{A}$;　　(2)$(\boldsymbol{A}+\boldsymbol{B})^{\mathrm{T}}=\boldsymbol{A}^{\mathrm{T}}+\boldsymbol{B}^{\mathrm{T}}$;

(3)$(k\boldsymbol{A})^{\mathrm{T}}=k\boldsymbol{A}^{\mathrm{T}}$;　　(4)$(\boldsymbol{AB})^{\mathrm{T}}=\boldsymbol{B}^{\mathrm{T}}\boldsymbol{A}^{\mathrm{T}}$.

例 7　已知 $\boldsymbol{A}=\begin{pmatrix}2 & 0 & -1\\ 1 & 3 & 2\end{pmatrix}$,$\boldsymbol{B}=\begin{pmatrix}1 & 7 & -1\\ 4 & 2 & 3\\ 2 & 0 & 1\end{pmatrix}$,求$(\boldsymbol{AB})^{\mathrm{T}}$.

解:由于$\boldsymbol{AB}=\begin{pmatrix}2&0&-1\\1&3&2\end{pmatrix}\begin{pmatrix}1&7&-1\\4&2&3\\2&0&1\end{pmatrix}=\begin{pmatrix}0&14&-3\\17&13&10\end{pmatrix}$,故

$$(\boldsymbol{AB})^{\mathrm{T}}=\begin{pmatrix}0&17\\14&13\\-3&10\end{pmatrix}$$

本题也可以利用运算性质计算:

$$(\boldsymbol{AB})^{\mathrm{T}}=\boldsymbol{B}^{\mathrm{T}}\boldsymbol{A}^{\mathrm{T}}=\begin{pmatrix}1&4&2\\7&2&0\\-1&3&1\end{pmatrix}\begin{pmatrix}2&1\\0&3\\-1&2\end{pmatrix}=\begin{pmatrix}0&17\\14&13\\-3&10\end{pmatrix}$$

2.1.8 方阵的幂

定义 2.8 设$\boldsymbol{A}$为n阶方阵,k个$\boldsymbol{A}$连乘称为$\boldsymbol{A}$的k次幂,表示为

$$\boldsymbol{A}^k=\overbrace{\boldsymbol{AA}\cdots\boldsymbol{A}}^{k个}(k\in\mathbf{N})$$

特别地,

$$\boldsymbol{A}^0=\boldsymbol{E}$$

方阵的幂具有以下性质:

(1)$\boldsymbol{A}^m\boldsymbol{A}^n=\boldsymbol{A}^{m+n}\quad(m,n\in\mathbf{N})$; (2)$(\boldsymbol{A}^m)^n=\boldsymbol{A}^{mn}(m,n\in\mathbf{N})$.

例 8 设$\boldsymbol{A}=\begin{pmatrix}\lambda&1&0\\0&\lambda&1\\0&0&\lambda\end{pmatrix}$,求$\boldsymbol{A}^3$.

解:由于$\boldsymbol{A}^2=\begin{pmatrix}\lambda&1&0\\0&\lambda&1\\0&0&\lambda\end{pmatrix}\begin{pmatrix}\lambda&1&0\\0&\lambda&1\\0&0&\lambda\end{pmatrix}=\begin{pmatrix}\lambda^2&2\lambda&1\\0&\lambda^2&2\lambda\\0&0&\lambda^2\end{pmatrix}$,故

$$\boldsymbol{A}^3=\boldsymbol{A}^2\boldsymbol{A}=\begin{pmatrix}\lambda^2&2\lambda&1\\0&\lambda^2&2\lambda\\0&0&\lambda^2\end{pmatrix}\begin{pmatrix}\lambda&1&0\\0&\lambda&1\\0&0&\lambda\end{pmatrix}=\begin{pmatrix}\lambda^3&3\lambda^2&3\lambda\\0&\lambda^3&3\lambda^2\\0&0&\lambda^3\end{pmatrix}$$

2.1.9 方阵的行列式

定义 2.9 若保持 n 阶方阵 $\boldsymbol{A}$ 所有元素的位置不变，而仅将矩阵符号变为行列式符号，这样所形成的行列式称为方阵 $\boldsymbol{A}$ 的行列式，记作 $|\boldsymbol{A}|$ 或 $\det \boldsymbol{A}$.

需要注意，方阵与其行列式是两个完全不同的概念，n 阶方阵是 n^2 个数按一定方式排成的数表，而 n 阶行列式则是这些数按一定的运算法则所确定的一个数值.

方阵 $\boldsymbol{A}$ 的行列式 $|\boldsymbol{A}|$ 有以下性质(设 $\boldsymbol{A},\boldsymbol{B}$ 为 n 阶方阵，k 为常数)：

(1) $|\boldsymbol{A}^{\mathrm{T}}|=|\boldsymbol{A}|$； (2) $|k\boldsymbol{A}|=k^n|\boldsymbol{A}|$； (3) $|\boldsymbol{AB}|=|\boldsymbol{A}||\boldsymbol{B}|$.

例如，设 $\boldsymbol{A}=\begin{pmatrix}1 & 0 & -1\\ 2 & 1 & 0\\ 3 & 2 & -1\end{pmatrix}$，$\boldsymbol{B}=\begin{pmatrix}-2 & 1 & 0\\ 0 & 3 & 1\\ 0 & 0 & 2\end{pmatrix}$，则 $\boldsymbol{AB}=\begin{pmatrix}-2 & 1 & -2\\ -4 & 5 & 1\\ -6 & 9 & 0\end{pmatrix}$，此时有

$$|\boldsymbol{AB}|=\begin{vmatrix}-2 & 1 & -2\\ -4 & 5 & 1\\ -6 & 9 & 0\end{vmatrix}=24$$

又

$$|\boldsymbol{A}|=\begin{vmatrix}1 & 0 & -1\\ 2 & 1 & 0\\ 3 & 2 & -1\end{vmatrix}=-2,\ |\boldsymbol{B}|=\begin{vmatrix}-2 & 1 & 0\\ 0 & 3 & 1\\ 0 & 0 & 2\end{vmatrix}=-12$$

因此有 $|\boldsymbol{AB}|=24=(-2)\times(-12)=|\boldsymbol{A}||\boldsymbol{B}|$.

2.1.10 对称矩阵与反对称矩阵

定义 2.10 设 $\boldsymbol{A}$ 为 n 阶方阵，如果 $\boldsymbol{A}^{\mathrm{T}}=\boldsymbol{A}$，即 $a_{ij}=a_{ji}(i,j=1,2,\cdots,n)$，则称 $\boldsymbol{A}$ 为对称矩阵.

例如 $\begin{pmatrix}0 & -1\\ -1 & 0\end{pmatrix}$，$\begin{pmatrix}8 & 6 & 1\\ 6 & 9 & 0\\ 1 & 0 & 5\end{pmatrix}$ 均为对称矩阵，对称矩阵的元素关于主对角线对称.

如果 $\boldsymbol{A}^{\mathrm{T}}=-\boldsymbol{A}$，则称 $\boldsymbol{A}$ 为反对称矩阵.

例 9 设列矩阵 $\boldsymbol{X}=(x_1,x_2,\cdots,x_n)^{\mathrm{T}}$ 满足 $\boldsymbol{X}^{\mathrm{T}}\boldsymbol{X}=1$，$\boldsymbol{H}=\boldsymbol{E}-2\boldsymbol{X}\boldsymbol{X}^{\mathrm{T}}$，$\boldsymbol{E}$ 为 n 阶单位矩阵. 证明：$\boldsymbol{H}$ 是对称矩阵，且 $\boldsymbol{H}\boldsymbol{H}^{\mathrm{T}}=\boldsymbol{E}$.

证明:首先证明 $\boldsymbol{H}$ 是对称矩阵. 因

$$\boldsymbol{H}^{\mathrm{T}}=(\boldsymbol{E}-2\boldsymbol{X}\boldsymbol{X}^{\mathrm{T}})^{\mathrm{T}}=\boldsymbol{E}^{\mathrm{T}}-2(\boldsymbol{X}\boldsymbol{X}^{\mathrm{T}})^{\mathrm{T}}=\boldsymbol{E}-2\boldsymbol{X}\boldsymbol{X}^{\mathrm{T}}=\boldsymbol{H}$$

故 $\boldsymbol{H}$ 是对称矩阵.

$$\begin{aligned}\boldsymbol{H}\boldsymbol{H}^{\mathrm{T}}&=\boldsymbol{H}^2=(\boldsymbol{E}-2\boldsymbol{X}\boldsymbol{X}^{\mathrm{T}})^2=\boldsymbol{E}-4\boldsymbol{X}\boldsymbol{X}^{\mathrm{T}}+4(\boldsymbol{X}\boldsymbol{X}^{\mathrm{T}})(\boldsymbol{X}\boldsymbol{X}^{\mathrm{T}})\\&=\boldsymbol{E}-4\boldsymbol{X}\boldsymbol{X}^{\mathrm{T}}+4\boldsymbol{X}(\boldsymbol{X}^{\mathrm{T}}\boldsymbol{X})\boldsymbol{X}^{\mathrm{T}}=\boldsymbol{E}\end{aligned}$$

2.1.11 矩阵的录入及运算的 MATLAB 实现

1. 矩阵的录入及运算

最简单的建立矩阵的方法是从键盘直接输入矩阵的元素. 具体方法如下:将矩阵的元素用方括号括起来,按矩阵行的顺序输入各元素,同一行的各元素之间用空格或逗号分隔,不同行的元素之间用分号分隔.

矩阵的加法和减法分别用“+”和“-”运算符,矩阵相乘用“ * ”运算符,矩阵转置用“'”运算符,矩阵的逆用 inv 命令.

例 10 输入矩阵 $\boldsymbol{A}=\begin{pmatrix}1&2&3&4\\5&6&7&8\\9&10&11&12\\13&14&15&16\end{pmatrix}$.

解:相应的 MATLAB 代码为:

```
>> A=[1 2 3 4;5 6 7 8;9 10 11 12;13 14 15 16];
A =
     1     2     3     4
     5     6     7     8
     9    10    11    12
    13    14    15    16
```

例 11 已知矩阵

$$\boldsymbol{A}=\begin{pmatrix}3&1&1\\2&1&2\\1&2&3\end{pmatrix},\boldsymbol{B}=\begin{pmatrix}1&1&-1\\2&-1&0\\1&0&1\end{pmatrix}$$

求:(1)$\boldsymbol{A}^{\mathrm{T}}$;(2)$\boldsymbol{A}+\boldsymbol{B}$;(3)$6\boldsymbol{A}$;(4)$\boldsymbol{AB}$.

解:相应的 MATLAB 代码及计算结果如下.

```
>> A=[3 1 1;2 1 2;1 2 3];
A =
     3     1     1
     2     1     2
     1     2     3
>> A'
ans =
     3     2     1
     1     1     2
     1     2     3
>> B=[1 1 -1;2 -1 0;1 0 1];
B =
     1     1    -1
     2    -1     0
     1     0     1
>> A+B
ans =
     4     2     0
     4     0     2
     2     2     4
>> 6*A
ans =
    18     6     6
    12     6    12
     6    12    18
>> A*B
ans =
     6     2    -2
     6     1     0
     8    -1     2
```

例 12 在 MATLAB 中生成 3×3 单位矩阵、零矩阵、元素全为 1 的矩阵.

解:相应的 MATLAB 代码为:

```
>> eye(3,3)

ans =

     1     0     0

     0     1     0

     0     0     1

>> zeros(3)

ans =

     0     0     0

     0     0     0

     0     0     0

>> ones(3)

ans =

     1     1     1

     1     1     1

     1     1     1
```

2. 求行列式

MATLAB 中主要用命令 det 求行列式的数值解和符号解. 当 **A** 为数值方阵时,利用 det 计算方阵 **A** 对应的行列式;当 **A** 为符号方阵时,先定义符号变量,然后利用 det 计算方阵 **A** 对应的行列式的符号值.

例 13 计算行列式 $D=\begin{vmatrix} 3 & 1 & -1 & 2 \\ -5 & 1 & 3 & -4 \\ 2 & 0 & 1 & -1 \\ 1 & -5 & 3 & -3 \end{vmatrix}$.

解:相应的 MATLAB 代码为:

```
>> D=[3 1 -1 2; -5 1 3 -4; 2 0 1 -1; 1 -5 3 -3];

>> det(D)

ans =

    40
```

例 14　计算行列式 $D=\begin{vmatrix} a & b & c & d \\ a & a+b & a+b+c & a+b+c+d \\ a & 2a+b & 3a+2b+c & 4a+3b+2c+d \\ a & 3a+b & 6a+3b+c & 10a+6b+3c+d \end{vmatrix}$.

解:相应的 MATLAB 代码为:

```
>> syms a b c d
D=[a b c d;a a+b a+b+c a+b+c+d;a 2*a+b 3*a+2*b+c 4*a+3*b+2*c+d;a 3*a+b
6*a+3*b+c 10*a+6*b+3*c+d];
>> det(D)
ans =
a^4
```

习题 2-1

(A)

1. 两儿童玩"石头、剪子、布"的游戏,每人的出法只能在石头、剪子、布这三者中选择一种,当他们各选定一种出法(亦称策略)时,就确定了一个"局势",也就决定了各自的输赢. 若规定胜者得 1 分,负者得 −1 分,平手各得 0 分,则对于各种可能的局势(每一局势得分之和为零,即零和),试用矩阵表示他们的输赢情况.

2. 已知 $\boldsymbol{A}=\begin{pmatrix} -1 & 2 & 3 & 1 \\ 0 & 3 & -2 & 1 \\ 4 & 0 & 3 & 2 \end{pmatrix}$, $\boldsymbol{B}=\begin{pmatrix} 4 & 3 & 2 & -1 \\ 5 & -3 & 0 & 1 \\ 1 & 2 & -5 & 0 \end{pmatrix}$.

(1)求 $3\boldsymbol{A}-2\boldsymbol{B}$;(2)若 $\boldsymbol{X}$ 满足 $\boldsymbol{A}+\boldsymbol{X}=\boldsymbol{B}$,求 $\boldsymbol{X}$.

3. 计算:

(1) $\begin{pmatrix} 4 & 3 & 1 \\ 1 & -2 & 3 \\ 5 & 7 & 0 \end{pmatrix}\begin{pmatrix} 7 \\ 2 \\ 1 \end{pmatrix}$;　　(2) $\begin{pmatrix} 1 & 2 & 3 \\ 2 & 4 & 6 \\ 3 & 6 & 9 \end{pmatrix}\begin{pmatrix} -1 & -2 & -4 \\ -1 & -2 & -4 \\ 1 & 2 & 4 \end{pmatrix}$;

(3) $(1,2,3)\begin{pmatrix} 3 \\ 2 \\ 1 \end{pmatrix}$;　　(4) $\begin{pmatrix} 3 \\ 2 \\ 1 \end{pmatrix}(1,2,3)$;

(5) $(x_1,x_2,x_3)\begin{pmatrix} a_{11} & a_{12} & a_{13} \\ a_{12} & a_{22} & a_{23} \\ a_{13} & a_{23} & a_{33} \end{pmatrix}\begin{pmatrix} x_1 \\ x_2 \\ x_3 \end{pmatrix}$.

4. 已知 $\boldsymbol{A}=\begin{pmatrix} 1 & 1 & 1 \\ 1 & 1 & -1 \\ 1 & -1 & 1 \end{pmatrix}$，$\boldsymbol{B}=\begin{pmatrix} 1 & 2 & 3 \\ 0 & 1 & 1 \\ 3 & 0 & -1 \end{pmatrix}$，求 $3\boldsymbol{AB}-2\boldsymbol{A}$ 及 $\boldsymbol{A}^{\mathrm{T}}\boldsymbol{B}$.

5. 计算下列矩阵($n\in\mathbf{N}$).

(1) $\begin{pmatrix} 1 & 1 \\ 0 & 0 \end{pmatrix}^n$；　(2) $\begin{pmatrix} a & 0 & 0 \\ 0 & b & 0 \\ 0 & 0 & c \end{pmatrix}^n$；　(3) $\begin{pmatrix} \lambda & 0 & 0 \\ 1 & \lambda & 0 \\ 0 & 1 & \lambda \end{pmatrix}$.

(B)

1. 求与矩阵 $\boldsymbol{A}=\begin{pmatrix} 1 & 1 \\ 0 & 1 \end{pmatrix}$ 可交换的一切矩阵.

2. 证明：如果 $\boldsymbol{CA}=\boldsymbol{AC}$，$\boldsymbol{CB}=\boldsymbol{BC}$，则有 $(\boldsymbol{A}+\boldsymbol{B})\boldsymbol{C}=\boldsymbol{C}(\boldsymbol{A}+\boldsymbol{B})$，$(\boldsymbol{AB})\boldsymbol{C}=\boldsymbol{C}(\boldsymbol{AB})$.

3. 设有线性变换 $\boldsymbol{y}=\boldsymbol{Ax}$，其中 $\boldsymbol{A}=\begin{pmatrix} 1 & 2 \\ 0 & 1 \end{pmatrix}$，$\boldsymbol{x}=\begin{pmatrix} 1 \\ 1 \end{pmatrix}$，试求出向量 $\boldsymbol{y}$.

4. 设 $\boldsymbol{A}$ 与 $\boldsymbol{B}$ 是两个 n 阶反对称矩阵，证明：当且仅当 $\boldsymbol{AB}=-\boldsymbol{BA}$ 时，$\boldsymbol{AB}$ 是反对称矩阵.

5. 设 $\boldsymbol{A}=(a_{ij})$ 为 3 阶方阵，若已知 $|\boldsymbol{A}|=m$，求 $|-m\boldsymbol{A}|$.

2.2 逆 矩 阵

2.2.1 逆矩阵的概念

当 $a\neq 0$ 时，解一元线性方程 $ax=b$，方程两侧同乘以 a 的倒数 a^{-1}，得其解 $x=a^{-1}b$. 解 n 元线性方程组 $\boldsymbol{Ax}=\boldsymbol{b}$，是否也存在类似的方法呢？为此引入逆矩阵的概念.

定义 2.11 对于 n 阶方阵 $\boldsymbol{A}$，如果存在一个 n 阶方阵 $\boldsymbol{B}$，使得 $\boldsymbol{AB}=\boldsymbol{BA}=\boldsymbol{E}$，则称矩阵 $\boldsymbol{A}$ 为可逆矩阵，矩阵 $\boldsymbol{B}$ 为 $\boldsymbol{A}$ 的逆矩阵，记作 $\boldsymbol{A}^{-1}$.

逆矩阵具有如下性质：

(1) 若 n 阶方阵 $\boldsymbol{A}$ 为可逆矩阵，则 $\boldsymbol{A}$ 的逆矩阵是唯一的；

(2) 如果 n 阶方阵 $\boldsymbol{A}$ 可逆，则 $\boldsymbol{A}$ 的逆矩阵 $\boldsymbol{A}^{-1}$ 也可逆，且 $(\boldsymbol{A}^{-1})^{-1}=\boldsymbol{A}$.

这里只给出性质(1)的证明过程.

证明:设 $\boldsymbol{B},\boldsymbol{C}$ 都是 $\boldsymbol{A}$ 的逆矩阵,则有

$$\boldsymbol{AB}=\boldsymbol{BA}=\boldsymbol{E},\boldsymbol{AC}=\boldsymbol{CA}=\boldsymbol{E}$$

$$\boldsymbol{B}=\boldsymbol{EB}=(\boldsymbol{CA})\boldsymbol{B}=\boldsymbol{C}(\boldsymbol{AB})=\boldsymbol{CE}=\boldsymbol{C}$$

故 $\boldsymbol{A}$ 的逆矩阵是唯一的.

2.2.2 逆矩阵的求法

定义 2.12 $\boldsymbol{A}$ 为 n 阶方阵,其行列式 $|\boldsymbol{A}|$ 的各个元素的代数余子式 A_{ij} 所构成的矩阵

$$\boldsymbol{A}^*=\begin{pmatrix} A_{11} & A_{21} & \cdots & A_{n1} \\ A_{12} & A_{22} & \cdots & A_{n2} \\ \vdots & \vdots & & \vdots \\ A_{1n} & A_{2n} & \cdots & A_{nn} \end{pmatrix}$$

称为矩阵 $\boldsymbol{A}$ 的伴随矩阵.

例 1 设 $\boldsymbol{A}=\begin{pmatrix} 1 & 0 & 2 \\ -1 & 1 & 3 \\ 3 & 1 & 0 \end{pmatrix}$,试求伴随矩阵 $\boldsymbol{A}^*$.

解:按定义,因为

$$A_{11}=\begin{vmatrix} 1 & 3 \\ 1 & 0 \end{vmatrix}=-3,A_{12}=-\begin{vmatrix} -1 & 3 \\ 3 & 0 \end{vmatrix}=9,A_{13}=\begin{vmatrix} -1 & 1 \\ 3 & 1 \end{vmatrix}=-4,$$

$$A_{21}=-\begin{vmatrix} 0 & 2 \\ 1 & 0 \end{vmatrix}=2,A_{22}=\begin{vmatrix} 1 & 2 \\ 3 & 0 \end{vmatrix}=-6,A_{23}=-\begin{vmatrix} 1 & 0 \\ 3 & 1 \end{vmatrix}=-1,$$

$$A_{31}=\begin{vmatrix} 0 & 2 \\ 1 & 3 \end{vmatrix}=-2,A_{32}=-\begin{vmatrix} 1 & 2 \\ -1 & 3 \end{vmatrix}=-5,A_{33}=\begin{vmatrix} 1 & 0 \\ -1 & 1 \end{vmatrix}=1.$$

所以,$\boldsymbol{A}^*=\begin{pmatrix} -3 & 2 & -2 \\ 9 & -6 & -5 \\ -4 & -1 & 1 \end{pmatrix}$.

定理 2.1 n 阶方阵 $\boldsymbol{A}$ 可逆的充要条件是其行列式 $|\boldsymbol{A}|\neq 0$,且当 $\boldsymbol{A}$ 可逆时,有

$$\boldsymbol{A}^{-1}=\frac{\boldsymbol{A}^*}{|\boldsymbol{A}|}$$

其中 $\boldsymbol{A}^*$ 为矩阵 $\boldsymbol{A}$ 的伴随矩阵.

证明:(1)充分性. 设$\boldsymbol{A}=(a_{ij})_{n\times n}$,由第1章中行列式按行展开的性质,可得

$$\boldsymbol{A}\boldsymbol{A}^*=\begin{pmatrix} a_{11} & a_{12} & \cdots & a_{1n} \\ a_{21} & a_{22} & \cdots & a_{2n} \\ \vdots & \vdots & & \vdots \\ a_{n1} & a_{n2} & \cdots & a_{nn} \end{pmatrix}\begin{pmatrix} A_{11} & A_{21} & \cdots & A_{n1} \\ A_{12} & A_{22} & \cdots & A_{n2} \\ \vdots & \vdots & & \vdots \\ A_{1n} & A_{2n} & \cdots & A_{nn} \end{pmatrix}=\begin{pmatrix} |\boldsymbol{A}| & 0 & \cdots & 0 \\ 0 & |\boldsymbol{A}| & \cdots & 0 \\ \vdots & \vdots & & \vdots \\ 0 & 0 & \cdots & |\boldsymbol{A}| \end{pmatrix}=|\boldsymbol{A}|\boldsymbol{E}$$

同理可得,$\boldsymbol{A}^*\boldsymbol{A}=|\boldsymbol{A}|\boldsymbol{E}$.

即对任一n阶方阵$\boldsymbol{A}$,有

$$\boldsymbol{A}\boldsymbol{A}^*=\boldsymbol{A}^*\boldsymbol{A}=|\boldsymbol{A}|\boldsymbol{E}$$

若$|\boldsymbol{A}|\neq 0$,则有

$$\boldsymbol{A}\left(\frac{\boldsymbol{A}^*}{|\boldsymbol{A}|}\right)=\left(\frac{\boldsymbol{A}^*}{|\boldsymbol{A}|}\right)\boldsymbol{A}=\boldsymbol{E}$$

所以,$\boldsymbol{A}$可逆,且$\boldsymbol{A}^{-1}=\dfrac{\boldsymbol{A}^*}{|\boldsymbol{A}|}$.

(2)必要性. 由$\boldsymbol{A}$可逆,则存在n阶方阵$\boldsymbol{B}$,满足$\boldsymbol{AB}=\boldsymbol{E}$,从而

$$|\boldsymbol{A}||\boldsymbol{B}|=|\boldsymbol{AB}|=|\boldsymbol{E}|=1\neq 0$$

因此$|\boldsymbol{A}|\neq 0$,同时$|\boldsymbol{B}|\neq 0$.

利用定理2.1求逆矩阵的方法称为伴随矩阵法,其使用条件是$\boldsymbol{A}$的行列式$|\boldsymbol{A}|\neq 0$.

定义2.13 如果n阶方阵$\boldsymbol{A}$的行列式$|\boldsymbol{A}|\neq 0$,则称$\boldsymbol{A}$为非奇异矩阵,否则称$\boldsymbol{A}$为奇异矩阵.

例2 设$\boldsymbol{A}=\begin{pmatrix} a & b \\ c & d \end{pmatrix}$,当$a,b,c,d$满足什么条件时,矩阵$\boldsymbol{A}$可逆?当$\boldsymbol{A}$可逆时,求$\boldsymbol{A}^{-1}$.

解:因为

$$|\boldsymbol{A}|=\begin{vmatrix} a & b \\ c & d \end{vmatrix}=ad-bc$$

所以,当$ad-bc\neq 0$时,$|\boldsymbol{A}|\neq 0$,从而$\boldsymbol{A}$可逆.

此时,有

$$\boldsymbol{A}^{-1}=\frac{\boldsymbol{A}^*}{|\boldsymbol{A}|}=\frac{1}{ad-bc}\begin{pmatrix} d & -b \\ -c & a \end{pmatrix}=\begin{pmatrix} \dfrac{d}{ad-bc} & -\dfrac{b}{ad-bc} \\ -\dfrac{c}{ad-bc} & \dfrac{a}{ad-bc} \end{pmatrix}$$

例3 求$\boldsymbol{A}=\begin{pmatrix} 1 & 1 & -1 \\ 1 & 2 & -3 \\ 0 & 1 & 1 \end{pmatrix}$的逆矩阵.

解:因$|\boldsymbol{A}|=\begin{vmatrix}1&1&-1\\1&2&-3\\0&1&1\end{vmatrix}=3\neq0$,故$\boldsymbol{A}$可逆,又

$A_{11}=5,A_{12}=-1,A_{13}=1,A_{21}=-2,A_{22}=1,A_{23}=-1,A_{31}=-1,A_{32}=2,A_{33}=1$,故$\boldsymbol{A}$的伴随矩阵$\boldsymbol{A}^*=\begin{pmatrix}5&-2&-1\\-1&1&2\\1&-1&1\end{pmatrix}$,于是$\boldsymbol{A}$的逆矩阵为

$$\boldsymbol{A}^{-1}=\frac{1}{|\boldsymbol{A}|}\boldsymbol{A}^*=\frac{1}{3}\begin{pmatrix}5&-2&-1\\-1&1&2\\1&-1&1\end{pmatrix}=\begin{pmatrix}5/3&-2/3&-1/3\\-1/3&1/3&2/3\\1/3&-1/3&1/3\end{pmatrix}$$

例4 已知$\boldsymbol{A}=\begin{pmatrix}5&0&0&0&0\\0&4&0&0&0\\0&0&3&0&0\\0&0&0&2&0\\0&0&0&0&1\end{pmatrix}$,试用伴随矩阵法求$\boldsymbol{A}^{-1}$.

解:因$|\boldsymbol{A}|=5!=120\neq0$,故$\boldsymbol{A}^{-1}$存在.由伴随矩阵法得

$$\boldsymbol{A}^{-1}=\frac{\boldsymbol{A}^*}{|\boldsymbol{A}|}=\frac{1}{5!}\begin{pmatrix}4\times3\times2\times1&0&0&0&0\\0&5\times3\times2\times1&0&0&0\\0&0&5\times4\times2\times1&0&0\\0&0&0&5\times4\times3\times1&0\\0&0&0&0&5\times4\times3\times2\end{pmatrix}$$

$$=\begin{pmatrix}1/5&0&0&0&0\\0&1/4&0&0&0\\0&0&1/3&0&0\\0&0&0&1/2&0\\0&0&0&0&1\end{pmatrix}$$

推论2.1 若$\boldsymbol{AB}=\boldsymbol{E}$(或$\boldsymbol{BA}=\boldsymbol{E}$),则$\boldsymbol{B}=\boldsymbol{A}^{-1}$.

证明:由$\boldsymbol{AB}=\boldsymbol{E}$得$|\boldsymbol{A}||\boldsymbol{B}|=1$,$|\boldsymbol{A}|\neq0$,故$\boldsymbol{A}^{-1}$存在,且

$$\boldsymbol{B}=\boldsymbol{EB}=(\boldsymbol{A}^{-1}\boldsymbol{A})\boldsymbol{B}=\boldsymbol{A}^{-1}(\boldsymbol{AB})=\boldsymbol{A}^{-1}\boldsymbol{E}=\boldsymbol{A}^{-1}$$

推论 2.1 表明，要验证矩阵 $\boldsymbol{B}$ 是否为矩阵 $\boldsymbol{A}$ 的逆矩阵，只需验证 $\boldsymbol{AB}=\boldsymbol{E}$（或 $\boldsymbol{BA}=\boldsymbol{E}$）是否成立即可，这比直接用定义去判断节省了一半的工作量，所以常用此推论证明矩阵可逆.

例 5 设方阵 $\boldsymbol{A}$ 满足 $a\boldsymbol{A}^2+b\boldsymbol{A}+c\boldsymbol{E}=\boldsymbol{0}$，证明 $\boldsymbol{A}$ 为可逆矩阵，并求 $\boldsymbol{A}^{-1}$（a,b,c 为常数，$c\neq0$）.

证明： 由 $a\boldsymbol{A}^2+b\boldsymbol{A}+c\boldsymbol{E}=\boldsymbol{0}$ 可得：$a\boldsymbol{A}^2+b\boldsymbol{A}=-c\boldsymbol{E}$. 由于 $c\neq0$，所以

$$-\frac{a}{c}\boldsymbol{A}^2-\frac{b}{c}\boldsymbol{A}=\boldsymbol{E}$$

即

$$\left(-\frac{a}{c}\boldsymbol{A}-\frac{b}{c}\boldsymbol{E}\right)\boldsymbol{A}=\boldsymbol{E}$$

由推论 2.1 知，$\boldsymbol{A}$ 可逆，且

$$\boldsymbol{A}^{-1}=-\frac{a}{c}\boldsymbol{A}-\frac{b}{c}\boldsymbol{E}$$

2.2.3 逆矩阵的运算性质

(1)若 $\boldsymbol{A}$ 可逆，数 $k\neq0$，则 $k\boldsymbol{A}$ 也可逆，且 $(k\boldsymbol{A})^{-1}=\frac{1}{k}\boldsymbol{A}^{-1}$.

(2)若 $\boldsymbol{A},\boldsymbol{B}$ 是两个同阶可逆方阵，则 $\boldsymbol{AB}$ 也可逆，且 $(\boldsymbol{AB})^{-1}=\boldsymbol{B}^{-1}\boldsymbol{A}^{-1}$.

证明： $\boldsymbol{ABB}^{-1}\boldsymbol{A}^{-1}=\boldsymbol{A}(\boldsymbol{BB}^{-1})\boldsymbol{A}^{-1}=\boldsymbol{AEA}^{-1}=\boldsymbol{AA}^{-1}=\boldsymbol{E}$，故

$$(\boldsymbol{AB})^{-1}=\boldsymbol{B}^{-1}\boldsymbol{A}^{-1}$$

此性质可推广到有限个可逆矩阵相乘的情形. 即如果 $\boldsymbol{A}_1,\boldsymbol{A}_2,\cdots,\boldsymbol{A}_n$ 为同阶可逆矩阵，则 $\boldsymbol{A}_1\boldsymbol{A}_2\cdots\boldsymbol{A}_n$ 也可逆，且

$$(\boldsymbol{A}_1\boldsymbol{A}_2\cdots\boldsymbol{A}_n)^{-1}=\boldsymbol{A}_n^{-1}\cdots\boldsymbol{A}_2^{-1}\boldsymbol{A}_1^{-1}$$

(3)若矩阵 $\boldsymbol{A}$ 可逆，则 $\boldsymbol{A}$ 的转置矩阵 $\boldsymbol{A}^{\mathrm{T}}$ 也可逆，且 $(\boldsymbol{A}^{\mathrm{T}})^{-1}=(\boldsymbol{A}^{-1})^{\mathrm{T}}$.

(4)若矩阵 $\boldsymbol{A}$ 可逆，则 $|\boldsymbol{A}^{-1}|=\frac{1}{|\boldsymbol{A}|}$.

证明： 由 $\boldsymbol{AA}^{-1}=\boldsymbol{E}$ 得 $|\boldsymbol{A}||\boldsymbol{A}^{-1}|=1$，从而 $|\boldsymbol{A}^{-1}|=\frac{1}{|\boldsymbol{A}|}$.

性质(1)和性质(3)的证明较易，同学们可自己证明.

2.2.4 解矩阵方程

含有未知矩阵的等式称为矩阵方程，常见形式有：

$$AX=B$$

$$XA=B$$

$$AXB=C$$

利用矩阵乘法的运算规律和逆矩阵的运算性质，通过在方程两边左乘或右乘相应的矩阵的逆矩阵，可求出其解，分别为

$$X=A^{-1}B$$

$$X=BA^{-1}$$

$$X=A^{-1}CB^{-1}$$

对于其他形式的矩阵方程，可通过矩阵的有关运算性质转化为以上形式.

例 6　设 A,B,C 是同阶方阵，且 A 可逆，下列结论如果正确，试证明之；如果不正确，试举反例说明之.

(1)若 $AB=AC$，则 $B=C$；(2)若 $AB=CB$，则 $A=C$.

解：(1)正确. 因为若 $AB=AC$，且 A 可逆，等式两边左乘以 A^{-1}，有

$$A^{-1}AB=A^{-1}AC$$

从而有 $EB=EC$，即 $B=C$.

(2)不正确. 例如，设

$$A=\begin{pmatrix}1&2\\0&1\end{pmatrix},B=\begin{pmatrix}1&1\\1&1\end{pmatrix},C=\begin{pmatrix}3&0\\0&1\end{pmatrix}$$

则

$$AB=\begin{pmatrix}1&2\\0&1\end{pmatrix}\begin{pmatrix}1&1\\1&1\end{pmatrix}=\begin{pmatrix}3&3\\1&1\end{pmatrix},CB=\begin{pmatrix}3&0\\0&1\end{pmatrix}\begin{pmatrix}1&1\\1&1\end{pmatrix}=\begin{pmatrix}3&3\\1&1\end{pmatrix}$$

显然有 $AB=CB$，但 $A\neq C$.

例 7　设 $A=\begin{pmatrix}1&2&3\\2&2&1\\3&4&3\end{pmatrix},B=\begin{pmatrix}2&1\\5&3\end{pmatrix},C=\begin{pmatrix}1&3\\2&0\\3&1\end{pmatrix}$，求矩阵 X 使其满足 $AXB=C$.

解：因为 $|A|=\begin{vmatrix}1&2&3\\2&2&1\\3&4&3\end{vmatrix}=2\neq0,|B|=\begin{vmatrix}2&1\\5&3\end{vmatrix}=1\neq0$，所以 A^{-1},B^{-1} 都存在. 且

$$A^{-1}=\begin{pmatrix}1&3&-2\\-3/2&-3&5/2\\1&1&-1\end{pmatrix},B^{-1}=\begin{pmatrix}3&-1\\-5&2\end{pmatrix}$$

由 $\boldsymbol{AXB}=\boldsymbol{C}$,可得$\boldsymbol{A}^{-1}\boldsymbol{AXBB}^{-1}=\boldsymbol{A}^{-1}\boldsymbol{CB}^{-1}$.即

$$X=A^{-1}CB^{-1}=\begin{pmatrix}1&3&-2\\-3/2&-3&5/2\\1&1&-1\end{pmatrix}\begin{pmatrix}1&3\\2&0\\3&1\end{pmatrix}\begin{pmatrix}3&-1\\-5&2\end{pmatrix}=\begin{pmatrix}-2&1\\10&-4\\-10&4\end{pmatrix}$$

例 8 设 $\boldsymbol{P}=\begin{pmatrix}1&2\\1&4\end{pmatrix},\boldsymbol{\Lambda}=\begin{pmatrix}1&0\\0&2\end{pmatrix},\boldsymbol{AP}=\boldsymbol{P\Lambda}$,求$\boldsymbol{A}^n$.

解: $|\boldsymbol{P}|=2,\boldsymbol{P}^{-1}=\dfrac{1}{2}\begin{pmatrix}4&-2\\-1&1\end{pmatrix}$. 由 $\boldsymbol{AP}=\boldsymbol{P\Lambda}$ 可得

$$A=P\Lambda P^{-1},A^2=P\Lambda P^{-1}P\Lambda P^{-1}=P\Lambda^2P^{-1},\cdots,A^n=P\Lambda^nP^{-1}$$

而

$$\Lambda=\begin{pmatrix}1&0\\0&2\end{pmatrix},\Lambda^2=\begin{pmatrix}1&0\\0&2\end{pmatrix}\begin{pmatrix}1&0\\0&2\end{pmatrix}=\begin{pmatrix}1&0\\0&2^2\end{pmatrix},\cdots,\Lambda^n=\begin{pmatrix}1&0\\0&2^n\end{pmatrix}$$

故

$$A^n=\begin{pmatrix}1&2\\1&4\end{pmatrix}\begin{pmatrix}1&0\\0&2^n\end{pmatrix}\frac{1}{2}\begin{pmatrix}4&-2\\-1&1\end{pmatrix}=\frac{1}{2}\begin{pmatrix}1&2^{n+1}\\1&2^{n+2}\end{pmatrix}\begin{pmatrix}4&-2\\-1&1\end{pmatrix}$$

$$=\frac{1}{2}\begin{pmatrix}4-2^{n+1}&2^{n+1}-2\\4-2^{n+2}&2^{n+2}-2\end{pmatrix}=\begin{pmatrix}2-2^n&2^n-1\\2-2^{n+1}&2^{n+1}-1\end{pmatrix}$$

2.2.5 克拉默法则的证明

克拉默法则 若方程组 $\boldsymbol{Ax}=\boldsymbol{b}$ 的系数行列式 $D=|\boldsymbol{A}|\neq0$,则它有唯一解

$$x_j=\frac{D_j}{D}(j=1,2,\cdots,n)$$

证明: 若方程组 $\boldsymbol{Ax}=\boldsymbol{b}$ 的系数行列式 $D=|\boldsymbol{A}|\neq0$,则$\boldsymbol{A}^{-1}=\dfrac{1}{D}\boldsymbol{A}^*,\boldsymbol{x}=\dfrac{1}{D}\boldsymbol{A}^*\boldsymbol{b}$,即

$$\begin{pmatrix}x_1\\x_2\\\vdots\\x_n\end{pmatrix}=\frac{1}{D}\begin{pmatrix}A_{11}&A_{21}&\cdots&A_{n1}\\A_{12}&A_{22}&\cdots&A_{n2}\\\vdots&\vdots&&\vdots\\A_{1n}&A_{2n}&\cdots&A_{nn}\end{pmatrix}\begin{pmatrix}b_1\\b_2\\\vdots\\b_n\end{pmatrix}=\frac{1}{D}\begin{pmatrix}b_1A_{11}+b_2A_{21}+\cdots+b_nA_{n1}\\b_1A_{12}+b_2A_{22}+\cdots+b_nA_{n2}\\\vdots\\b_1A_{1n}+b_2A_{2n}+\cdots+b_nA_{nn}\end{pmatrix}$$

从而

$$x_j=\frac{1}{D}(b_1A_{1j}+b_2A_{2j}+\cdots+b_nA_{nj})=\frac{D_j}{D}(j=1,2,\cdots,n)$$

2.2.6　逆矩阵的计算及应用的 MATLAB 实现

在 MATLAB 中,采用命令 inv 求矩阵 $\boldsymbol{A}$ 的逆矩阵,若 $\boldsymbol{A}$ 可逆,则可以用 X=A\B 求矩阵方程 $\boldsymbol{AX}=\boldsymbol{B}$ 的解,用 X=A/B 求矩阵方程 $\boldsymbol{XA}=\boldsymbol{B}$ 的解.

例 9　已知矩阵

$$\boldsymbol{A}=\begin{pmatrix}3&1&1\\2&1&2\\1&2&3\end{pmatrix},\boldsymbol{B}=\begin{pmatrix}1&1&-1\\2&-1&0\\1&0&1\end{pmatrix}$$

(1)求 $\boldsymbol{A}$ 的逆矩阵$\boldsymbol{A}^{-1}$;(2)解矩阵方程 $\boldsymbol{AX}=\boldsymbol{B}$.

解:相应的 MATLAB 代码及计算结果如下.

```
>> A=[3 1 1;2 1 2;1 2 3];
A =
     3     1     1
     2     1     2
     1     2     3
>> C=inv(A)
C =
    0.2500    0.2500   -0.2500
    1.0000   -2.0000    1.0000
   -0.7500    1.2500   -0.2500
>> B=[1 1 -1;2 -1 0;1 0 1];
>> X=A\B
X =
    0.5000        0.0000       -0.5000
   -2.0000        3.0000        0.0000
    1.5000       -2.0000        0.5000
```

例 10　设 $\boldsymbol{A}=\begin{pmatrix}1&2&3\\2&2&1\\3&4&3\end{pmatrix},\boldsymbol{B}=\begin{pmatrix}2&1\\5&3\end{pmatrix},\boldsymbol{C}=\begin{pmatrix}1&3\\2&0\\3&1\end{pmatrix}$,求矩阵 $\boldsymbol{X}$ 使其满足 $\boldsymbol{AXB}=\boldsymbol{C}$.

解：
```
>> A=[1 2 3;2 2 1;3 4 3];B=[2 1;5 3];C=[1 3;2 0;3 1];
>> X=A\C/B
X =
   -2.0000    1.0000
   10.0000   -4.0000
  -10.0000    4.0000
```

习题 2-2

(A)

1. 求下列矩阵的逆矩阵.

(1) $\begin{pmatrix} 2 & 1 \\ -1 & 0 \end{pmatrix}$；　(2) $\begin{pmatrix} 1 & 1 & -1 \\ 1 & 2 & -3 \\ 0 & 1 & 1 \end{pmatrix}$；　(3) $\begin{pmatrix} 1 & 2 & 3 & 4 \\ 0 & 1 & 2 & 3 \\ 0 & 0 & 1 & 2 \\ 0 & 0 & 0 & 1 \end{pmatrix}$.

2. 如果 $\boldsymbol{A}=\begin{pmatrix} a_1 & 0 & \cdots & 0 \\ 0 & a_2 & \cdots & 0 \\ \vdots & \vdots & & \vdots \\ 0 & 0 & \cdots & a_n \end{pmatrix}$，其中 $a_i \neq 0 (i=1,2,\cdots,n)$. 验证：

$$\boldsymbol{A}^{-1}=\begin{pmatrix} 1/a_1 & 0 & \cdots & 0 \\ 0 & 1/a_2 & \cdots & 0 \\ \vdots & \vdots & & \vdots \\ 0 & 0 & \cdots & 1/a_n \end{pmatrix}.$$

3. 用逆矩阵解下列矩阵方程.

(1) $\begin{pmatrix} 2 & 5 \\ 1 & 3 \end{pmatrix}\boldsymbol{X}=\begin{pmatrix} 4 & -6 \\ 2 & 1 \end{pmatrix}$；

(2) $\begin{pmatrix} 1 & 4 \\ -1 & 2 \end{pmatrix}\boldsymbol{X}\begin{pmatrix} 2 & 0 \\ -1 & 1 \end{pmatrix}=\begin{pmatrix} 3 & 1 \\ 0 & -1 \end{pmatrix}$；

(3) $\begin{pmatrix}0&1&0\\1&0&0\\0&0&1\end{pmatrix}X\begin{pmatrix}1&0&1\\0&1&0\\0&0&1\end{pmatrix}=\begin{pmatrix}1&2&3\\4&5&6\\7&8&9\end{pmatrix}$.

(B)

1. 若 n 阶方阵 A 的伴随矩阵为 A^*，证明：(1)若 $|A|=0$，则 $|A^*|=0$；(2) $|A^*|=|A|^{n-1}$.

2. 设矩阵 A,B 及 $A+B$ 都可逆，证明：$A^{-1}+B^{-1}$ 也可逆，并求其逆矩阵.

3. 设三阶方阵 A,B 满足关系：$A^{-1}BA=6A+BA$，且 $A=\begin{pmatrix}\frac{1}{2}&0&0\\0&\frac{1}{4}&0\\0&0&\frac{1}{7}\end{pmatrix}$，求 B.

2.3 分块矩阵

2.3.1 分块矩阵的概念

本节将介绍一种在处理行数或列数较多的矩阵时常用的技巧——矩阵的分块. 有时可把一个大矩阵看成是由一些小矩阵组成的，就如矩阵是由数组成的一样. 具体做法是：将大矩阵用若干条纵线和横线分成多个小矩阵. 在运算中往往把这些小矩阵当作元素处理，每一个小矩阵称为大矩阵的一个子块或子阵. 原矩阵分块后就称为分块矩阵.

下面通过例子来说明这种方法.

$$A=\left(\begin{array}{ccc:cc}1&0&0&-1&2\\0&1&0&2&3\\0&0&1&5&1\\ \hdashline 0&0&0&2&0\\0&0&0&0&2\end{array}\right)=\begin{pmatrix}E_3&A_1\\ \mathbf{0}&2E_2\end{pmatrix}$$

其中 E_3，E_2 分别为三阶和二阶单位矩阵，而 $A_1=\begin{pmatrix}-1&2\\2&3\\5&1\end{pmatrix}$，$\mathbf{0}=\begin{pmatrix}0&0&0\\0&0&0\end{pmatrix}$.

上述矩阵 A 也可以采用另外的分块方法. 例如：在矩阵 A 中，如果令

$$\boldsymbol{\varepsilon}_1=\begin{pmatrix}1\\0\\0\\0\\0\end{pmatrix},\boldsymbol{\varepsilon}_2=\begin{pmatrix}0\\1\\0\\0\\0\end{pmatrix},\boldsymbol{\varepsilon}_3=\begin{pmatrix}0\\0\\1\\0\\0\end{pmatrix},\boldsymbol{\alpha}_1=\begin{pmatrix}-1\\2\\5\\2\\0\end{pmatrix},\boldsymbol{\alpha}_2=\begin{pmatrix}2\\3\\1\\0\\2\end{pmatrix}$$

则
$$\boldsymbol{A}=\left(\begin{array}{c:c:c:c:c}1&0&0&-1&2\\0&1&0&2&3\\0&0&1&5&1\\0&0&0&2&0\\0&0&0&0&2\end{array}\right)=(\boldsymbol{\varepsilon}_1,\boldsymbol{\varepsilon}_2,\boldsymbol{\varepsilon}_3,\boldsymbol{\alpha}_1,\boldsymbol{\alpha}_2)$$

计算时要采用怎样的分块方法需根据原矩阵的结构特点确定,既要保证子块在参与运算时不失意义,即保证运算的两矩阵按块能运算,并且参与运算的子块也能运算,即内外都能运算,又要使得分块后的运算比不分块更简单.

一个 $m\times n$ 矩阵也可看作是以 $m\times n$ 个元素为一阶子块的分块矩阵.

2.3.2 分块矩阵的运算

分块矩阵的运算与普通矩阵的运算规则类似.

1. 分块矩阵的加法

设矩阵 $\boldsymbol{A}$ 与 $\boldsymbol{B}$ 都是同型矩阵,且采用相同的分块法

$$\boldsymbol{A}=\begin{pmatrix}\boldsymbol{A}_{11}&\cdots&\boldsymbol{A}_{1t}\\\vdots&&\vdots\\\boldsymbol{A}_{s1}&\cdots&\boldsymbol{A}_{st}\end{pmatrix},\boldsymbol{B}=\begin{pmatrix}\boldsymbol{B}_{11}&\cdots&\boldsymbol{B}_{1t}\\\vdots&&\vdots\\\boldsymbol{B}_{s1}&\cdots&\boldsymbol{B}_{st}\end{pmatrix}$$

其中$\boldsymbol{A}_{ij}$与$\boldsymbol{B}_{ij}$为同型矩阵,则

$$\boldsymbol{A}+\boldsymbol{B}=\begin{pmatrix}\boldsymbol{A}_{11}+\boldsymbol{B}_{11}&\cdots&\boldsymbol{A}_{1t}+\boldsymbol{B}_{1t}\\\vdots&&\vdots\\\boldsymbol{A}_{s1}+\boldsymbol{B}_{s1}&\cdots&\boldsymbol{A}_{st}+\boldsymbol{B}_{st}\end{pmatrix}$$

2. 分块矩阵的数乘运算

计算数 k 乘以矩阵$\boldsymbol{A}$ 时,只需将 k 乘以矩阵$\boldsymbol{A}$ 的每一个子块.

设 $A=\begin{pmatrix}A_{11} & \cdots & A_{1t}\\ \vdots & & \vdots\\ A_{s1} & \cdots & A_{st}\end{pmatrix}$，则 $kA=\begin{pmatrix}kA_{11} & \cdots & kA_{1t}\\ \vdots & & \vdots\\ kA_{s1} & \cdots & kA_{st}\end{pmatrix}$.

3. 分块矩阵的乘法

设 A 为 $m\times l$ 矩阵，B 为 $l\times n$ 矩阵，分块如下：

$$A=\begin{pmatrix}A_{11} & \cdots & A_{1t}\\ \vdots & & \vdots\\ A_{s1} & \cdots & A_{st}\end{pmatrix},B=\begin{pmatrix}B_{11} & \cdots & B_{1r}\\ \vdots & & \vdots\\ B_{t1} & \cdots & B_{tr}\end{pmatrix}.$$

其中 $A_{p1},A_{p2},\cdots,A_{pt}(p=1,2,\cdots,s)$ 的列数分别等于 $B_{1q},B_{2q},\cdots,B_{tq}(q=1,2,\cdots,r)$ 的行数，于是

$$C=AB=\begin{pmatrix}C_{11} & \cdots & C_{1r}\\ \vdots & & \vdots\\ C_{s1} & \cdots & C_{sr}\end{pmatrix}$$

其中 $C_{pq}=\sum_{k=1}^{t}A_{pk}B_{kq}(p=1,2,\cdots,s;q=1,2,\cdots,r)$.

4. 分块矩阵的转置

设 $A=\begin{pmatrix}A_{11} & \cdots & A_{1t}\\ \vdots & & \vdots\\ A_{s1} & \cdots & A_{st}\end{pmatrix}$， 则 $A^{\mathrm{T}}=\begin{pmatrix}A_{11}^{\mathrm{T}} & \cdots & A_{s1}^{\mathrm{T}}\\ \vdots & & \vdots\\ A_{1t}^{\mathrm{T}} & \cdots & A_{st}^{\mathrm{T}}\end{pmatrix}$.

例 1　设 $A=\begin{pmatrix}1 & 0 & 0 & 0\\ 0 & 1 & 0 & 0\\ -1 & 2 & 1 & 0\\ 1 & 1 & 0 & 1\end{pmatrix},B=\begin{pmatrix}1 & 0 & 1 & 0\\ -1 & 2 & 0 & 1\\ 1 & 0 & 4 & 1\\ -1 & -1 & 2 & 0\end{pmatrix}$，用分块矩阵求 $A+B,AB$.

解: 把 A,B 分块如下：

$$A=\left(\begin{array}{cc:cc}1 & 0 & 0 & 0\\ 0 & 1 & 0 & 0\\ \hdashline -1 & 2 & 1 & 0\\ 1 & 1 & 0 & 1\end{array}\right)=\begin{pmatrix}E & 0\\ A_1 & E\end{pmatrix},B=\left(\begin{array}{cc:cc}1 & 0 & 1 & 0\\ -1 & 2 & 0 & 1\\ \hdashline 1 & 0 & 4 & 1\\ -1 & -1 & 2 & 0\end{array}\right)=\begin{pmatrix}B_{11} & E\\ B_{21} & B_{22}\end{pmatrix}.$$

则

$$A+B=\begin{pmatrix} E+B_{11} & E \\ A_1+B_{21} & E+B_{22} \end{pmatrix}$$

$$AB=\begin{pmatrix} E & 0 \\ A_1 & E \end{pmatrix}\begin{pmatrix} B_{11} & E \\ B_{21} & B_{22} \end{pmatrix}=\begin{pmatrix} B_{11} & E \\ A_1 B_{11}+B_{21} & A_1+B_{22} \end{pmatrix}$$

又

$$E+B_{11}=\begin{pmatrix} 2 & 0 \\ -1 & 3 \end{pmatrix},A_1+B_{21}=\begin{pmatrix} 0 & 2 \\ 0 & 0 \end{pmatrix},E+B_{22}=\begin{pmatrix} 5 & 1 \\ 2 & 1 \end{pmatrix}$$

$$A_1 B_{11}+B_{21}=\begin{pmatrix} -1 & 2 \\ 1 & 1 \end{pmatrix}\begin{pmatrix} 1 & 0 \\ -1 & 2 \end{pmatrix}+\begin{pmatrix} 1 & 0 \\ -1 & -1 \end{pmatrix}$$

$$=\begin{pmatrix} -3 & 4 \\ 0 & 2 \end{pmatrix}+\begin{pmatrix} 1 & 0 \\ -1 & -1 \end{pmatrix}=\begin{pmatrix} -2 & 4 \\ -1 & 1 \end{pmatrix}$$

$$A_1+B_{22}=\begin{pmatrix} -1 & 2 \\ 1 & 1 \end{pmatrix}+\begin{pmatrix} 4 & 1 \\ 2 & 0 \end{pmatrix}=\begin{pmatrix} 3 & 3 \\ 3 & 1 \end{pmatrix}$$

于是

$$A+B=\begin{pmatrix} 2 & 0 & 1 & 0 \\ -1 & 3 & 0 & 1 \\ 0 & 2 & 5 & 1 \\ 0 & 0 & 2 & 1 \end{pmatrix}$$

$$AB=\begin{pmatrix} B_{11} & E \\ A_1 B_{11}+B_{21} & A_1+B_{22} \end{pmatrix}=\begin{pmatrix} 1 & 0 & 1 & 0 \\ -1 & 2 & 0 & 1 \\ -2 & 4 & 3 & 3 \\ -1 & 1 & 3 & 1 \end{pmatrix}$$

2.3.3 几种特殊的分块矩阵

1. 分块对角矩阵

形如

$$A=\begin{pmatrix} A_1 & & & 0 \\ & A_2 & & \\ & & \ddots & \\ 0 & & & A_s \end{pmatrix}$$

的矩阵称为分块对角矩阵.其中 $\boldsymbol{A}$ 的分块矩阵只有在主对角线上有非零子块,其余子块都为零矩阵,且在主对角线上的子块都是方阵,即$\boldsymbol{A}_i(i=1,2,\cdots,s)$都是方阵.

分块对角矩阵具有良好的运算性质,分块矩阵的运算优点主要体现在分块对角矩阵上.

(1)$|\boldsymbol{A}|=|\boldsymbol{A}_1||\boldsymbol{A}_2|\cdots|\boldsymbol{A}_s|$.

(2)对于自然数 n,有

$$\boldsymbol{A}^n=\begin{pmatrix}\boldsymbol{A}_1^n & & & \boldsymbol{0}\\ & \boldsymbol{A}_2^n & & \\ & & \ddots & \\ \boldsymbol{0} & & & \boldsymbol{A}_s^n\end{pmatrix}$$

(3)若$|\boldsymbol{A}_i|\neq 0(i=1,2,\cdots,s)$,则 $\boldsymbol{A}$ 可逆,且

$$\boldsymbol{A}^{-1}=\begin{pmatrix}\boldsymbol{A}_1^{-1} & & & \boldsymbol{0}\\ & \boldsymbol{A}_2^{-1} & & \\ & & \ddots & \\ \boldsymbol{0} & & & \boldsymbol{A}_s^{-1}\end{pmatrix}$$

2. 分块上(下)三角形矩阵

形如

$$\begin{pmatrix}\boldsymbol{A}_{11} & \boldsymbol{A}_{12} & \cdots & \boldsymbol{A}_{1s}\\ \boldsymbol{0} & \boldsymbol{A}_{22} & \cdots & \boldsymbol{A}_{2s}\\ \vdots & \vdots & & \vdots\\ \boldsymbol{0} & \boldsymbol{0} & \cdots & \boldsymbol{A}_{ss}\end{pmatrix}$$

的分块矩阵,称为分块上三角形矩阵.

形如

$$\begin{pmatrix}\boldsymbol{A}_{11} & \boldsymbol{0} & \cdots & \boldsymbol{0}\\ \boldsymbol{A}_{21} & \boldsymbol{A}_{22} & \cdots & \boldsymbol{0}\\ \vdots & \vdots & & \vdots\\ \boldsymbol{A}_{s1} & \boldsymbol{A}_{s2} & \cdots & \boldsymbol{A}_{ss}\end{pmatrix}$$

的分块矩阵,称为分块下三角形矩阵,其中$\boldsymbol{A}_{pp}(p=1,2,\cdots,s)$是方阵.

例 2 设有两个分块对角矩阵

$$A=\begin{pmatrix} A_1 & & & 0 \\ & A_2 & & \\ & & \ddots & \\ 0 & & & A_k \end{pmatrix},B=\begin{pmatrix} B_1 & & & 0 \\ & B_2 & & \\ & & \ddots & \\ 0 & & & B_k \end{pmatrix}$$

其中矩阵A_i与$B_i(i=1,2,\cdots,k)$都是 n_i 阶方阵(因此 A,B 是同阶方阵),求 AB.

解:由于A_i与$B_i(i=1,2,\cdots,k)$可以相乘,用分块矩阵的乘法不难求得

$$AB=\begin{pmatrix} A_1B_1 & & & 0 \\ & A_2B_2 & & \\ & & \ddots & \\ 0 & & & A_kB_k \end{pmatrix}$$

即两个分块对角矩阵相乘时只需将主对角线上的子块相乘即可. 运算中常常利用分块对角矩阵的特性来简化矩阵的乘积和逆矩阵运算.

例 3 设 $A=\begin{pmatrix} 5 & 0 & 0 \\ 0 & 3 & 1 \\ 0 & 2 & 1 \end{pmatrix}$,求$A^{-1}$.

解:$A=\left(\begin{array}{c|cc} 5 & 0 & 0 \\ \hline 0 & 3 & 1 \\ 0 & 2 & 1 \end{array}\right)=\begin{pmatrix} A_1 & 0 \\ 0 & A_2 \end{pmatrix}$,其中,$A_1=(5)$,$A_2=\begin{pmatrix} 3 & 1 \\ 2 & 1 \end{pmatrix}$.

又

$$A_1^{-1}=\left(\frac{1}{5}\right),A_2^{-1}=\begin{pmatrix} 1 & -1 \\ -2 & 3 \end{pmatrix}$$

于是

$$A^{-1}=\begin{pmatrix} A_1^{-1} & 0 \\ 0 & A_2^{-1} \end{pmatrix}=\begin{pmatrix} 1/5 & 0 & 0 \\ 0 & 1 & -1 \\ 0 & -2 & 3 \end{pmatrix}$$

例 4 设$A^{\mathrm{T}}A=0$,证明 $A=0$.

证明:设 $A=(a_{ij})_{m\times n}$,把 A 按列分块为 $A=(\alpha_1,\alpha_2,\cdots,\alpha_n)$,则

$$A^{\mathrm{T}}A=\begin{pmatrix} \alpha_1^{\mathrm{T}} \\ \alpha_2^{\mathrm{T}} \\ \vdots \\ \alpha_n^{\mathrm{T}} \end{pmatrix}(\alpha_1,\alpha_2,\cdots,\alpha_n)=\begin{pmatrix} \alpha_1^{\mathrm{T}}\alpha_1 & \alpha_1^{\mathrm{T}}\alpha_2 & \cdots & \alpha_1^{\mathrm{T}}\alpha_n \\ \alpha_2^{\mathrm{T}}\alpha_1 & \alpha_2^{\mathrm{T}}\alpha_2 & \cdots & \alpha_2^{\mathrm{T}}\alpha_n \\ \vdots & \vdots & & \vdots \\ \alpha_n^{\mathrm{T}}\alpha_1 & \alpha_n^{\mathrm{T}}\alpha_2 & \cdots & \alpha_n^{\mathrm{T}}\alpha_n \end{pmatrix}$$

即A^TA的(i,j)元为$\boldsymbol{\alpha}_i^T\boldsymbol{\alpha}_j$，因$A^TA=\mathbf{0}$，故$\boldsymbol{\alpha}_i^T\boldsymbol{\alpha}_j=0(i,j=1,2,\cdots,n)$，特别地，有$\boldsymbol{\alpha}_j^T\boldsymbol{\alpha}_j=0$ $(j=1,2,\cdots,n)$. 而

$$\boldsymbol{\alpha}_j^T\boldsymbol{\alpha}_j=(a_{1j},a_{2j},\cdots,a_{mj})\begin{pmatrix}a_{1j}\\a_{2j}\\\vdots\\a_{mj}\end{pmatrix}=a_{1j}^2+a_{2j}^2+\cdots+a_{mj}^2$$

由$a_{1j}^2+a_{2j}^2+\cdots+a_{mj}^2=0$，且$a_{ij}$为实数，故

$$a_{1j}=a_{2j}=\cdots=a_{mj}=0(j=1,2,\cdots,n)$$

即

$$A=\mathbf{0}$$

习题 2-3

(A)

1. 用分块矩阵的乘法计算下列矩阵的乘积.

(1) $\begin{pmatrix}2&1&-1\\3&0&-2\\1&-1&1\end{pmatrix}\begin{pmatrix}1&1&0\\0&0&-1\\-1&2&1\end{pmatrix}$； (2) $\begin{pmatrix}1&2&1&0\\0&1&0&1\\0&0&2&1\\0&0&0&3\end{pmatrix}\begin{pmatrix}1&0&3&0\\0&1&2&-1\\0&0&-2&3\\0&0&0&-3\end{pmatrix}$.

2. 用矩阵的分块求下列矩阵的逆矩阵.

(1) $\begin{pmatrix}2&0&0\\0&1&2\\0&3&5\end{pmatrix}$； (2) $\begin{pmatrix}5&0&0&0\\0&1&0&0\\0&0&8&3\\0&0&5&2\end{pmatrix}$； (3) $\begin{pmatrix}0&0&1&0\\0&0&0&3\\7&3&0&0\\2&1&0&0\end{pmatrix}$.

(B)

1. 设$A=\begin{pmatrix}3&4&0&0\\4&-3&0&0\\0&0&2&0\\0&0&2&2\end{pmatrix}$，求$|A^8|$及$A^4$.

2. 设 $\boldsymbol{A}$ 为 3×3 矩阵，$|\boldsymbol{A}|=-2$，把 $\boldsymbol{A}$ 按列分块为 $\boldsymbol{A}=(\boldsymbol{A}_1,\boldsymbol{A}_2,\boldsymbol{A}_3)$，其中 $\boldsymbol{A}_j$ $(j=1,2,3)$为 $\boldsymbol{A}$ 的第 j 列，求：

(1) $|\boldsymbol{A}_1\quad 2\boldsymbol{A}_2\quad \boldsymbol{A}_3|$；　　(2) $|\boldsymbol{A}_3-2\boldsymbol{A}_1\quad 3\boldsymbol{A}_2\quad \boldsymbol{A}_1|$.

2.4　矩阵的初等变换与初等矩阵

2.4.1　矩阵的初等变换

矩阵的初等变换分为初等行变换和初等列变换两种，初等行变换与初等列变换统称为初等变换.

定义 2.14　下列这三种初等变换称为矩阵的初等行变换：

(1)交换矩阵的两行(交换 i,j 两行，记作 $r_i\leftrightarrow r_j$)；

(2)以一个非零的常数 k 乘矩阵的某一行所有元素(第 i 行乘数 k，记作 kr_i 或 $r_i\times k$)；

(3)把矩阵的某一行加上另一行的 k 倍 (第 i 行加上第 j 行的 k 倍，记为 r_i+kr_j).

把定义中的“行”换成“列”，即得矩阵的初等列变换的定义(相应记号中把“r”换成“c”).

初等变换的逆变换仍是初等变换，且变换类型相同.

以初等行变换为例. 事实上，变换 $r_i\leftrightarrow r_j$ 的逆变换即为其本身；变换 $r_i\times k$ 的逆变换为 $r_i\times\dfrac{1}{k}$；变换 r_i+kr_j 的逆变换为 $r_i+(-k)r_j$ 或 r_i-kr_j.

定义 2.15　若矩阵 $\boldsymbol{A}$ 经过有限次初等变换变成矩阵 $\boldsymbol{B}$，则称矩阵 $\boldsymbol{A}$ 与 $\boldsymbol{B}$ 等价，记为 $\boldsymbol{A}\to\boldsymbol{B}$(或 $\boldsymbol{A}\sim\boldsymbol{B}$).

在理论表述或证明中常用记号“$\sim$”，在对矩阵作初等变换运算的过程中常用记号“$\to$”.

矩阵之间的等价关系具有如下性质：

(1)反身性　$\boldsymbol{A}\sim\boldsymbol{A}$；

(2)对称性　若 $\boldsymbol{A}\sim\boldsymbol{B}$，则 $\boldsymbol{B}\sim\boldsymbol{A}$；

(3)传递性　若 $\boldsymbol{A}\sim\boldsymbol{B}$，$\boldsymbol{B}\sim\boldsymbol{C}$，则 $\boldsymbol{A}\sim\boldsymbol{C}$.

对矩阵实施初等行变换后，矩阵可以变换为行阶梯形矩阵、行最简形矩阵，从而发现矩阵的一些内在规律.

定义 2.16　满足下列条件的矩阵称为行阶梯形矩阵：

(1)矩阵如果有零行(元素全为 0 的行)，零行位于矩阵的下方；

(2)各非零行的首个非零元素(从左至右的第一个不为 0 的元素)的列标不小于行标.

定义 2.17 满足下列条件的行阶梯形矩阵称为行最简形矩阵：

(1)各非零行的首个非零元素都是 1；

(2)每行首个非零元素所在列的其余元素都是 0.

例 1 已知矩阵 $\boldsymbol{A}=\begin{pmatrix}3 & 2 & 9 & 6\\ -1 & -3 & 4 & -17\\ 1 & 4 & -7 & 3\\ -1 & -4 & 7 & -3\end{pmatrix}$，对其作初等行变换，将其化为行阶梯形矩阵、行最简形矩阵.

解：

$$\boldsymbol{A}=\begin{pmatrix}3 & 2 & 9 & 6\\ -1 & -3 & 4 & -17\\ 1 & 4 & -7 & 3\\ -1 & -4 & 7 & -3\end{pmatrix}\xrightarrow{r_1\leftrightarrow r_3}\begin{pmatrix}1 & 4 & -7 & 3\\ -1 & -3 & 4 & -17\\ 3 & 2 & 9 & 6\\ -1 & -4 & 7 & -3\end{pmatrix}$$

$$\xrightarrow[\substack{r_3-3r_1\\ r_4+r_1}]{r_2+r_1}\begin{pmatrix}1 & 4 & -7 & 3\\ 0 & 1 & -3 & -14\\ 0 & -10 & 30 & -3\\ 0 & 0 & 0 & 0\end{pmatrix}\xrightarrow{r_3+10r_2}\begin{pmatrix}1 & 4 & -7 & 3\\ 0 & 1 & -3 & -14\\ 0 & 0 & 0 & -143\\ 0 & 0 & 0 & 0\end{pmatrix}=\boldsymbol{B}$$

$\boldsymbol{B}$ 即为行阶梯形矩阵.

对矩阵 $\boldsymbol{B}$ 再作初等行变换，可得

$$\boldsymbol{B}\xrightarrow{r_3\times\left(-\frac{1}{143}\right)}\begin{pmatrix}1 & 4 & -7 & 3\\ 0 & 1 & -3 & -14\\ 0 & 0 & 0 & 1\\ 0 & 0 & 0 & 0\end{pmatrix}\xrightarrow[r_2+14r_3]{r_1-3r_3}\begin{pmatrix}1 & 4 & -7 & 0\\ 0 & 1 & -3 & 0\\ 0 & 0 & 0 & 1\\ 0 & 0 & 0 & 0\end{pmatrix}\xrightarrow{r_1-4r_2}\begin{pmatrix}1 & 0 & 5 & 0\\ 0 & 1 & -3 & 0\\ 0 & 0 & 0 & 1\\ 0 & 0 & 0 & 0\end{pmatrix}=\boldsymbol{C}$$

$\boldsymbol{C}$ 即为行最简形矩阵.

对行最简形矩阵再作初等列变换，可以将矩阵 $\boldsymbol{A}$ 变换为标准形矩阵 $\boldsymbol{D}$. 标准形矩阵 $\boldsymbol{D}$ 的特点是：$\boldsymbol{D}$ 的左上角是一个单位矩阵，其余元素全为 0.

$$\boldsymbol{C}\xrightarrow[c_3+3c_2]{c_3-5c_1}\begin{pmatrix}1&0&0&0\\0&1&0&0\\0&0&0&1\\0&0&0&0\end{pmatrix}\xrightarrow{c_3\leftrightarrow c_4}\begin{pmatrix}1&0&0&0\\0&1&0&0\\0&0&1&0\\0&0&0&0\end{pmatrix}=\boldsymbol{D}$$

定理 2.2 任意一个非零矩阵 $\boldsymbol{A}=(a_{ij})_{m\times n}$经过有限次初等变换,可以化为下列标准形矩阵

$$\boldsymbol{D}=\underbrace{\begin{pmatrix}1&&&&&\\&\ddots&&&&\\&&1&&&\\&&&0&&\\&&&&\ddots&\\&&&&&0\end{pmatrix}}_{r\text{列}}r\text{行}=\begin{pmatrix}\boldsymbol{E}_r&\boldsymbol{0}_{r\times(n-r)}\\\boldsymbol{0}_{(m-r)\times r}&\boldsymbol{0}_{(m-r)\times(n-r)}\end{pmatrix}.$$

证明:非零矩阵 $\boldsymbol{A}$ 中至少有一个元素不等于 0,不妨设 $a_{11}\neq0$(否则总可以通过初等变换,使左上角元素不等于 0),再以 $-a_{i1}/a_{11}$ 乘第 1 行加至第 i 行上($i=2,\cdots,m$),以 $-a_{1j}/a_{11}$ 乘第 1 列加至第 j 列上($j=2,\cdots,n$),然后以 $1/a_{11}$ 乘第 1 行,于是矩阵 $\boldsymbol{A}$ 化为

$$\begin{pmatrix}\boldsymbol{E}_1&\boldsymbol{0}_{1\times(n-1)}\\\boldsymbol{0}_{(m-1)\times1}&\boldsymbol{B}_{(m-1)\times(n-1)}\end{pmatrix}$$

如果 $\boldsymbol{B}_{(m-1)\times(n-1)}=\boldsymbol{0}$,则 $\boldsymbol{A}$ 已经化为标准形矩阵 $\boldsymbol{D}$,否则按上述方法继续对矩阵 $\boldsymbol{B}_{(m-1)\times(n-1)}$ 进行初等变换,最后可证得结论.

任一非零矩阵 $\boldsymbol{A}$ 总可以经过有限次初等变换化为行阶梯形矩阵,并进而化为行最简形矩阵.

根据定理 2.2 的证明及初等变换的可逆性,有下面的推论.

推论 2.2 如果 $\boldsymbol{A}$ 为 n 阶可逆矩阵,则矩阵 $\boldsymbol{A}$ 经过有限次初等变换可化为单位矩阵 $\boldsymbol{E}$,即 $\boldsymbol{A}\sim\boldsymbol{E}$.

例 2 将矩阵 $\boldsymbol{A}=\begin{pmatrix}2&1&2&3\\4&1&3&5\\2&0&1&2\end{pmatrix}$ 化为标准形矩阵.

解：

$$\boldsymbol{A}=\begin{pmatrix}2&1&2&3\\4&1&3&5\\2&0&1&2\end{pmatrix}\xrightarrow[r_3-r_1]{r_2-2r_1}\begin{pmatrix}2&1&2&3\\0&-1&-1&-1\\0&-1&-1&-1\end{pmatrix}\xrightarrow{\substack{c_2-\frac{1}{2}c_1\\c_3-c_1\\c_4-\frac{3}{2}c_1}}\begin{pmatrix}2&0&0&0\\0&-1&-1&-1\\0&-1&-1&-1\end{pmatrix}$$

$$\xrightarrow[r_3-r_2]{\frac{1}{2}r_1}\begin{pmatrix}1&0&0&0\\0&-1&-1&-1\\0&0&0&0\end{pmatrix}\xrightarrow[c_4-c_2]{c_3-c_2}\begin{pmatrix}1&0&0&0\\0&-1&0&0\\0&0&0&0\end{pmatrix}\xrightarrow{-r_2}\begin{pmatrix}1&0&0&0\\0&1&0&0\\0&0&0&0\end{pmatrix}$$

2.4.2　初等矩阵

定义 2.18　对单位矩阵 $\boldsymbol{E}$ 施以一次初等变换得到的矩阵称为初等矩阵.

行(或列)的三种初等变换分别对应着三种初等矩阵.

(1)$\boldsymbol{E}$ 的第 i,j 行(列)互换得到矩阵

$$\boldsymbol{E}(i,j)=\begin{pmatrix}1&&&&&&&&&\\&\ddots&&&&&&&&\\&&1&&&&&&&\\&&&0&&\cdots&&1&&\\&&&&1&&&&&\\&&&\vdots&&\ddots&&\vdots&&\\&&&&&&1&&&\\&&&1&&\cdots&&0&&\\&&&&&&&&1&\\&&&&&&&&&\ddots\\&&&&&&&&&&1\end{pmatrix}\begin{matrix}\\\\\\i\text{ 行}\\\\\\\\j\text{ 行}\\\\\\\\\end{matrix}$$

$$\begin{matrix}i\text{ 列}&\qquad&j\text{ 列}\end{matrix}$$

(2)$\boldsymbol{E}$ 的第 i 行(列)乘以非零数 k 得到矩阵

$$\boldsymbol{E}(i(k))=\begin{pmatrix}1&&&&\\&\ddots&&&\\&&k&&\\&&&\ddots&\\&&&&1\end{pmatrix}\begin{matrix}\\\\i\text{ 行}\\\\\\\end{matrix}$$

$$i\text{ 列}$$

(3)$\boldsymbol{E}$ 的第 i 行加上第 j 行的 k 倍(或 $\boldsymbol{E}$ 的第 j 列加上第 i 列的 k 倍)得到矩阵

$$
\boldsymbol{E}(ij(k))=\begin{pmatrix}
1 & & & & & & \\
& \ddots & & & & & \\
& & 1 & \cdots & k & & \\
& & & \ddots & \vdots & & \\
& & & & 1 & & \\
& & & & & \ddots & \\
& & & & & & 1
\end{pmatrix}\begin{matrix} \\ \\ i\text{行} \\ \\ j\text{行} \\ \\ \\ \end{matrix}
$$

$$\qquad\qquad i\text{列} \qquad j\text{列}$$

初等矩阵具有如下性质：

(1) $|\boldsymbol{E}(i,j)|=-1$；$|\boldsymbol{E}(i(k))|=k$；$|\boldsymbol{E}(ij(k))|=1$；

(2) $\boldsymbol{E}(i,j)^{-1}=\boldsymbol{E}(i,j)$；$\boldsymbol{E}(i(k))^{-1}=\boldsymbol{E}(i(k^{-1}))$；$\boldsymbol{E}(ij(k))^{-1}=\boldsymbol{E}(ij(-k))$.

设有矩阵 $\boldsymbol{A}=\begin{pmatrix}0 & 2 & 0\\ 1 & 0 & 0\\ 0 & 3 & 1\end{pmatrix}$，而

$$
\boldsymbol{E}_3(1,2)=\begin{pmatrix}0 & 1 & 0\\ 1 & 0 & 0\\ 0 & 0 & 1\end{pmatrix},\boldsymbol{E}_3\left(2\left(\frac{1}{2}\right)\right)=\begin{pmatrix}1 & 0 & 0\\ 0 & \frac{1}{2} & 0\\ 0 & 0 & 1\end{pmatrix},\boldsymbol{E}_3(32(-3))=\begin{pmatrix}1 & 0 & 0\\ 0 & 1 & 0\\ 0 & -3 & 1\end{pmatrix},
$$

则

$$
\boldsymbol{E}_3(1,2)\boldsymbol{A}=\begin{pmatrix}0 & 1 & 0\\ 1 & 0 & 0\\ 0 & 0 & 1\end{pmatrix}\begin{pmatrix}0 & 2 & 0\\ 1 & 0 & 0\\ 0 & 3 & 1\end{pmatrix}=\begin{pmatrix}1 & 0 & 0\\ 0 & 2 & 0\\ 0 & 3 & 1\end{pmatrix}=\boldsymbol{B}
$$

$$
\boldsymbol{E}_3\left(2\left(\frac{1}{2}\right)\right)\boldsymbol{B}=\begin{pmatrix}1 & 0 & 0\\ 0 & \frac{1}{2} & 0\\ 0 & 0 & 1\end{pmatrix}\begin{pmatrix}1 & 0 & 0\\ 0 & 2 & 0\\ 0 & 3 & 1\end{pmatrix}=\begin{pmatrix}1 & 0 & 0\\ 0 & 1 & 0\\ 0 & 3 & 1\end{pmatrix}=\boldsymbol{C}
$$

$$
\boldsymbol{E}_3(32(-3))\boldsymbol{C}=\begin{pmatrix}1 & 0 & 0\\ 0 & 1 & 0\\ 0 & -3 & 1\end{pmatrix}\begin{pmatrix}1 & 0 & 0\\ 0 & 1 & 0\\ 0 & 3 & 1\end{pmatrix}=\begin{pmatrix}1 & 0 & 0\\ 0 & 1 & 0\\ 0 & 0 & 1\end{pmatrix}=\boldsymbol{E}
$$

可以看出，用初等矩阵左乘 $\boldsymbol{A}$，相当于对 $\boldsymbol{A}$ 施行一次初等行变换. 类似地，用初等矩阵右乘 $\boldsymbol{A}$，相当于对 $\boldsymbol{A}$ 施行一次初等列变换. 反之亦然.

2.4.3 初等变换的应用

1. 用初等变换法求逆矩阵

求逆矩阵$\boldsymbol{A}^{-1}$可使用伴随矩阵法,即

$$\boldsymbol{A}^{-1}=\frac{1}{|\boldsymbol{A}|}\boldsymbol{A}^*$$

但对于阶数较高的矩阵,用伴随矩阵法求逆矩阵时的计算量太大,今后推荐使用初等变换法求逆矩阵.

假设矩阵 $\boldsymbol{A}=\begin{pmatrix}0&2&0\\1&0&0\\0&3&1\end{pmatrix}$,由 2.4.2 节有

$$\begin{pmatrix}1&0&0\\0&1&0\\0&-3&1\end{pmatrix}\begin{pmatrix}1&0&0\\0&\frac{1}{2}&0\\0&0&1\end{pmatrix}\begin{pmatrix}0&1&0\\1&0&0\\0&0&1\end{pmatrix}\begin{pmatrix}0&2&0\\1&0&0\\0&3&1\end{pmatrix}=\begin{pmatrix}1&0&0\\0&1&0\\0&0&1\end{pmatrix}$$

从而可得

$$\begin{pmatrix}0&2&0\\1&0&0\\0&3&1\end{pmatrix}=\begin{pmatrix}0&1&0\\1&0&0\\0&0&1\end{pmatrix}^{-1}\begin{pmatrix}1&0&0\\0&\frac{1}{2}&0\\0&0&1\end{pmatrix}^{-1}\begin{pmatrix}1&0&0\\0&1&0\\0&-3&1\end{pmatrix}^{-1}$$

$$=\begin{pmatrix}0&1&0\\1&0&0\\0&0&1\end{pmatrix}\begin{pmatrix}1&0&0\\0&2&0\\0&0&1\end{pmatrix}\begin{pmatrix}1&0&0\\0&1&0\\0&3&1\end{pmatrix}$$

定理 2.3 n 阶方阵$\boldsymbol{A}$ 可逆的充要条件是$\boldsymbol{A}$ 可以表示为若干初等矩阵的乘积.

证明:(1)充分性. 因为每一个初等矩阵均可逆,故充分性得证.

(2)必要性. 设矩阵 $\boldsymbol{A}$ 可逆,则由推论 2.2 知,$\boldsymbol{A}$ 可以经过有限次初等变换化为单位矩阵$\boldsymbol{E}$,即存在初等矩阵$\boldsymbol{P}_1,\boldsymbol{P}_2,\cdots,\boldsymbol{P}_s,\boldsymbol{Q}_1,\boldsymbol{Q}_2,\cdots,\boldsymbol{Q}_t$,使得

$$\boldsymbol{P}_s\cdots\boldsymbol{P}_2\boldsymbol{P}_1\boldsymbol{A}\boldsymbol{Q}_1\boldsymbol{Q}_2\cdots\boldsymbol{Q}_t=\boldsymbol{E}$$

所以

$$\boldsymbol{A}=\boldsymbol{P}_1^{-1}\boldsymbol{P}_2^{-1}\cdots\boldsymbol{P}_s^{-1}\boldsymbol{E}\boldsymbol{Q}_t^{-1}\cdots\boldsymbol{Q}_2^{-1}\boldsymbol{Q}_1^{-1}=\boldsymbol{P}_1^{-1}\boldsymbol{P}_2^{-1}\cdots\boldsymbol{P}_s^{-1}\boldsymbol{Q}_t^{-1}\cdots\boldsymbol{Q}_2^{-1}\boldsymbol{Q}_1^{-1}$$

即矩阵 $\boldsymbol{A}$ 可表示为若干个初等矩阵的乘积.

若 $\boldsymbol{A}$ 可逆，则$\boldsymbol{A}^{-1}$也可逆，根据定理 2.3 知，存在初等矩阵$\boldsymbol{G}_1,\boldsymbol{G}_2,\cdots,\boldsymbol{G}_k$，使得$\boldsymbol{A}^{-1}=\boldsymbol{G}_1\boldsymbol{G}_2\cdots\boldsymbol{G}_k$，两边右乘矩阵 $\boldsymbol{A}$，得

$$\boldsymbol{A}^{-1}\boldsymbol{A}=\boldsymbol{G}_1\boldsymbol{G}_2\cdots\boldsymbol{G}_k\boldsymbol{A}$$

即

$$\boldsymbol{E}=\boldsymbol{G}_1\boldsymbol{G}_2\cdots\boldsymbol{G}_k\boldsymbol{A} \tag{2-5}$$

$$\boldsymbol{A}^{-1}=\boldsymbol{G}_1\boldsymbol{G}_2\cdots\boldsymbol{G}_k \tag{2-6}$$

式(2-5)表示对 $\boldsymbol{A}$ 施以若干初等行变换可将其化为 $\boldsymbol{E}$，式(2-6)表示对 $\boldsymbol{E}$ 施以相同的初等行变换则可将 $\boldsymbol{E}$ 化为$\boldsymbol{A}^{-1}$.

因此，求矩阵 $\boldsymbol{A}$ 的逆矩阵$\boldsymbol{A}^{-1}$时，可构造 $n\times 2n$ 矩阵$(\boldsymbol{A},\boldsymbol{E})$，然后对其施以初等行变换将矩阵 $\boldsymbol{A}$ 化为单位矩阵 $\boldsymbol{E}$，则上述初等行变换同时也将其中的单位矩阵 $\boldsymbol{E}$ 化为$\boldsymbol{A}^{-1}$，即

$$(\boldsymbol{A},\boldsymbol{E})\xrightarrow{\text{初等行变换}}(\boldsymbol{E},\boldsymbol{A}^{-1})$$

这就是求逆矩阵的初等变换法.

同理，也可以使用初等列变换求逆矩阵，即

$$\begin{pmatrix}\boldsymbol{A}\\ \boldsymbol{E}\end{pmatrix}\xrightarrow{\text{初等列变换}}\begin{pmatrix}\boldsymbol{E}\\ \boldsymbol{A}^{-1}\end{pmatrix}$$

例 3 设$\boldsymbol{A}=\begin{pmatrix}1&2&3\\2&2&1\\3&4&3\end{pmatrix}$，求$\boldsymbol{A}^{-1}$.

解：

$$(\boldsymbol{A},\boldsymbol{E})=\begin{pmatrix}1&2&3&1&0&0\\2&2&1&0&1&0\\3&4&3&0&0&1\end{pmatrix}\xrightarrow[r_3-3r_1]{r_2-2r_1}\begin{pmatrix}1&2&3&1&0&0\\0&-2&-5&-2&1&0\\0&-2&-6&-3&0&1\end{pmatrix}$$

$$\xrightarrow[r_3-r_2]{r_1+r_2}\begin{pmatrix}1&0&-2&-1&1&0\\0&-2&-5&-2&1&0\\0&0&-1&-1&-1&1\end{pmatrix}\xrightarrow[r_2-5r_3]{r_1-2r_3}\begin{pmatrix}1&0&0&1&3&-2\\0&-2&0&3&6&-5\\0&0&-1&-1&-1&1\end{pmatrix}$$

$$\xrightarrow[r_3\times(-1)]{r_2\times\left(-\frac{1}{2}\right)}\begin{pmatrix}1&0&0&1&3&-2\\0&1&0&-3/2&-3&5/2\\0&0&1&1&1&-1\end{pmatrix}$$

所以

$$A^{-1}=\begin{pmatrix}1 & 3 & -2\\ -3/2 & -3 & 5/2\\ 1 & 1 & -1\end{pmatrix}$$

2. 用初等变换法求解矩阵方程 $AX=B$

设矩阵 A 可逆，则求解矩阵方程 $AX=B$ 等价于求矩阵 $A^{-1}B$，为此，可构造矩阵 (A,B)，对其施以初等行变换将矩阵 A 化为单位矩阵 E，则上述初等行变换同时也将其中的矩阵 B 化为 $A^{-1}B$，即

$$(A,B)\xrightarrow{\text{初等行变换}}(E,A^{-1}B)$$

这样就给出了用初等行变换求解矩阵方程 $AX=B$ 的方法.

同理，求解矩阵方程 $XA=B$ 等价于求矩阵 BA^{-1}，亦可利用初等列变换求矩阵 BA^{-1}，即

$$\begin{pmatrix}A\\ B\end{pmatrix}\xrightarrow{\text{初等列变换}}\begin{pmatrix}E\\ BA^{-1}\end{pmatrix}$$

例 4　求矩阵 X，使 $AX=B$，其中 $A=\begin{pmatrix}1 & 2 & 3\\ 2 & 2 & 1\\ 3 & 4 & 3\end{pmatrix}$，$B=\begin{pmatrix}2 & 5\\ 3 & 1\\ 4 & 3\end{pmatrix}$.

解:若 A 可逆，则 $X=A^{-1}B$，有

$$(A,B)=\begin{pmatrix}1 & 2 & 3 & 2 & 5\\ 2 & 2 & 1 & 3 & 1\\ 3 & 4 & 3 & 4 & 3\end{pmatrix}\xrightarrow[r_3-3r_1]{r_2-2r_1}\begin{pmatrix}1 & 2 & 3 & 2 & 5\\ 0 & -2 & -5 & -1 & -9\\ 0 & -2 & -6 & -2 & -12\end{pmatrix}$$

$$\xrightarrow[r_3-r_2]{r_1+r_2}\begin{pmatrix}1 & 0 & -2 & 1 & -4\\ 0 & -2 & -5 & -1 & -9\\ 0 & 0 & -1 & -1 & -3\end{pmatrix}\xrightarrow[r_2-5r_3]{r_1-2r_3}\begin{pmatrix}1 & 0 & 0 & 3 & 2\\ 0 & -2 & 0 & 4 & 6\\ 0 & 0 & -1 & -1 & -3\end{pmatrix}$$

$$\xrightarrow[r_3\times(-1)]{r_2\times\left(-\frac{1}{2}\right)}\begin{pmatrix}1 & 0 & 0 & 3 & 2\\ 0 & 1 & 0 & -2 & -3\\ 0 & 0 & 1 & 1 & 3\end{pmatrix}$$

即得

$$X=\begin{pmatrix}3 & 2\\ -2 & -3\\ 1 & 3\end{pmatrix}$$

2.4.4 矩阵初等变换的 MATLAB 实现

在 MATLAB 中,采用命令 rref 求矩阵的行最简形矩阵.

例 5 将矩阵 $A=\begin{pmatrix}2 & 1 & 2 & 3\\ 4 & 1 & 3 & 5\\ 2 & 0 & 1 & 2\end{pmatrix}$化为行最简形矩阵.

解:相应的 MATLAB 代码为:

```
>> A=[2 1 2 3;4 1 3 5;2 0 1 2];
>> rref(A)
ans =
    1.0000         0    0.5000    1.0000
         0    1.0000    1.0000    1.0000
         0         0         0         0
```

例 6 已知 $A=\begin{pmatrix}1 & 2 & 3\\ 2 & 2 & 1\\ 3 & 4 & 3\end{pmatrix}$,$B=\begin{pmatrix}2 & 5\\ 3 & 1\\ 4 & 3\end{pmatrix}$,将矩阵$(A,B)$化为行最简形矩阵.

解:相应的 MATLAB 代码为:

```
>> A=[1 2 3;2 2 1;3 4 3];B=[2 5;3 1;4 3];
>> C=[A,B]
C =
     1     2     3     2     5
     2     2     1     3     1
     3     4     3     4     3
>> rref(C)
ans =
     1     0     0     3     2
     0     1     0    -2    -3
     0     0     1     1     3
```

习题2-4

(A)

1. 将下列矩阵化为标准形矩阵.

(1) $\begin{pmatrix} 1 & -1 & 2 \\ 3 & -3 & 1 \\ -2 & 2 & -4 \end{pmatrix}$;　(2) $\begin{pmatrix} 1 & -1 & 3 & -4 & 3 \\ 3 & -3 & 5 & -4 & 1 \\ 2 & -2 & 3 & -2 & 0 \\ 3 & -3 & 4 & -2 & -1 \end{pmatrix}$.

2. 求下列矩阵的逆矩阵.

(1) $\begin{pmatrix} 1 & 0 & 1 \\ 2 & 1 & 0 \\ -3 & 2 & -5 \end{pmatrix}$;　(2) $\begin{pmatrix} 2 & 2 & -1 \\ 1 & -2 & 4 \\ 5 & 8 & 2 \end{pmatrix}$.

3. 解下列矩阵方程.

(1)设 $\boldsymbol{A}=\begin{pmatrix} 4 & 1 & -2 \\ 2 & 2 & 1 \\ 3 & 1 & -1 \end{pmatrix}$, $\boldsymbol{B}=\begin{pmatrix} 1 & -3 \\ 2 & 2 \\ 3 & -1 \end{pmatrix}$,求 $\boldsymbol{X}$ 使 $\boldsymbol{AX}=\boldsymbol{B}$.

(2)设 $\boldsymbol{A}=\begin{pmatrix} 0 & 2 & 1 \\ 2 & -1 & 3 \\ -3 & 3 & -4 \end{pmatrix}$, $\boldsymbol{B}=\begin{pmatrix} 1 & 2 & 3 \\ 2 & -3 & 1 \end{pmatrix}$,求 $\boldsymbol{X}$ 使 $\boldsymbol{XA}=\boldsymbol{B}$.

(3)设 $\begin{pmatrix} 0 & 1 & 0 \\ 1 & 0 & 0 \\ 0 & 0 & 1 \end{pmatrix}\boldsymbol{X}\begin{pmatrix} 1 & 0 & 0 \\ -2 & 1 & 0 \\ 0 & 0 & 1 \end{pmatrix}=\begin{pmatrix} 1 & -4 & 3 \\ 2 & 0 & -1 \\ 0 & -2 & 1 \end{pmatrix}$,求 $\boldsymbol{X}$.

(B)

1. 求 n 阶方阵

$$\boldsymbol{A}=\begin{pmatrix} & & & a_1 \\ & & a_2 & \\ & \iddots & & \\ a_n & & & \end{pmatrix}, a_i\neq 0(i=1,2,\cdots,n)$$

的逆矩阵,$\boldsymbol{A}$ 中空白处元素为 0.

2. 已知矩阵 $\boldsymbol{A}=\begin{pmatrix}1&0&1\\2&1&0\\-3&2&-5\end{pmatrix}$,求 $(\boldsymbol{E}-\boldsymbol{A})^{-1}$.

3. 求解矩阵方程 $\boldsymbol{AX}=\boldsymbol{A}+\boldsymbol{X}$,其中 $\boldsymbol{A}=\begin{pmatrix}2&2&0\\2&1&3\\0&1&0\end{pmatrix}$.

4. 求解矩阵方程 $\boldsymbol{XA}=\boldsymbol{A}+2\boldsymbol{X}$,其中 $\boldsymbol{A}=\begin{pmatrix}4&2&3\\1&1&0\\-1&2&3\end{pmatrix}$.

5. 把可逆矩阵 $\boldsymbol{A}=\begin{pmatrix}1&2&0\\-1&1&1\\3&-2&0\end{pmatrix}$ 分解为初等矩阵的乘积.

2.5 矩阵的秩

矩阵 $\boldsymbol{A}$ 经过有限次初等变换变成矩阵 $\boldsymbol{B}$,则矩阵 $\boldsymbol{A}$ 与 $\boldsymbol{B}$ 等价,等价的矩阵 $\boldsymbol{A}$ 和 $\boldsymbol{B}$ 实质上有什么内在联系呢?从 2.4 节已经看到,矩阵可经初等行变换化为行阶梯形矩阵,且行阶梯形矩阵所含非零行的行数是唯一确定的.这个行数实质上就是矩阵的"秩".矩阵的秩的概念是讨论线性方程组解的存在性等问题的重要工具.

2.5.1 矩阵秩的定义

定义 2.19 在 $m\times n$ 矩阵 $\boldsymbol{A}$ 中,任取 k 行 k 列 $(1\leqslant k\leqslant m, 1\leqslant k\leqslant n)$,对于位于这些行、列交叉处的 k^2 个元素,不改变它们在 $\boldsymbol{A}$ 中所处的位置次序而形成的 k 阶行列式称为矩阵 $\boldsymbol{A}$ 的 k 阶子式.

$m\times n$ 矩阵 $\boldsymbol{A}$ 的 k 阶子式共有 $C_m^k \cdot C_n^k$ 个.

例如,设矩阵 $\boldsymbol{A}=\begin{pmatrix}1&2&2&1\\2&1&-2&-2\\1&-1&-4&-3\end{pmatrix}$,由 1,3 两行和 3,4 两列交叉处的元素构成的二

阶子式为$\begin{vmatrix} 2 & 1 \\ -4 & -3 \end{vmatrix}$.

设 $\boldsymbol{A}$ 为 $m\times n$ 矩阵，当 $\boldsymbol{A}=\boldsymbol{0}$ 时，它的所有子式都为 0. 当 $\boldsymbol{A}\neq\boldsymbol{0}$ 时，它至少有一个元素不为 0，即它至少有一个一阶子式不为 0. 再看二阶子式，若 $\boldsymbol{A}$ 中有一个二阶子式不为 0，则继续往下考察三阶子式，依此类推，最终必达到 $\boldsymbol{A}$ 中有 r 阶子式不为 0，而再没有比 r 更高阶的不为 0 的子式，最后这个不为 0 的子式的阶数 r 就反映了矩阵 $\boldsymbol{A}$ 内在的重要特征.

定义 2.20　设 $\boldsymbol{A}$ 为 $m\times n$ 矩阵，如果至少存在一个 $\boldsymbol{A}$ 的 r 阶子式不为 0，而任何 $r+1$ 阶子式（如果存在的话）皆为 0，则称数 r 为矩阵 $\boldsymbol{A}$ 的秩，记为 $r(\boldsymbol{A})$〔或 $R(\boldsymbol{A})$〕. 规定零矩阵的秩等于 0.

例如，对于矩阵 $\boldsymbol{A}=\begin{pmatrix} 1 & 2 & 2 & 1 \\ 2 & 1 & -2 & -2 \\ 1 & -1 & -4 & -3 \end{pmatrix}$，存在一个二阶子式不为 0，而四个三阶子式全部为 0，因此矩阵 $\boldsymbol{A}$ 的秩为 2，记作 $r(\boldsymbol{A})=2$.

2.5.2　矩阵秩的求法

例 1　求矩阵 $\boldsymbol{A}=\begin{pmatrix} 1 & 2 & 3 \\ 2 & 3 & -5 \\ 4 & 7 & 1 \end{pmatrix}$ 的秩.

解：二阶子式中，$\begin{vmatrix} 1 & 3 \\ 2 & -5 \end{vmatrix}\neq 0$，而 $\boldsymbol{A}$ 的三阶子式只有一个 $|\boldsymbol{A}|$，且

$$|\boldsymbol{A}|=\begin{vmatrix} 1 & 2 & 3 \\ 2 & 3 & -5 \\ 4 & 7 & 1 \end{vmatrix}=\begin{vmatrix} 1 & 2 & 3 \\ 0 & -1 & -11 \\ 0 & -1 & -11 \end{vmatrix}=0$$

所以 $r(\boldsymbol{A})=2$.

例 2　求矩阵 $\boldsymbol{B}=\begin{pmatrix} 2 & -1 & 0 & 3 & -2 \\ 0 & 3 & 1 & -2 & 5 \\ 0 & 0 & 0 & 4 & -3 \\ 0 & 0 & 0 & 0 & 0 \end{pmatrix}$ 的秩.

解: 三阶子式中, $\begin{vmatrix} 2 & -1 & 3 \\ 0 & 3 & -2 \\ 0 & 0 & 4 \end{vmatrix} \neq 0$, $\boldsymbol{B}$ 是一个行阶梯形矩阵,其非零行只有 3 行,所以 $\boldsymbol{B}$ 的所有四阶子式全为 0.

故 $r(\boldsymbol{B})=3$.

根据定义计算矩阵的秩时需要由低阶到高阶考虑矩阵的子式,当矩阵的行数与列数较多时,按定义求秩是非常麻烦的. 由于行阶梯形矩阵的秩很容易判断,而任意矩阵都可以经过初等变换化为行阶梯形矩阵,因而可考虑借助初等变换法来求矩阵的秩.

定理 2.4 若 $\boldsymbol{A} \sim \boldsymbol{B}$,则 $r(\boldsymbol{A})=r(\boldsymbol{B})$.

证明: 先考察经过一次初等行变换的情形. 设 $\boldsymbol{A}$ 经过一次初等行变换变为 $\boldsymbol{B}$,则 $r(\boldsymbol{A}) \leqslant r(\boldsymbol{B})$. 设 $r(\boldsymbol{A})=s$,且 $\boldsymbol{A}$ 的某个 s 阶子式 $D \neq 0$.

当 $\boldsymbol{A} \xrightarrow{r_i \leftrightarrow r_j} \boldsymbol{B}$ 或 $\boldsymbol{A} \xrightarrow{k r_i} \boldsymbol{B}$ 时,在 $\boldsymbol{B}$ 中总能找到与 D 相对应的 s 阶子式 D_1,由于 $D_1=D$ 或 $D_1=-D$ 或 $D_1=kD$,因此 $D_1 \neq 0$,从而 $r(\boldsymbol{B}) \geqslant s$.

当 $\boldsymbol{A} \xrightarrow{r_i + k r_j} \boldsymbol{B}$ 时,因为交换两行不影响 $r(\boldsymbol{B})$,一般的 $r_i + k r_j$ 可通过 $r_i \leftrightarrow r_j$ 转化为 $r_1 + k r_2$,所以只需证明 $r_1 + k r_2$ 即可. 分下面两种情况讨论.

(1) $\boldsymbol{A}$ 的 s 阶非零子式 D 不包含 $\boldsymbol{A}$ 的第 1 行,这时 D 也是 $\boldsymbol{B}$ 的一个 s 阶非零子式,故 $r(\boldsymbol{B}) \geqslant s$.

(2) $\boldsymbol{A}$ 的 s 阶非零子式 D 包含 $\boldsymbol{A}$ 的第 1 行,这时把 $\boldsymbol{B}$ 中与 D 对应的 s 阶子式 D_1 记作

$$D_1=\begin{vmatrix} r_1 + k r_2 \\ r_p \\ \vdots \\ r_q \end{vmatrix}=\begin{vmatrix} r_1 \\ r_p \\ \vdots \\ r_q \end{vmatrix}+k\begin{vmatrix} r_2 \\ r_p \\ \vdots \\ r_q \end{vmatrix}=D+kD_2$$

若 $p=2$,则 $D_1=D \neq 0$;若 $p \neq 2$,则 D_2 也是 $\boldsymbol{B}$ 的 s 阶子式,由 $D_1-kD_2=D \neq 0$ 知 D_1 与 D_2 不同时为 0. 因此,$\boldsymbol{B}$ 中存在 s 阶非零子式,故 $r(\boldsymbol{B}) \geqslant s$.

通过以上证明可知,若 $\boldsymbol{A}$ 经过一次初等行变换变为 $\boldsymbol{B}$,则

$$r(\boldsymbol{A}) \leqslant r(\boldsymbol{B})$$

由于 $\boldsymbol{B}$ 也可经过一次初等行变换变为 $\boldsymbol{A}$,故也有

$$r(\boldsymbol{B}) \leqslant r(\boldsymbol{A})$$

因此有

$$r(\boldsymbol{A})=r(\boldsymbol{B})$$

经过一次初等行变换后矩阵的秩不变,所以经过有限次初等行变换后矩阵的秩也不变.

设 $\boldsymbol{A}$ 经过初等列变换变为 $\boldsymbol{B}$,则$\boldsymbol{A}^{\mathrm{T}}$ 经过初等行变换可变为$\boldsymbol{B}^{\mathrm{T}}$,由于 $r(\boldsymbol{A}^{\mathrm{T}})=r(\boldsymbol{B}^{\mathrm{T}})$,又

$$r(\boldsymbol{A})=r(\boldsymbol{A}^{\mathrm{T}}),r(\boldsymbol{B})=r(\boldsymbol{B}^{\mathrm{T}})$$

因此

$$r(\boldsymbol{A})=r(\boldsymbol{B})$$

总之,若 $\boldsymbol{A}$ 经过有限次初等变换变为 $\boldsymbol{B}(\boldsymbol{A}\sim\boldsymbol{B})$,则 $r(\boldsymbol{A})=r(\boldsymbol{B})$. 定理表明秩是初等变换下的不变量.

根据上述定理可得到利用初等变换求矩阵的秩的方法:用初等行变换把矩阵变成行阶梯形矩阵,行阶梯形矩阵中非零行的行数就是该矩阵的秩.

例 3　设 $\boldsymbol{A}=\begin{pmatrix}3&2&0&5&0\\3&-2&3&6&-1\\2&0&1&5&-3\\1&6&-4&-1&4\end{pmatrix}$,求矩阵 $\boldsymbol{A}$ 的秩,并求 $\boldsymbol{A}$ 的一个最高阶非零子式.

解:对 $\boldsymbol{A}$ 作初等行变换将其化为行阶梯形矩阵.

$$\boldsymbol{A}\xrightarrow{r_1\leftrightarrow r_4}\begin{pmatrix}1&6&-4&-1&4\\3&-2&3&6&-1\\2&0&1&5&-3\\3&2&0&5&0\end{pmatrix}\xrightarrow{r_2-r_4}\begin{pmatrix}1&6&-4&-1&4\\0&-4&3&1&-1\\2&0&1&5&-3\\3&2&0&5&0\end{pmatrix}$$

$$\xrightarrow[r_4-3r_1]{r_3-2r_1}\begin{pmatrix}1&6&-4&-1&4\\0&-4&3&1&-1\\0&-12&9&7&-11\\0&-16&12&8&-12\end{pmatrix}\xrightarrow[r_4-4r_2]{r_3-3r_2}\begin{pmatrix}1&6&-4&-1&4\\0&-4&3&1&-1\\0&0&0&4&-8\\0&0&0&4&-8\end{pmatrix}$$

$$\xrightarrow{r_4-r_3}\begin{pmatrix}1&6&-4&-1&4\\0&-4&3&1&-1\\0&0&0&4&-8\\0&0&0&0&0\end{pmatrix}=\boldsymbol{B}$$

由行阶梯形矩阵有三个非零行知 $r(\boldsymbol{A})=3$.

$\boldsymbol{B}$ 中第 1,2,3 行和第 1,2,4 列构成的子式不为 0,在 $\boldsymbol{A}$ 中对应第 2,3,4 行和第 1,2,4 列构成的子式(因第 1 行与第 4 行有过交换).

$$\begin{vmatrix} 3 & -2 & 6 \\ 2 & 0 & 5 \\ 1 & 6 & -1 \end{vmatrix} = \begin{vmatrix} 3 & -2 & 6 \\ 2 & 0 & 5 \\ 10 & 0 & 17 \end{vmatrix} = 2\begin{vmatrix} 2 & 5 \\ 10 & 17 \end{vmatrix} = -32 \neq 0$$

则这个子式便是 $\boldsymbol{A}$ 的一个最高阶非零子式.

例 4 设 $\boldsymbol{A}=\begin{pmatrix} 1 & -1 & 1 & 2 \\ 3 & \lambda & -1 & 2 \\ 5 & 3 & \mu & 6 \end{pmatrix}$,已知 $r(\boldsymbol{A})=2$,求 λ 与 μ 的值.

解: $\boldsymbol{A} \xrightarrow[r_3-5r_1]{r_2-3r_1} \begin{pmatrix} 1 & -1 & 1 & 2 \\ 0 & \lambda+3 & -4 & -4 \\ 0 & 8 & \mu-5 & -4 \end{pmatrix} \xrightarrow{r_3-r_2} \begin{pmatrix} 1 & -1 & 1 & 2 \\ 0 & \lambda+3 & -4 & -4 \\ 0 & 5-\lambda & \mu-1 & 0 \end{pmatrix}$

因 $r(\boldsymbol{A})=2$,故

$$\begin{cases} 5-\lambda=0 \\ \mu-1=0 \end{cases} \Rightarrow \begin{cases} \lambda=5 \\ \mu=1 \end{cases}$$

即 $\lambda=5$,$\mu=1$.

2.5.3 矩阵秩的性质

(1)若 $\boldsymbol{A}$ 为 $m\times n$ 矩阵,则 $0\leqslant r(\boldsymbol{A})\leqslant\min\{m,n\}$.

(2)$r(\boldsymbol{A})=r(\boldsymbol{A}^{\mathrm{T}})$.

(3)$\max\{r(\boldsymbol{A}),r(\boldsymbol{B})\}\leqslant r(\boldsymbol{A},\boldsymbol{B})\leqslant r(\boldsymbol{A})+r(\boldsymbol{B})$.

(4)$r(\boldsymbol{A}+\boldsymbol{B})\leqslant r(\boldsymbol{A})+r(\boldsymbol{B})$.

(5)$r(\boldsymbol{AB})\leqslant\min\{r(\boldsymbol{A}),r(\boldsymbol{B})\}$.

(6)若 $\boldsymbol{A}_{m\times n}\boldsymbol{B}_{n\times l}=\boldsymbol{0}$,则 $r(\boldsymbol{A})+r(\boldsymbol{B})\leqslant n$.

(7)设 $\boldsymbol{A}$ 为 n 阶非奇异矩阵,$\boldsymbol{B}$ 为 $n\times m$ 矩阵,则 $\boldsymbol{A}$ 与 $\boldsymbol{B}$ 之积的秩等于 $\boldsymbol{B}$ 的秩,即

$$r(\boldsymbol{AB})=r(\boldsymbol{B})$$

这里仅给出性质(7)的证明.

证明: 因为 $\boldsymbol{A}$ 为非奇异矩阵,故可表示成若干初等矩阵之积,即

$$\boldsymbol{A}=\boldsymbol{P}_1\boldsymbol{P}_2\cdots\boldsymbol{P}_s$$

其中 $\boldsymbol{P}_i(i=1,2,\cdots,s)$ 皆为初等矩阵. 而

$$\boldsymbol{AB}=\boldsymbol{P}_1\boldsymbol{P}_2\cdots\boldsymbol{P}_s\boldsymbol{B}$$

即 $\boldsymbol{AB}$ 是 $\boldsymbol{B}$ 经过 s 次初等行变换后得出的，因而

$$r(\boldsymbol{AB})=r(\boldsymbol{B})$$

当 $r(\boldsymbol{A})=\min\{m,n\}$ 时，称矩阵 $\boldsymbol{A}$ 为满秩矩阵，否则称为降秩矩阵. 由矩阵的秩及满秩矩阵的定义可知，若一个 n 阶方阵 $\boldsymbol{A}$ 是满秩的，则 $|\boldsymbol{A}|\neq 0$，因而它是非奇异矩阵，反之亦然.

例 5　设 $\boldsymbol{A}$ 为 n 阶方阵，证明 $r(\boldsymbol{A}+\boldsymbol{E})+r(\boldsymbol{A}-\boldsymbol{E})\geqslant n$.

解：因 $(\boldsymbol{A}+\boldsymbol{E})+(\boldsymbol{E}-\boldsymbol{A})=2\boldsymbol{E}$，由性质(4)有

$$r(\boldsymbol{A}+\boldsymbol{E})+r(\boldsymbol{E}-\boldsymbol{A})\geqslant r(2\boldsymbol{E})=n$$

而

$$r(\boldsymbol{E}-\boldsymbol{A})=r(\boldsymbol{A}-\boldsymbol{E})$$

所以

$$r(\boldsymbol{A}+\boldsymbol{E})+r(\boldsymbol{A}-\boldsymbol{E})\geqslant n$$

2.5.4　求矩阵秩的 MATLAB 实现

在 MATLAB 中，常采用命令 rank 求矩阵的秩.

例 6　求矩阵 $\boldsymbol{A}=\begin{pmatrix}1 & 0 & 0 & 1\\ 1 & 2 & 0 & -1\\ 3 & -1 & 0 & 4\\ 1 & 4 & 5 & 1\end{pmatrix}$ 的秩.

解：相应的 MATLAB 代码为：

```
>> A=[1 0 0 1;1 2 0 -1;3 -1 0 4;1 4 5 1];
>> rank(A)
ans =
     3
```

习题 2-5

(A)

1. 设矩阵 $\boldsymbol{A}=\begin{pmatrix}1 & -5 & 6 & 2\\ 2 & -1 & 3 & 2\\ -1 & -4 & 3 & 0\end{pmatrix}$，求 $r(\boldsymbol{A})$.

2. 设 $\boldsymbol{A}$ 为 $m\times n$ 矩阵，$\boldsymbol{b}$ 为 $m\times 1$ 矩阵，试说明 $r(\boldsymbol{A})$ 与 $r(\boldsymbol{A},\boldsymbol{b})$ 的大小关系.

3. 在秩是 r 的矩阵中，有没有等于 0 的 $r-1$ 阶子式？有没有等于 0 的 r 阶子式？

4. 求下列矩阵的秩，并求一个最高阶非零子式.

(1) $\begin{pmatrix} 3 & 1 & 0 & 2 \\ 1 & -1 & 2 & -1 \\ 1 & 3 & -4 & 4 \end{pmatrix}$； (2) $\begin{pmatrix} 1 & -1 & 2 & 1 & 0 \\ 2 & -2 & 4 & 2 & 0 \\ 3 & 0 & 6 & -1 & 1 \\ 0 & 3 & 0 & 0 & 1 \end{pmatrix}$.

(B)

1. 设 $\boldsymbol{A}$ 为 n 阶方阵，$r(\boldsymbol{A})=1$，证明：

(1) $\boldsymbol{A}=\begin{pmatrix} a_1 \\ a_2 \\ \vdots \\ a_n \end{pmatrix}(b_1,b_2,\cdots,b_n)$； (2) $\boldsymbol{A}^2=k\boldsymbol{A}$（$k$ 为常数）.

2. 设矩阵 $\boldsymbol{A}=\begin{pmatrix} 1 & \lambda & -1 & 2 \\ 2 & -1 & \lambda & 5 \\ 1 & 10 & -6 & 1 \end{pmatrix}$，其中 λ 为参数，求 $\boldsymbol{A}$ 的秩.

复习题二

一、单项选择题

1. 对于矩阵 $\boldsymbol{A}$，若有 $\boldsymbol{A}^{\mathrm{T}}=\boldsymbol{A}$，则 $\boldsymbol{A}$ 为(　　).

A. 对称矩阵　　B. 正交矩阵　　C. 可逆矩阵　　D. 三角形矩阵

2. 若 $\boldsymbol{A},\boldsymbol{B}$ 均为 n 阶方阵，且 $\boldsymbol{AB}=\boldsymbol{0}$，则(　　).

A. $\boldsymbol{A}=\boldsymbol{0}$ 或 $\boldsymbol{B}=\boldsymbol{0}$　　B. $\boldsymbol{A}+\boldsymbol{B}=\boldsymbol{0}$　　C. $|\boldsymbol{A}|=0$ 或 $|\boldsymbol{B}|=0$　　D. $|\boldsymbol{A}|+|\boldsymbol{B}|=0$

3. $n(n\geqslant 2)$ 个同阶初等矩阵的乘积为(　　).

A. 可逆矩阵　　B. 非可逆矩阵　　C. 初等矩阵　　D. 单位矩阵

4. 若 $r(\boldsymbol{A}_n)=n$，则矩阵 $\boldsymbol{A}$ 为(　　).

A. 不可逆矩阵　　B. 奇异矩阵　　C. 可逆矩阵　　D. 三角形矩阵

5. 设矩阵 $\boldsymbol{A}$ 的秩为 r，则下列结论正确的是(　　).

A. $\boldsymbol{A}$ 中所有 r 阶子式不为 0　　B. $\boldsymbol{A}$ 中存在 r 阶子式不为 0

C. $\boldsymbol{A}$ 中所有 r 阶子式等于 0　　D. $\boldsymbol{A}$ 中存在 $r+1$ 阶子式不为 0

二、填空题

1. 当 $ad-bc\neq 0$ 时，$\begin{pmatrix} a & b \\ c & d \end{pmatrix}^{-1}=$________.

2. 设 $\boldsymbol{A},\boldsymbol{B}$ 均为 n 阶方阵，则使 $(\boldsymbol{A}+\boldsymbol{B})^2=\boldsymbol{A}^2+2\boldsymbol{AB}+\boldsymbol{B}^2$ 成立的充要条件是________.

3. 设 $\boldsymbol{A},\boldsymbol{B}$ 均为 4 阶方阵，已知 $|\boldsymbol{A}|=2$，$|\boldsymbol{B}|=3$，则 $|\boldsymbol{A}^{-1}\boldsymbol{B}^{\mathrm{T}}|=$________.

4. 设 $\boldsymbol{A}$ 是 n 阶可逆方阵，互换 $\boldsymbol{A}$ 中第 i 行和第 j 行得到矩阵 $\boldsymbol{B}$，则 $\boldsymbol{AB}^{-1}=$________.

5. $\begin{pmatrix} 0 & 0 & 1 \\ 0 & 1 & 0 \\ 1 & 0 & 0 \end{pmatrix}^{2016}\begin{pmatrix} 1 & 2 & 3 \\ 4 & 5 & 6 \\ 7 & 8 & 9 \end{pmatrix}\begin{pmatrix} 1 & 0 & 0 \\ 0 & 0 & 1 \\ 0 & 1 & 0 \end{pmatrix}^{2017}=$________.

三、解答题

1. 设 $\boldsymbol{A},\boldsymbol{B}$ 为 n 阶方阵，且 $\boldsymbol{A}$ 为对称矩阵，证明 $\boldsymbol{B}^{\mathrm{T}}\boldsymbol{AB}$ 也是对称矩阵.

2. 设方阵 $\boldsymbol{A}$ 满足 $\boldsymbol{A}^2-\boldsymbol{A}-2\boldsymbol{E}=\boldsymbol{0}$，证明 $\boldsymbol{A}$ 及 $\boldsymbol{A}+2\boldsymbol{E}$ 都可逆.

3. 设 $\boldsymbol{A}=\dfrac{1}{2}\begin{pmatrix} 0 & 0 & 2 \\ 1 & 3 & 0 \\ 2 & 5 & 0 \end{pmatrix}$，求 $\boldsymbol{A}^{-1}$.

4. 已知 $\boldsymbol{A},\boldsymbol{B}$ 为 4 阶方阵，且 $|\boldsymbol{A}|=-1$，$|\boldsymbol{B}|=6$，求：

(1) $|5\boldsymbol{AB}|$；(2) $|-\boldsymbol{AB}^{\mathrm{T}}|$；(3) $|(\boldsymbol{AB})^{-1}|$；(4) $|\boldsymbol{A}^{-1}\boldsymbol{B}^{-1}|$；(5) $|((\boldsymbol{AB})^{\mathrm{T}})^{-1}|$.

5. 设 3 阶方阵 $\boldsymbol{A}=\begin{pmatrix} x & 1 & 1 \\ 1 & x & 1 \\ 1 & 1 & x \end{pmatrix}$，试求矩阵 $\boldsymbol{A}$ 的秩.

6. 已知 $\boldsymbol{A}$ 为 n 阶方阵，且满足 $\boldsymbol{A}^2-3\boldsymbol{A}-4\boldsymbol{E}=\boldsymbol{0}$.

(1) 证明：$\boldsymbol{A}$ 可逆，并求 $\boldsymbol{A}^{-1}$.

(2) 若 $|\boldsymbol{A}|=2$，求 $|6\boldsymbol{A}+8\boldsymbol{E}|$ 的值.

第3章 线性方程组与向量组

线性方程组是线性代数的核心内容，同时也是研究向量组的重要工具.本章将首先给出线性方程组的求解方法，然后利用它来探讨向量和向量组的各种关系.

3.1 消 元 法

3.1.1 消元法的概念

引例 用消元法求解下面的线性方程组

$$\begin{cases} 2x_1+15x_2-11x_3=5 \\ x_1+7x_2-5x_3=2 \\ -3x_1-21x_2+9x_3=12 \end{cases}$$

解:线性方程组和矩阵之间可以建立一一对应的关系，对线性方程组进行同解变换，对应矩阵也会相应地变换.

$$\begin{cases} 2x_1+15x_2-11x_3=5 \\ x_1+7x_2-5x_3=2 \\ -3x_1-21x_2+9x_3=12 \end{cases} \quad ①\Leftrightarrow \begin{pmatrix} 2 & 15 & -11 & 5 \\ 1 & 7 & -5 & 2 \\ -3 & -21 & 9 & 12 \end{pmatrix} \qquad ①$$

$$\rightarrow \begin{cases} x_1+7x_2-5x_3=2 \\ 2x_1+15x_2-11x_3=5 \\ -3x_1-21x_2+9x_3=12 \end{cases} \quad ②\Leftrightarrow \begin{pmatrix} 1 & 7 & -5 & 2 \\ 2 & 15 & -11 & 5 \\ -3 & -21 & 9 & 12 \end{pmatrix} \qquad ②$$

$$\rightarrow \begin{cases} x_1+7x_2-5x_3=2 \\ x_2-x_3=1 \\ -6x_3=18 \end{cases} \quad ③\Leftrightarrow \begin{pmatrix} 1 & 7 & -5 & 2 \\ 0 & 1 & -1 & 1 \\ 0 & 0 & -6 & 18 \end{pmatrix} \qquad ③$$

$$\rightarrow\begin{cases}x_1+7x_2-5x_3=2\\ \qquad x_2-x_3=1\\ \qquad\qquad x_3=-3\end{cases} ④\Leftrightarrow\begin{pmatrix}1&7&-5&2\\0&1&-1&1\\0&0&1&-3\end{pmatrix} \quad ④$$

$$\rightarrow\begin{cases}x_1+7x_2=-13\\ \qquad x_2=-2\\ \qquad\qquad x_3=-3\end{cases} ⑤\Leftrightarrow\begin{pmatrix}1&7&0&-13\\0&1&0&-2\\0&0&1&-3\end{pmatrix} \quad ⑤$$

$$\rightarrow\begin{cases}x_1=1\\ \qquad x_2=-2\\ \qquad\qquad x_3=-3\end{cases} ⑥\Leftrightarrow\begin{pmatrix}1&0&0&1\\0&1&0&-2\\0&0&1&-3\end{pmatrix} \quad ⑥$$

通过方程组⑥可以得到，该线性方程组有唯一解 $x_1=1,x_2=-2,x_3=-3$.

以上求解线性方程组的方法就是消元法，具体做法就是对方程组反复实施以下三种变换：

(1)交换某两个方程的位置；

(2)用一个非零数乘某一个方程的两边；

(3)将一个方程的倍数加到另一个方程上去.

以上这三种变换称为线性方程组的初等行变换. 利用线性方程组的初等行变换将原线性方程组化为较为简单的同解方程组，并最终得出原线性方程组的解的方法就是消元法.

如果用增广矩阵表示原方程组的系数及常数项，则将原方程组化为同解方程组的过程就是将对应矩阵化为行阶梯形矩阵和行最简形矩阵的过程. 引例中，矩阵④是行阶梯形矩阵，矩阵⑥是行最简形矩阵.

从引例可得到如下启示：用消元法解三元线性方程组的过程，相当于对该方程组的增广矩阵作初等行变换. 对一般线性方程组也同样可采用消元法，但它的解的情况要复杂一些. 以下就一般线性方程组的求解问题进行讨论.

在我国古代数学专著《九章算术》的方程术中，就首次提出了一般线性方程组的初等变换求解方法. 德国数学家高斯大约在 1800 年才建立了高斯消元法，并用它解决了天体计算方面的一些问题.

3.1.2　线性方程组有解的充要条件

设 n 元线性方程组为

$$\begin{cases} a_{11}x_1+a_{12}x_2+\cdots+a_{1n}x_n=b_1 \\ a_{21}x_1+a_{22}x_2+\cdots+a_{2n}x_n=b_2 \\ \quad\vdots \\ a_{m1}x_1+a_{m2}x_2+\cdots+a_{mn}x_n=b_m \end{cases} \tag{3-1}$$

则其矩阵形式为

$$\boldsymbol{Ax}=\boldsymbol{b} \tag{3-2}$$

其中：$\boldsymbol{A}=\begin{pmatrix} a_{11} & a_{12} & \cdots & a_{1n} \\ a_{21} & a_{22} & \cdots & a_{2n} \\ \vdots & \vdots & & \vdots \\ a_{m1} & a_{m2} & \cdots & a_{mn} \end{pmatrix}$，$\boldsymbol{x}=\begin{pmatrix} x_1 \\ x_2 \\ \vdots \\ x_n \end{pmatrix}$，$\boldsymbol{b}=\begin{pmatrix} b_1 \\ b_2 \\ \vdots \\ b_m \end{pmatrix}$. 称矩阵$(\boldsymbol{A},\boldsymbol{b})$为线性方程组(3-1)的增广矩阵，也记为$\widetilde{\boldsymbol{A}}$.

当$b_i=0(i=1,2,\cdots,m)$时，线性方程组(3-1)称为齐次线性方程组，其矩阵形式为

$$\boldsymbol{Ax}=\boldsymbol{0} \tag{3-3}$$

当$b_i(i=1,2,\cdots,m)$不全为0时，线性方程组(3-1)称为非齐次线性方程组，其矩阵形式为

$$\boldsymbol{Ax}=\boldsymbol{b}$$

定理 3.1 n元齐次线性方程组$\boldsymbol{Ax}=\boldsymbol{0}$有非零解的充要条件是系数矩阵$\boldsymbol{A}$的秩小于未知量的个数，即$r(\boldsymbol{A})<n$.

证明：(1)充分性. 设$r(\boldsymbol{A})=r<n$，则$\boldsymbol{A}$的行阶梯形矩阵只含有r个非零行，对应的方程组中有r个独立方程，其中有r个未知量可被其余的$n-r$个表示. 这$n-r$个未知量即为自由变量(可取任意值)，任取一组不全为0的值，即可得到方程组的一个非零解.

(2)必要性. 设齐次线性方程组$\boldsymbol{Ax}=\boldsymbol{0}$有非零解，且$r(\boldsymbol{A})=n$，则在$\boldsymbol{A}$中应有一个$n$阶非零子式$D_n$. 根据克拉默法则，$D_n$所对应的$n$个方程只有零解，与假设矛盾，故$r(\boldsymbol{A})<n$.

概括之，当且仅当$r(\boldsymbol{A})=n$时$\boldsymbol{Ax}=\boldsymbol{0}$只有零解；当且仅当$r(\boldsymbol{A})<n$时$\boldsymbol{Ax}=\boldsymbol{0}$有非零解.

定理 3.2 n元非齐次线性方程组$\boldsymbol{Ax}=\boldsymbol{b}$有解的充要条件是系数矩阵$\boldsymbol{A}$的秩等于增广矩阵$\widetilde{\boldsymbol{A}}$的秩，即$r(\boldsymbol{A})=r(\widetilde{\boldsymbol{A}})$.

证明：(1)充分性. 设$r(\boldsymbol{A})=r(\widetilde{\boldsymbol{A}})=n$，则方程组没有自由未知量，只有唯一解. 设$r(\boldsymbol{A})=r(\widetilde{\boldsymbol{A}})=r<n$，则$\widetilde{\boldsymbol{A}}$的行阶梯形矩阵只含有$r$个非零行，把这$r$行的第一个非零元素对应的未知量作为非自由未知量，其余$n-r$个未知量作为自由未知量，并令这$n-r$个自由未知量全为零，即可得到方程组的一个解.

(2)必要性. 设非齐次线性方程组 $\boldsymbol{A}\boldsymbol{x}=\boldsymbol{b}$ 有解，且 $r(\boldsymbol{A})<r(\widetilde{\boldsymbol{A}})$，则在 $\widetilde{\boldsymbol{A}}$ 的行阶梯形矩阵中，非零行中的最后一行对应的方程是矛盾方程，这与方程组有解矛盾，故 $r(\boldsymbol{A})=r(\widetilde{\boldsymbol{A}})$.

概括之，对于非齐次线性方程组 $\boldsymbol{A}\boldsymbol{x}=\boldsymbol{b}$：

(1)当且仅当 $r(\boldsymbol{A})=r(\widetilde{\boldsymbol{A}})=n$ 时有唯一解；

(2)当且仅当 $r(\boldsymbol{A})=r(\widetilde{\boldsymbol{A}})<n$ 时有无穷多解；

(3)当且仅当 $r(\boldsymbol{A})\neq r(\widetilde{\boldsymbol{A}})$时无解.

3.1.3　线性方程组的求解

对于非齐次线性方程组，将增广矩阵 $\widetilde{\boldsymbol{A}}$ 化为行阶梯形矩阵后便可直接判断其是否有解，若有解，再将其化为行最简形矩阵后便可直接写出其全部解. 当 $r(\boldsymbol{A})=r(\widetilde{\boldsymbol{A}})=r<n$ 时，增广矩阵 $\widetilde{\boldsymbol{A}}$ 的行阶梯形矩阵中含有 r 个非零行，把这 r 行的第一个非零元素所对应的未知量作为非自由未知量，其余 $n-r$ 个未知量作为自由未知量，将非自由未知量用自由未知量表达出来就得到了无穷多解.

对于齐次线性方程组，将其系数矩阵化为行最简形矩阵，便可直接写出其全部解.

例 1　解齐次线性方程组 $\begin{cases} x_1+2x_2+2x_3+x_4=0 \\ 2x_1+x_2-2x_3-x_4=0 \\ x_1-x_2-4x_3-2x_4=0 \end{cases}$.

解：对系数矩阵 $\boldsymbol{A}$ 施行初等行变换：

$$\boldsymbol{A}=\begin{pmatrix} 1 & 2 & 2 & 1 \\ 2 & 1 & -2 & -1 \\ 1 & -1 & -4 & -2 \end{pmatrix} \xrightarrow[r_3-r_1]{r_2-2r_1} \begin{pmatrix} 1 & 2 & 2 & 1 \\ 0 & -3 & -6 & -3 \\ 0 & -3 & -6 & -3 \end{pmatrix}$$

$$\xrightarrow[r_2\times\left(-\frac{1}{3}\right)]{r_3-r_2} \begin{pmatrix} 1 & 2 & 2 & 1 \\ 0 & 1 & 2 & 1 \\ 0 & 0 & 0 & 0 \end{pmatrix} \xrightarrow{r_1-2r_2} \begin{pmatrix} 1 & 0 & -2 & -1 \\ 0 & 1 & 2 & 1 \\ 0 & 0 & 0 & 0 \end{pmatrix}$$

即得与原方程组同解的方程组

$$\begin{cases} x_1-2x_3-x_4=0 \\ x_2+2x_3+x_4=0 \end{cases}，即 \begin{cases} x_1=2x_3+x_4 \\ x_2=-2x_3-x_4 \end{cases} （x_3,x_4 \text{ 可任意取值}）.$$

令 $x_3=c_1,x_4=c_2$，则有

$$\begin{pmatrix} x_1 \\ x_2 \\ x_3 \\ x_4 \end{pmatrix} = c_1 \begin{pmatrix} 2 \\ -2 \\ 1 \\ 0 \end{pmatrix} + c_2 \begin{pmatrix} 1 \\ -1 \\ 0 \\ 1 \end{pmatrix} (c_1, c_2 \in \mathbf{R})$$

这就是原方程组的全部解(以矩阵形式表示).

例 2 解线性方程组 $\begin{cases} x_1+5x_2-x_3-x_4=-1 \\ x_1-2x_2+x_3+3x_4=3 \\ 3x_1+8x_2-x_3+x_4=1 \\ x_1-9x_2+3x_3+7x_4=7 \end{cases}$.

解:对增广矩阵 $\widetilde{\mathbf{A}}$ 施以初等行变换:

$$\widetilde{\mathbf{A}} = \begin{pmatrix} 1 & 5 & -1 & -1 & -1 \\ 1 & -2 & 1 & 3 & 3 \\ 3 & 8 & -1 & 1 & 1 \\ 1 & -9 & 3 & 7 & 7 \end{pmatrix} \to \begin{pmatrix} 1 & 5 & -1 & -1 & -1 \\ 0 & -7 & 2 & 4 & 4 \\ 0 & -7 & 2 & 4 & 4 \\ 0 & -14 & 4 & 8 & 8 \end{pmatrix}$$

$$\to \begin{pmatrix} 1 & 5 & -1 & -1 & -1 \\ 0 & -7 & 2 & 4 & 4 \\ 0 & 0 & 0 & 0 & 0 \\ 0 & 0 & 0 & 0 & 0 \end{pmatrix} \to \begin{pmatrix} 1 & 5 & -1 & -1 & -1 \\ 0 & 1 & -2/7 & -4/7 & -4/7 \\ 0 & 0 & 0 & 0 & 0 \\ 0 & 0 & 0 & 0 & 0 \end{pmatrix}$$

因为 $r(\widetilde{\mathbf{A}})=r(\mathbf{A})=2<4$,故方程组有无穷多解.继续进行初等行变换可得到

$$\widetilde{\mathbf{A}} \to \begin{pmatrix} 1 & 0 & 3/7 & 13/7 & 13/7 \\ 0 & 1 & -2/7 & -4/7 & -4/7 \\ 0 & 0 & 0 & 0 & 0 \\ 0 & 0 & 0 & 0 & 0 \end{pmatrix}$$

该矩阵对应的方程组为

$$\begin{cases} x_1 = \dfrac{13}{7} - \dfrac{3}{7}x_3 - \dfrac{13}{7}x_4 \\ x_2 = -\dfrac{4}{7} + \dfrac{2}{7}x_3 + \dfrac{4}{7}x_4 \end{cases}$$

取 $x_3=c_1, x_4=c_2(c_1, c_2 \in \mathbf{R})$,则原方程组的全部解为

$$\begin{cases} x_1=\dfrac{13}{7}-\dfrac{3}{7}c_1-\dfrac{13}{7}c_2 \\ x_2=-\dfrac{4}{7}+\dfrac{2}{7}c_1+\dfrac{4}{7}c_2 \\ x_3=c_1 \\ x_4=c_2 \end{cases}$$

例 3　解线性方程组 $\begin{cases} x_1+x_2+2x_3+3x_4=1 \\ x_2+x_3-4x_4=1 \\ x_1+2x_2+3x_3-x_4=5 \\ 2x_1+3x_2-x_3-x_4=-6 \end{cases}$.

解: 对增广矩阵 $\widetilde{\mathbf{A}}$ 施以初等行变换:

$$\widetilde{\mathbf{A}}=\begin{pmatrix} 1 & 1 & 2 & 3 & 1 \\ 0 & 1 & 1 & -4 & 1 \\ 1 & 2 & 3 & -1 & 5 \\ 2 & 3 & -1 & -1 & -6 \end{pmatrix}\rightarrow\begin{pmatrix} 1 & 1 & 2 & 3 & 1 \\ 0 & 1 & 1 & -4 & 1 \\ 0 & 1 & 1 & -4 & 4 \\ 0 & 1 & -5 & -7 & -8 \end{pmatrix}$$

$$\rightarrow\begin{pmatrix} 1 & 1 & 2 & 3 & 1 \\ 0 & 1 & 1 & -4 & 1 \\ 0 & 0 & 0 & 0 & 3 \\ 0 & 0 & -6 & -3 & -9 \end{pmatrix}\rightarrow\begin{pmatrix} 1 & 1 & 2 & 3 & 1 \\ 0 & 1 & 1 & -4 & 1 \\ 0 & 0 & 6 & 3 & 9 \\ 0 & 0 & 0 & 0 & 3 \end{pmatrix}$$

因为 $r(\mathbf{A})=3, r(\widetilde{\mathbf{A}})=4, r(\widetilde{\mathbf{A}})\neq r(\mathbf{A})$,所以原方程组无解.

例 4　证明方程组 $\begin{cases} x_1-x_2=a_1 \\ x_2-x_3=a_2 \\ x_3-x_4=a_3 \\ x_4-x_5=a_4 \\ x_5-x_1=a_5 \end{cases}$ 有解的充要条件是 $a_1+a_2+a_3+a_4+a_5=0$. 在有解的情况下,求出它的全部解.

证明: 对增广矩阵 $\widetilde{\mathbf{A}}$ 进行初等行变换:

$$\widetilde{\mathbf{A}}=\begin{pmatrix}1&-1&0&0&0&a_1\\0&1&-1&0&0&a_2\\0&0&1&-1&0&a_3\\0&0&0&1&-1&a_4\\-1&0&0&0&1&a_5\end{pmatrix}\rightarrow\begin{pmatrix}1&-1&0&0&0&a_1\\0&1&-1&0&0&a_2\\0&0&1&-1&0&a_3\\0&0&0&1&-1&a_4\\0&0&0&0&0&\sum_{i=1}^{5}a_i\end{pmatrix}$$

要使方程组有解,必须 $r(\mathbf{A})=r(\widetilde{\mathbf{A}})$,即 $\sum_{i=1}^{5}a_i=0$. 所以,原方程组有解的充要条件是 $\sum_{i=1}^{5}a_i=0$. 在有解的情况下,继续对增广矩阵 $\widetilde{\mathbf{A}}$ 进行初等行变换可得:

$$\widetilde{\mathbf{A}}\rightarrow\begin{pmatrix}1&0&0&0&-1&a_1+a_2+a_3+a_4\\0&1&0&0&-1&a_2+a_3+a_4\\0&0&1&0&-1&a_3+a_4\\0&0&0&1&-1&a_4\\0&0&0&0&0&0\end{pmatrix}$$

原方程组等价于方程组

$$\begin{cases}x_1-x_5=a_1+a_2+a_3+a_4\\x_2-x_5=a_2+a_3+a_4\\x_3-x_5=a_3+a_4\\x_4-x_5=a_4\end{cases}$$

即

$$\begin{cases}x_1=a_1+a_2+a_3+a_4+x_5\\x_2=a_2+a_3+a_4+x_5\\x_3=a_3+a_4+x_5\\x_4=a_4+x_5\end{cases}\quad(x_5\text{ 为自由未知量})$$

令 $x_5=c$,则所求全部解为

$$\begin{cases}x_1=a_1+a_2+a_3+a_4+c\\x_2=a_2+a_3+a_4+c\\x_3=a_3+a_4+c\\x_4=a_4+c\\x_5=c\end{cases}\quad(c\in\mathbf{R})$$

习题 3－1

(A)

1. 选择题

(1)设 $\boldsymbol{A}$ 为 $m\times n$ 矩阵，齐次线性方程组 $\boldsymbol{Ax}=\boldsymbol{0}$ 仅有零解的充要条件是系数矩阵的秩 $r(\boldsymbol{A})$(　　).

A. 小于 m　　B. 小于 n　　C. 等于 m　　D. 等于 n

(2)设 $\boldsymbol{A}$ 为 $m\times n$ 矩阵，非齐次线性方程组 $\boldsymbol{Ax}=\boldsymbol{b}$ 的导出组为 $\boldsymbol{Ax}=\boldsymbol{0}$，如果 $m<n$，则(　　).

A. $\boldsymbol{Ax}=\boldsymbol{b}$ 必有无穷多解　　B. $\boldsymbol{Ax}=\boldsymbol{b}$ 必有唯一解

C. $\boldsymbol{Ax}=\boldsymbol{0}$ 必有非零解　　D. $\boldsymbol{Ax}=\boldsymbol{0}$ 必有唯一解

2. 判断方程组

$$\begin{cases} x_1+2x_2-3x_3+x_4=1 \\ x_1+x_2+x_3+x_4=0 \end{cases}$$

是否有解. 如有解，是否有唯一解?

3. 判断方程组

$$\begin{cases} -3x_1+x_2+4x_3=-1 \\ x_1+x_2+x_3=0 \\ -2x_1+x_3=-1 \\ x_1+x_2-2x_3=0 \end{cases}$$

是否有解.

4. 用消元法求解下列齐次线性方程组.

(1) $\begin{cases} x_1+2x_2-3x_3=0 \\ 2x_1+5x_2+2x_3=0 \\ 3x_1-x_2-4x_3=0 \end{cases}$；　　(2) $\begin{cases} x_1+2x_2+x_3-x_4=0 \\ 3x_1+6x_2-x_3-3x_4=0 \\ 5x_1+10x_2+x_3-5x_4=0 \end{cases}$.

5. 用消元法求解下列非齐次线性方程组.

(1) $\begin{cases} 2x_1+x_2-x_3+x_4=1 \\ 4x_1+2x_2-2x_3+x_4=2 \\ 2x_1+x_2-x_3-x_4=1 \end{cases}$；　　(2) $\begin{cases} 2x_1+x_2-x_3+x_4=1 \\ 3x_1-2x_2+x_3-3x_4=4 \\ x_1+4x_2-3x_3+5x_4=-2 \end{cases}$.

(B)

1. 对于线性方程组

$$\begin{cases} x_1+x_2+2x_3+3x_4=1 \\ x_1+3x_2+6x_3+x_4=3 \\ 3x_1-x_2-px_3+15x_4=3 \\ x_1-5x_2-10x_3+12x_4=t \end{cases}$$

讨论:当 p,t 取何值时,方程组无解?有唯一解?有无穷多解?在方程组有无穷多解的情况下,求出全部解.

2. 问:当 a 取何值时,线性方程组 $\begin{cases} ax_1+x_2+x_3=1 \\ x_1+ax_2+x_3=a \\ x_1+x_2+ax_3=a^2 \end{cases}$ 有解,并求其解.

3.2 向量组的线性组合

3.2.1 向量与向量组的概念

定义 3.1 n 个数 $a_1,a_2,\cdots,a_n$ 所组成的有序数组称为 n 维向量,这 n 个数称为该向量的 n 个分量.

n 维向量可以写成一行,也可以写成一列,分别称为行向量和列向量,n 维列向量 $\boldsymbol{\alpha}=\begin{pmatrix} a_1 \\ a_2 \\ \vdots \\ a_n \end{pmatrix}$ 与 n 维行向量 $\boldsymbol{\alpha}^{\mathrm{T}}=(a_1,a_2,\cdots,a_n)$ 被视为两个不同的向量.今后不加说明则默认 n 维向量为列向量,如果是行向量须特别指明.向量的运算按照矩阵的运算规则执行.

本书中,常用黑体小写字母 $\boldsymbol{\alpha},\boldsymbol{\beta},\boldsymbol{a},\boldsymbol{b}$ 等表示列向量,用 $\boldsymbol{\alpha}^{\mathrm{T}},\boldsymbol{\beta}^{\mathrm{T}},\boldsymbol{a}^{\mathrm{T}},\boldsymbol{b}^{\mathrm{T}}$ 等表示行向量.分量全部为 0 的向量称为零向量,记作$\mathbf{0}$.

当 $n\leqslant 3$ 时,n 维向量可以把有向线段作为其几何形象.与解析几何中的向量统一,向量是"既有大小又有方向的量",引入坐标系后,有序实数是向量的坐标表示式.

但当 $n>3$ 时，n 维向量没有直观的几何形象.

定义 3.2　有限个同维数的列向量(或行向量)所组成的集合称为向量组.

例如，$m\times n$ 矩阵 $\boldsymbol{A}=\begin{pmatrix} a_{11} & a_{12} & \cdots & a_{1n} \\ a_{21} & a_{22} & \cdots & a_{2n} \\ \vdots & \vdots & & \vdots \\ a_{m1} & a_{m2} & \cdots & a_{mn} \end{pmatrix}$ 的每一列

$$\boldsymbol{\alpha}_j=\begin{pmatrix} a_{1j} \\ a_{2j} \\ \vdots \\ a_{mj} \end{pmatrix}\ (j=1,2,\cdots,n)$$

组成的向量组 $\boldsymbol{\alpha}_1,\boldsymbol{\alpha}_2,\cdots,\boldsymbol{\alpha}_n$ 称为矩阵 $\boldsymbol{A}$ 的列向量组，而由矩阵 $\boldsymbol{A}$ 的每一行

$$\boldsymbol{\beta}_i=(a_{i1},a_{i2},\cdots,a_{in})\ (i=1,2,\cdots,m)$$

组成的向量组 $\boldsymbol{\beta}_1,\boldsymbol{\beta}_2,\cdots,\boldsymbol{\beta}_m$ 称为矩阵 $\boldsymbol{A}$ 的行向量组.

根据上述讨论，矩阵 $\boldsymbol{A}$ 记为

$$\boldsymbol{A}=(\boldsymbol{\alpha}_1,\boldsymbol{\alpha}_2,\cdots,\boldsymbol{\alpha}_n)\text{或}\ \boldsymbol{A}=\begin{pmatrix} \boldsymbol{\beta}_1 \\ \boldsymbol{\beta}_2 \\ \vdots \\ \boldsymbol{\beta}_m \end{pmatrix}$$

这样，矩阵 $\boldsymbol{A}$ 就与其列向量组或行向量组之间建立了一一对应关系.

矩阵的列向量组和行向量组都是只含有限个向量的向量组.

3.2.2　向量的线性运算

向量从形式上来看就是个列矩阵，向量的加减和数乘运算遵从矩阵的运算法则.

若 $\boldsymbol{\alpha}=(a_1,a_2,\cdots,a_n)^{\mathrm{T}}$，$\boldsymbol{\beta}=(b_1,b_2,\cdots,b_n)^{\mathrm{T}}$，$k\in\mathbf{R}$，则有

$$\boldsymbol{\alpha}+\boldsymbol{\beta}=(a_1+b_1,a_2+b_2,\cdots,a_n+b_n)^{\mathrm{T}}$$

$$\boldsymbol{\alpha}-\boldsymbol{\beta}=\boldsymbol{\alpha}+(-\boldsymbol{\beta})=(a_1-b_1,a_2-b_2,\cdots,a_n-b_n)^{\mathrm{T}}$$

$$k\boldsymbol{\alpha}=(ka_1,ka_2,\cdots,ka_n)^{\mathrm{T}}$$

定义 3.3　向量的加减运算和数乘运算统称为向量的线性运算.

向量的线性运算律与矩阵相同，因而也满足下列运算律(其中 $\boldsymbol{\alpha},\boldsymbol{\beta},\boldsymbol{\gamma}$ 为 n 维向量，k，

$l\in\mathbf{R}$)：

(1)$\boldsymbol{\alpha}+\boldsymbol{\beta}=\boldsymbol{\beta}+\boldsymbol{\alpha}$； (2)$(\boldsymbol{\alpha}+\boldsymbol{\beta})+\boldsymbol{\gamma}=\boldsymbol{\alpha}+(\boldsymbol{\beta}+\boldsymbol{\gamma})$；

(3)$\boldsymbol{\alpha}+\mathbf{0}=\boldsymbol{\alpha}$； (4)$\boldsymbol{\alpha}+(-\boldsymbol{\alpha})=\mathbf{0}$；

(5)$1\boldsymbol{\alpha}=\boldsymbol{\alpha}$； (6) $k(l\boldsymbol{\alpha})=(kl)\boldsymbol{\alpha}$；

(7) $k(\boldsymbol{\alpha}+\boldsymbol{\beta})=k\boldsymbol{\alpha}+k\boldsymbol{\beta}$； (8) $(k+l)\boldsymbol{\alpha}=k\boldsymbol{\alpha}+l\boldsymbol{\alpha}$.

例 1 设 $\boldsymbol{\alpha}_1=(2,-4,1,-1)^{\mathrm{T}}$，$\boldsymbol{\alpha}_2=(-3,-1,2,-5/2)^{\mathrm{T}}$，如果向量 $\boldsymbol{\beta}$ 满足 $3\boldsymbol{\alpha}_1-2(\boldsymbol{\beta}+\boldsymbol{\alpha}_2)=\mathbf{0}$，求 $\boldsymbol{\beta}$.

解：由题设条件有 $3\boldsymbol{\alpha}_1-2\boldsymbol{\beta}-2\boldsymbol{\alpha}_2=\mathbf{0}$，因此

$$\begin{aligned}\boldsymbol{\beta}&=-\frac{1}{2}(2\boldsymbol{\alpha}_2-3\boldsymbol{\alpha}_1)=-\boldsymbol{\alpha}_2+\frac{3}{2}\boldsymbol{\alpha}_1\\&=-(-3,-1,2,-5/2)^{\mathrm{T}}+\frac{3}{2}(2,-4,1,-1)^{\mathrm{T}}\\&=(6,-5,-1/2,1)^{\mathrm{T}}\end{aligned}$$

3.2.3 向量组线性组合的概念

定义 3.4 给定向量组 $\boldsymbol{A}$：$\boldsymbol{\alpha}_1,\boldsymbol{\alpha}_2,\cdots,\boldsymbol{\alpha}_s$，对于任何一组实数 $k_1,k_2,\cdots,k_s$，表达式 $k_1\boldsymbol{\alpha}_1+k_2\boldsymbol{\alpha}_2+\cdots+k_s\boldsymbol{\alpha}_s$ 称为向量组 $\boldsymbol{A}$ 的一个线性组合，$k_1,k_2,\cdots,k_s$ 称为这个线性组合的系数，也称为该线性组合的权重.

设有二维向量组 $\boldsymbol{A}$：$\boldsymbol{\alpha}_1=\begin{pmatrix}-1\\1\end{pmatrix}$，$\boldsymbol{\alpha}_2=\begin{pmatrix}1\\1\end{pmatrix}$，则 $k_1\boldsymbol{\alpha}_1+k_2\boldsymbol{\alpha}_2=\begin{pmatrix}-k_1+k_2\\k_1+k_2\end{pmatrix}$ $(k_1,k_2\in\mathbf{R})$，其所有线性组合充满了整个二维平面(如图 3-1 所示).

设有二维向量组 $\boldsymbol{B}$：$\boldsymbol{\beta}_1=\begin{pmatrix}1\\1\end{pmatrix}$，$\boldsymbol{\beta}_2=\begin{pmatrix}2\\2\end{pmatrix}$，则 $k_1\boldsymbol{\beta}_1+k_2\boldsymbol{\beta}_2=\begin{pmatrix}k_1+2k_2\\k_1+2k_2\end{pmatrix}$ $(k_1,k_2\in\mathbf{R})$，由于向量 $\boldsymbol{\beta}_1,\boldsymbol{\beta}_2$ 共线，所以其线性组合在几何上就是直线 $x_2=x_1$.

任何一个 n 维向量 $\boldsymbol{\alpha}=(a_1,a_2,\cdots,a_n)^{\mathrm{T}}$ 都可看成是 n 维单位向量组

$$\boldsymbol{\varepsilon}_1=(1,0,0,\cdots,0)^{\mathrm{T}},\boldsymbol{\varepsilon}_2=(0,1,0,\cdots,0)^{\mathrm{T}},\cdots,\boldsymbol{\varepsilon}_n=(0,0,\cdots,0,1)^{\mathrm{T}}$$

的线性组合.

即

$$\boldsymbol{\alpha}=a_1\boldsymbol{\varepsilon}_1+a_2\boldsymbol{\varepsilon}_2+\cdots+a_n\boldsymbol{\varepsilon}_n$$

零向量是任何一组向量的线性组合，因为 $\mathbf{0}=0\cdot\boldsymbol{\alpha}_1+0\cdot\boldsymbol{\alpha}_2+\cdots+0\cdot\boldsymbol{\alpha}_s$. 向量组 $\boldsymbol{\alpha}_1$，

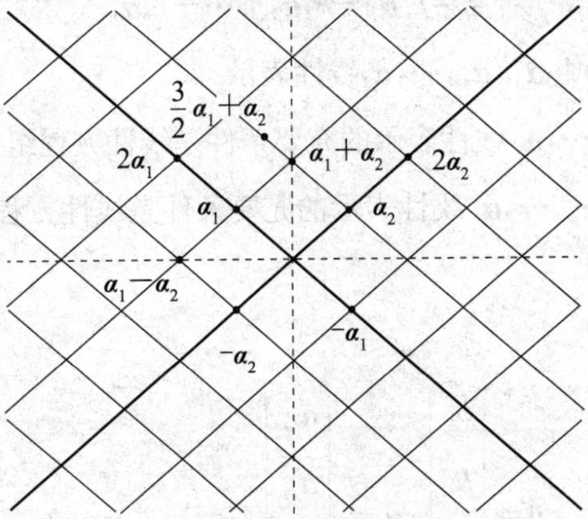

图 3-1　向量组 $\boldsymbol{\alpha}_1,\boldsymbol{\alpha}_2$ 的线性组合

$\boldsymbol{\alpha}_2,\cdots,\boldsymbol{\alpha}_s$ 中的任一向量 $\boldsymbol{\alpha}_j\ (1\leqslant j\leqslant s)$ 都是此向量组的线性组合，因为 $\boldsymbol{\alpha}_j=0\cdot\boldsymbol{\alpha}_1+\cdots+1\cdot\boldsymbol{\alpha}_j+\cdots+0\cdot\boldsymbol{\alpha}_s$.

3.2.4　向量的线性表示

定义 3.5　给定向量组 $\boldsymbol{A}:\boldsymbol{\alpha}_1,\boldsymbol{\alpha}_2,\cdots,\boldsymbol{\alpha}_s$ 和向量 $\boldsymbol{\beta}$，若存在一组实数 $k_1,k_2,\cdots,k_s$，使

$$\boldsymbol{\beta}=k_1\boldsymbol{\alpha}_1+k_2\boldsymbol{\alpha}_2+\cdots+k_s\boldsymbol{\alpha}_s$$

则称向量 $\boldsymbol{\beta}$ 是向量组 $\boldsymbol{A}$ 的线性组合，又称向量 $\boldsymbol{\beta}$ 能由向量组 $\boldsymbol{A}$ 线性表示（或线性表出）.

设 n 元线性方程组

$$\begin{cases} a_{11}x_1+a_{12}x_2+\cdots+a_{1n}x_n=b_1 \\ a_{21}x_1+a_{22}x_2+\cdots+a_{2n}x_n=b_2 \\ \quad\vdots \\ a_{m1}x_1+a_{m2}x_2+\cdots+a_{mn}x_n=b_m \end{cases} \tag{3-4}$$

令
$$\boldsymbol{\alpha}_j=\begin{pmatrix} a_{1j} \\ a_{2j} \\ \vdots \\ a_{mj} \end{pmatrix}(j=1,2,\cdots,n),\boldsymbol{\beta}=\begin{pmatrix} b_1 \\ b_2 \\ \vdots \\ b_m \end{pmatrix}$$

则线性方程组(3-4)可表示为下面的向量形式：

$$\boldsymbol{\alpha}_1x_1+\boldsymbol{\alpha}_2x_2+\cdots+\boldsymbol{\alpha}_nx_n=\boldsymbol{\beta} \tag{3-5}$$

于是，判断线性方程组(3-4) 是否有解，就相当于判断是否存在一组实数 $k_1,k_2,\cdots,k_n$，使得下列线性关系式成立：

$$\boldsymbol{\beta}=k_1\boldsymbol{\alpha}_1+k_2\boldsymbol{\alpha}_2+\cdots+k_n\boldsymbol{\alpha}_n$$

亦即判断 $\boldsymbol{\beta}$ 是否能由向量组 $\boldsymbol{\alpha}_1,\boldsymbol{\alpha}_2,\cdots,\boldsymbol{\alpha}_n$ 线性表示.

$\boldsymbol{\beta}$ 能由向量组 $\boldsymbol{\alpha}_1,\boldsymbol{\alpha}_2,\cdots,\boldsymbol{\alpha}_s$ 线性表示的充要条件是线性方程组 $\boldsymbol{\alpha}_1x_1+\boldsymbol{\alpha}_2x_2+\cdots+\boldsymbol{\alpha}_sx_s=\boldsymbol{\beta}$ 有解;$\boldsymbol{\beta}$ 不能由向量组 $\boldsymbol{\alpha}_1,\boldsymbol{\alpha}_2,\cdots,\boldsymbol{\alpha}_s$ 线性表示的充要条件是线性方程组 $\boldsymbol{\alpha}_1x_1+\boldsymbol{\alpha}_2x_2+\cdots+\boldsymbol{\alpha}_sx_s=\boldsymbol{\beta}$ 无解.

定理 3.3 设向量

$$\boldsymbol{\beta}=\begin{pmatrix}b_1\\b_2\\\vdots\\b_m\end{pmatrix},\boldsymbol{\alpha}_j=\begin{pmatrix}a_{1j}\\a_{2j}\\\vdots\\a_{mj}\end{pmatrix}(j=1,2,\cdots,s)$$

则向量 $\boldsymbol{\beta}$ 能由向量组 $\boldsymbol{\alpha}_1,\boldsymbol{\alpha}_2,\cdots,\boldsymbol{\alpha}_s$ 线性表示的充要条件是矩阵

$$\boldsymbol{A}=(\boldsymbol{\alpha}_1,\boldsymbol{\alpha}_2,\cdots,\boldsymbol{\alpha}_s)\text{与}\widetilde{\boldsymbol{A}}=(\boldsymbol{\alpha}_1,\boldsymbol{\alpha}_2,\cdots,\boldsymbol{\alpha}_s,\boldsymbol{\beta})$$

的秩相等.

证明:由定理 3.2 可知,线性方程组 $\boldsymbol{\alpha}_1x_1+\boldsymbol{\alpha}_2x_2+\cdots+\boldsymbol{\alpha}_sx_s=\boldsymbol{\beta}$ 有解的充要条件是系数矩阵与增广矩阵的秩相等,即 $\boldsymbol{\beta}$ 能由向量组 $\boldsymbol{\alpha}_1,\boldsymbol{\alpha}_2,\cdots,\boldsymbol{\alpha}_s$ 线性表示的充要条件是:以 $\boldsymbol{\alpha}_1,\boldsymbol{\alpha}_2,\cdots,\boldsymbol{\alpha}_s$ 为列向量组的矩阵与以 $\boldsymbol{\alpha}_1,\boldsymbol{\alpha}_2,\cdots,\boldsymbol{\alpha}_s,\boldsymbol{\beta}$ 为列向量组的矩阵有相同的秩. 定理得证.

例 2 证明向量 $\boldsymbol{\beta}=(-1,1,5)^{\mathrm{T}}$ 是向量 $\boldsymbol{\alpha}_1=(1,2,3)^{\mathrm{T}},\boldsymbol{\alpha}_2=(0,1,4)^{\mathrm{T}},\boldsymbol{\alpha}_3=(2,3,6)^{\mathrm{T}}$ 的线性组合,并用 $\boldsymbol{\alpha}_1,\boldsymbol{\alpha}_2,\boldsymbol{\alpha}_3$ 将 $\boldsymbol{\beta}$ 表示出来.

证明:先假定 $\boldsymbol{\beta}=\lambda_1\boldsymbol{\alpha}_1+\lambda_2\boldsymbol{\alpha}_2+\lambda_3\boldsymbol{\alpha}_3$,其中 $\lambda_1,\lambda_2,\lambda_3$ 为待定常数,则

$$\begin{pmatrix}-1\\1\\5\end{pmatrix}=\lambda_1\begin{pmatrix}1\\2\\3\end{pmatrix}+\lambda_2\begin{pmatrix}0\\1\\4\end{pmatrix}+\lambda_3\begin{pmatrix}2\\3\\6\end{pmatrix}=\begin{pmatrix}\lambda_1\qquad\quad+2\lambda_3\\2\lambda_1+\ \lambda_2+3\lambda_3\\3\lambda_1+4\lambda_2+6\lambda_3\end{pmatrix}$$

由于两个向量相等的充要条件是它们的分量分别对应相等,因此可得方程组:

$$\begin{cases}\lambda_1\qquad\quad+2\lambda_3=-1\\2\lambda_1+\ \lambda_2+3\lambda_3=1\\3\lambda_1+4\lambda_2+6\lambda_3=5\end{cases},\text{解得}\begin{cases}\lambda_1=1\\\lambda_2=2\\\lambda_3=-1\end{cases}$$

于是 $\boldsymbol{\beta}$ 可以表示为 $\boldsymbol{\alpha}_1,\boldsymbol{\alpha}_2,\boldsymbol{\alpha}_3$ 的线性组合,且表示式为 $\boldsymbol{\beta}=\boldsymbol{\alpha}_1+2\boldsymbol{\alpha}_2-\boldsymbol{\alpha}_3$.

定义 3.6 设有两向量组

$$\boldsymbol{A}:\boldsymbol{\alpha}_1,\boldsymbol{\alpha}_2,\cdots,\boldsymbol{\alpha}_s;\boldsymbol{B}:\boldsymbol{\beta}_1,\boldsymbol{\beta}_2,\cdots,\boldsymbol{\beta}_t$$

若向量组 $\boldsymbol{B}$ 中的每一个向量都能由向量组 $\boldsymbol{A}$ 线性表示，则称向量组 $\boldsymbol{B}$ 能由向量组 $\boldsymbol{A}$ 线性表示. 若向量组 $\boldsymbol{A}$ 与向量组 $\boldsymbol{B}$ 能相互线性表示，则称这两个向量组等价.

对于向量组 $\boldsymbol{A}:\boldsymbol{\alpha}_1,\boldsymbol{\alpha}_2,\cdots,\boldsymbol{\alpha}_s$；$\boldsymbol{B}:\boldsymbol{\beta}_1,\boldsymbol{\beta}_2,\cdots,\boldsymbol{\beta}_t$，若向量组 $\boldsymbol{B}$ 能由向量组 $\boldsymbol{A}$ 线性表示，则可表达为

$$\boldsymbol{B}=\boldsymbol{AK}$$

其中矩阵 $\boldsymbol{K}_{s\times t}=(k_{ij})_{s\times t}$ 称为这一线性表示的系数矩阵.

事实上，若向量组 $\boldsymbol{B}$ 能由向量组 $\boldsymbol{A}$ 线性表示，则存在 $k_{1j},k_{2j},\cdots,k_{sj}(j=1,2,\cdots,t)$ 使

$$\boldsymbol{\beta}_j=k_{1j}\boldsymbol{\alpha}_1+k_{2j}\boldsymbol{\alpha}_2+\cdots+k_{sj}\boldsymbol{\alpha}_s=(\boldsymbol{\alpha}_1,\boldsymbol{\alpha}_2,\cdots,\boldsymbol{\alpha}_s)\begin{pmatrix}k_{1j}\\k_{2j}\\\vdots\\k_{sj}\end{pmatrix}$$

所以有

$$(\boldsymbol{\beta}_1,\boldsymbol{\beta}_2,\cdots,\boldsymbol{\beta}_t)=(\boldsymbol{\alpha}_1,\boldsymbol{\alpha}_2,\cdots,\boldsymbol{\alpha}_s)\begin{pmatrix}k_{11}&k_{12}&\cdots&k_{1t}\\k_{21}&k_{22}&\cdots&k_{2t}\\\vdots&\vdots&&\vdots\\k_{s1}&k_{s2}&\cdots&k_{st}\end{pmatrix}$$

简记作

$$\boldsymbol{B}=\boldsymbol{AK}$$

例 3　判断向量组 $\boldsymbol{A}$ 与向量组 $\boldsymbol{B}$ 是否等价.

(1)$\boldsymbol{A}:\boldsymbol{\alpha}_1=\begin{pmatrix}1\\0\end{pmatrix},\boldsymbol{\alpha}_2=\begin{pmatrix}0\\1\end{pmatrix}$；$\boldsymbol{B}:\boldsymbol{\beta}_1=\begin{pmatrix}1\\1\end{pmatrix},\boldsymbol{\beta}_2=\begin{pmatrix}0\\0\end{pmatrix}$.

(2)$\boldsymbol{A}:\boldsymbol{\alpha}_1=\begin{pmatrix}1\\0\end{pmatrix},\boldsymbol{\alpha}_2=\begin{pmatrix}0\\1\end{pmatrix}$；$\boldsymbol{B}:\boldsymbol{\gamma}_1=\begin{pmatrix}1\\1\end{pmatrix},\boldsymbol{\gamma}_2=\begin{pmatrix}1\\2\end{pmatrix}$.

解:(1)由于

$$\boldsymbol{\beta}_1=\boldsymbol{\alpha}_1+\boldsymbol{\alpha}_2,\boldsymbol{\beta}_2=0\boldsymbol{\alpha}_1+0\boldsymbol{\alpha}_2$$

显然向量组 $\boldsymbol{B}$ 可以由向量组 $\boldsymbol{A}$ 线性表示，但向量组 $\boldsymbol{A}$ 不能由向量组 $\boldsymbol{B}$ 线性表示，故不等价.

(2)显然

$$\boldsymbol{\gamma}_1=\boldsymbol{\alpha}_1+\boldsymbol{\alpha}_2,\boldsymbol{\gamma}_2=\boldsymbol{\alpha}_1+2\boldsymbol{\alpha}_2$$

同时

$$\boldsymbol{\alpha}_1=2\boldsymbol{\gamma}_1-\boldsymbol{\gamma}_2,\boldsymbol{\alpha}_2=-\boldsymbol{\gamma}_1+\boldsymbol{\gamma}_2$$

所以,向量组 $\boldsymbol{A}$ 与 $\boldsymbol{B}$ 等价.

定理 3.4 若向量组 $\boldsymbol{A}$ 可由向量组 $\boldsymbol{B}$ 线性表示,向量组 $\boldsymbol{B}$ 可由向量组 $\boldsymbol{C}$ 线性表示,则向量组 $\boldsymbol{A}$ 可由向量组 $\boldsymbol{C}$ 线性表示.

证明:由已知条件可知必存在系数矩阵 $\boldsymbol{G},\boldsymbol{H}$,使得

$$\boldsymbol{A}=\boldsymbol{BG},\boldsymbol{B}=\boldsymbol{CH}$$

则
$$\boldsymbol{A}=\boldsymbol{CHG}=\boldsymbol{C}(\boldsymbol{HG})=\boldsymbol{CK}$$

故向量组 $\boldsymbol{A}$ 可由向量组 $\boldsymbol{C}$ 线性表示.

3.2.5 向量组线性运算的 MATLAB 实现

例 4 设 $\boldsymbol{x}_1=(1,0,2)^{\mathrm{T}},\boldsymbol{x}_2=(3,0,1)^{\mathrm{T}},\boldsymbol{x}_3=(1,1,1)^{\mathrm{T}}$,计算 $\boldsymbol{y}=2\boldsymbol{x}_1+3\boldsymbol{x}_2+\boldsymbol{x}_3$.

解:相应的 MATLAB 代码为:

```
>> x1 = [1,0,2]';x2 = [3,0,1]';x3 = [1,1,1]';
>> y = 2 * x1 + 3 * x2 + x3
y =
    12
     1
     8
```

习题 3-2

(A)

1\. 设 $\boldsymbol{\alpha}_1=(2,-4,1,-1)^{\mathrm{T}},\boldsymbol{\alpha}_2=(-3,-1,2,-5/2)^{\mathrm{T}}$,如果向量 $\boldsymbol{\beta}$ 满足 $3\boldsymbol{\alpha}_1-2(\boldsymbol{\beta}+\boldsymbol{\alpha}_2)=\mathbf{0}$,求 $\boldsymbol{\beta}$.

2\. 在下列向量组中,向量 $\boldsymbol{\beta}$ 能否由其余向量线性表示?若能,写出线性表示式.

$$\boldsymbol{\alpha}_1=(3,-3,2)^{\mathrm{T}},\boldsymbol{\alpha}_2=(-2,1,2)^{\mathrm{T}},\boldsymbol{\alpha}_3=(1,2,-1)^{\mathrm{T}},\boldsymbol{\beta}=(4,5,6)^{\mathrm{T}}.$$

(B)

1\. 已知向量组 $\boldsymbol{B}:\boldsymbol{\beta}_1,\boldsymbol{\beta}_2,\boldsymbol{\beta}_3$ 由向量组 $\boldsymbol{A}:\boldsymbol{\alpha}_1,\boldsymbol{\alpha}_2,\boldsymbol{\alpha}_3$ 线性表示的表示式为

$$\boldsymbol{\beta}_1=\boldsymbol{\alpha}_1-\boldsymbol{\alpha}_2+\boldsymbol{\alpha}_3,\boldsymbol{\beta}_2=\boldsymbol{\alpha}_1+\boldsymbol{\alpha}_2-\boldsymbol{\alpha}_3,\boldsymbol{\beta}_3=-\boldsymbol{\alpha}_1+\boldsymbol{\alpha}_2+\boldsymbol{\alpha}_3$$

试将向量组 $\boldsymbol{A}$ 用向量组 $\boldsymbol{B}$ 线性表示.

2. 设有向量组 $\boldsymbol{A}:\boldsymbol{\alpha}_1=\begin{pmatrix}x\\2\\10\end{pmatrix},\boldsymbol{\alpha}_2=\begin{pmatrix}-2\\1\\5\end{pmatrix},\boldsymbol{\alpha}_3=\begin{pmatrix}-1\\1\\4\end{pmatrix}$ 及向量 $\boldsymbol{b}=\begin{pmatrix}1\\y\\-1\end{pmatrix}$，问 x,y 为何值时，

(1)向量 $\boldsymbol{b}$ 不能由向量组 $\boldsymbol{A}$ 线性表示；

(2)向量 $\boldsymbol{b}$ 能由向量组 $\boldsymbol{A}$ 线性表示，且表示式唯一；

(3)向量 $\boldsymbol{b}$ 能由向量组 $\boldsymbol{A}$ 线性表示，且表示式不唯一，并求一般表示式.

3.3　向量组的线性相关性

对于向量组 $\boldsymbol{A}:\boldsymbol{\alpha}_1=\begin{pmatrix}1\\1\end{pmatrix},\boldsymbol{\alpha}_2=\begin{pmatrix}1\\2\end{pmatrix}$，其所有的线性组合是全部二维向量，而对于向量组 $\boldsymbol{B}:\boldsymbol{\beta}_1=\begin{pmatrix}1\\1\end{pmatrix},\boldsymbol{\beta}_2=\begin{pmatrix}2\\2\end{pmatrix}$，其所有的线性组合组成直线 $x_2=x_1$. 是什么原因导致了这样的差异性呢？这其实是由向量组自身的线性相关性所决定的. 对于向量组 $\boldsymbol{A}$，要想使其线性组合等于零向量，则只有 $0\boldsymbol{\alpha}_1+0\boldsymbol{\alpha}_2=\boldsymbol{0}$这一种组合方式，而对于向量组 $\boldsymbol{B}$，除此之外，还可以有 $2\boldsymbol{\beta}_1-\boldsymbol{\beta}_2=\boldsymbol{0}$等多种组合方式，这里反映的就是向量组的线性相关性.

3.3.1　线性相关与线性无关的概念

定义 3.7　给定向量组 $\boldsymbol{A}:\boldsymbol{\alpha}_1,\boldsymbol{\alpha}_2,\cdots,\boldsymbol{\alpha}_s$，若存在不全为零的数 $k_1,k_2,\cdots,k_s$，使

$$k_1\boldsymbol{\alpha}_1+k_2\boldsymbol{\alpha}_2+\cdots+k_s\boldsymbol{\alpha}_s=\boldsymbol{0} \tag{3-6}$$

则称向量组 $\boldsymbol{A}$ 线性相关，否则，称为线性无关.

“否则”的具体意义为当且仅当 $k_1=k_2=\cdots=k_s=0$ 时，式(3-6)成立，此时向量组 $\boldsymbol{\alpha}_1,\boldsymbol{\alpha}_2,\cdots,\boldsymbol{\alpha}_s$ 线性无关.

线性相关与线性无关是向量组线性相关性中的两个对立面，一个向量组要么线性相关，要么线性无关，二者必居其一.

设有三个列向量：

$$\boldsymbol{\alpha}_1=\begin{pmatrix}1\\0\\1\end{pmatrix},\boldsymbol{\alpha}_2=\begin{pmatrix}-1\\2\\2\end{pmatrix},\boldsymbol{\alpha}_3=\begin{pmatrix}1\\2\\4\end{pmatrix}$$

不难验证 $2\boldsymbol{\alpha}_1+\boldsymbol{\alpha}_2-\boldsymbol{\alpha}_3=\mathbf{0}$,因此 $\boldsymbol{\alpha}_1,\boldsymbol{\alpha}_2,\boldsymbol{\alpha}_3$ 是一个线性相关的三维向量组.

设有两个二维向量:$\boldsymbol{\varepsilon}_1=\begin{pmatrix}1\\0\end{pmatrix},\boldsymbol{\varepsilon}_2=\begin{pmatrix}0\\1\end{pmatrix}$. 任给常数 k_1,k_2,欲使

$$k_1\boldsymbol{\varepsilon}_1+k_2\boldsymbol{\varepsilon}_2=\mathbf{0}$$

成立,也就是

$$k_1\begin{pmatrix}1\\0\end{pmatrix}+k_2\begin{pmatrix}0\\1\end{pmatrix}=\begin{pmatrix}k_1\\k_2\end{pmatrix}=\begin{pmatrix}0\\0\end{pmatrix}$$

成立,则必有 $k_1=0,k_2=0$. 因此 $\boldsymbol{\varepsilon}_1,\boldsymbol{\varepsilon}_2$ 是一个线性无关的向量组.

同理可得,n 维单位向量组

$$\boldsymbol{\varepsilon}_1=(1,0,\cdots,0)^{\mathrm{T}},\boldsymbol{\varepsilon}_2=(0,1,\cdots,0)^{\mathrm{T}},\cdots,\boldsymbol{\varepsilon}_n=(0,0,\cdots,1)^{\mathrm{T}}$$

线性无关.

例 1 设向量组 $\boldsymbol{\alpha}_1,\boldsymbol{\alpha}_2,\boldsymbol{\alpha}_3$ 线性无关,证明:向量组 $\boldsymbol{\beta}_1=\boldsymbol{\alpha}_1+2\boldsymbol{\alpha}_2,\boldsymbol{\beta}_2=2\boldsymbol{\alpha}_2+3\boldsymbol{\alpha}_3,\boldsymbol{\beta}_3=3\boldsymbol{\alpha}_3+\boldsymbol{\alpha}_1$ 也线性无关.

证明:设有 k_1,k_2,k_3 使得 $k_1\boldsymbol{\beta}_1+k_2\boldsymbol{\beta}_2+k_3\boldsymbol{\beta}_3=\mathbf{0}$,即

$$k_1(\boldsymbol{\alpha}_1+2\boldsymbol{\alpha}_2)+k_2(2\boldsymbol{\alpha}_2+3\boldsymbol{\alpha}_3)+k_3(3\boldsymbol{\alpha}_3+\boldsymbol{\alpha}_1)=\mathbf{0}$$

$$(k_1+k_3)\boldsymbol{\alpha}_1+(2k_1+2k_2)\boldsymbol{\alpha}_2+(3k_2+3k_3)\boldsymbol{\alpha}_3=\mathbf{0}$$

由于 $\boldsymbol{\alpha}_1,\boldsymbol{\alpha}_2,\boldsymbol{\alpha}_3$ 线性无关,所以有

$$\begin{cases}k_1+k_3=0\\2k_1+2k_2=0\\3k_2+3k_3=0\end{cases}$$

解得:$k_1=k_2=k_3=0$,所以 $\boldsymbol{\beta}_1,\boldsymbol{\beta}_2,\boldsymbol{\beta}_3$ 线性无关.

容易得出如下结论.

(1)若向量组只含有一个向量 $\boldsymbol{\alpha}$,则 $\boldsymbol{\alpha}$ 是线性无关的充要条件是 $\boldsymbol{\alpha}\neq\mathbf{0}$,$\boldsymbol{\alpha}$ 是线性相关的充要条件是 $\boldsymbol{\alpha}=\mathbf{0}$.

(2)包含零向量的任何向量组是线性相关的. 事实上,对向量组 $\boldsymbol{\alpha}_1,\boldsymbol{\alpha}_2,\cdots,\mathbf{0},\cdots,\boldsymbol{\alpha}_s$,恒有

$$0\boldsymbol{\alpha}_1+0\boldsymbol{\alpha}_2+\cdots+k\,\mathbf{0}+\cdots+0\boldsymbol{\alpha}_s=\mathbf{0}$$

其中 k 可以是任意不为零的数,故该向量组线性相关.

(3)仅含有两个向量的向量组线性相关的充要条件是这两个向量的对应分量成比例.两个三维向量线性相关的几何意义是这两个向量共线.

(4)三个三维向量线性相关的几何意义是这三个向量共面,如图 3-2 所示.

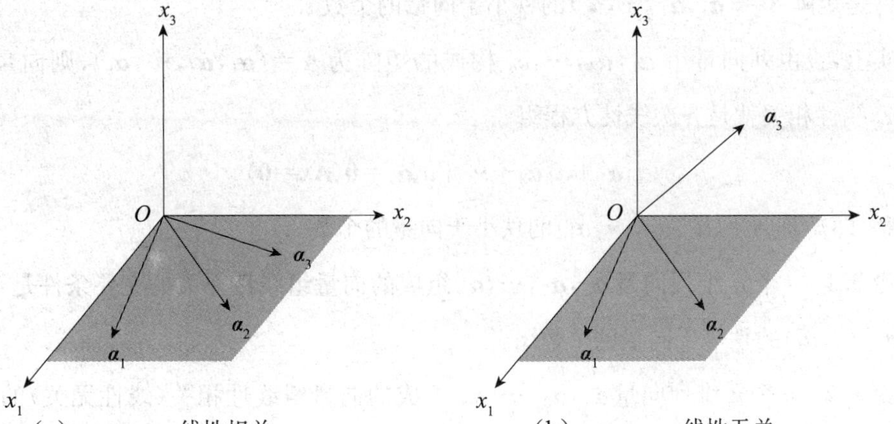

(a) α_1, α_2, α_3线性相关　　(b) α_1, α_2, α_3线性无关

图 3-2

3.3.2　线性相关性的判定

定理 3.5　向量组 $\boldsymbol{\alpha}_1,\boldsymbol{\alpha}_2,\cdots,\boldsymbol{\alpha}_s(s\geqslant 2)$线性相关的充要条件是向量组中至少有一个向量可由其余的向量线性表示.

证明:(1)充分性.设 $\boldsymbol{\alpha}_1,\boldsymbol{\alpha}_2,\cdots,\boldsymbol{\alpha}_s$ 中至少有一个向量可由其余 $s-1$ 个向量线性表示,不妨设

$$\boldsymbol{\alpha}_i=k_1\boldsymbol{\alpha}_1+\cdots+k_{i-1}\boldsymbol{\alpha}_{i-1}+k_{i+1}\boldsymbol{\alpha}_{i+1}+\cdots+k_s\boldsymbol{\alpha}_s$$

即

$$k_1\boldsymbol{\alpha}_1+\cdots+k_{i-1}\boldsymbol{\alpha}_{i-1}-\boldsymbol{\alpha}_i+k_{i+1}\boldsymbol{\alpha}_{i+1}+\cdots+k_s\boldsymbol{\alpha}_s=\mathbf{0}$$

故 $\boldsymbol{\alpha}_1,\boldsymbol{\alpha}_2,\cdots,\boldsymbol{\alpha}_s$ 线性相关.

(2)必要性.设 $\boldsymbol{\alpha}_1,\boldsymbol{\alpha}_2,\cdots,\boldsymbol{\alpha}_s(s\geqslant 2)$线性相关,则存在不全为零的数 $k_1,k_2,\cdots,k_s$,使

$$k_1\boldsymbol{\alpha}_1+k_2\boldsymbol{\alpha}_2+\cdots+k_s\boldsymbol{\alpha}_s=\mathbf{0}$$

成立.设 $k_i\neq 0$,则

$$\boldsymbol{\alpha}_i=-\frac{k_1}{k_i}\boldsymbol{\alpha}_1-\frac{k_2}{k_i}\boldsymbol{\alpha}_2-\cdots-\frac{k_{i-1}}{k_i}\boldsymbol{\alpha}_{i-1}-\frac{k_{i+1}}{k_i}\boldsymbol{\alpha}_{i+1}-\cdots-\frac{k_s}{k_i}\boldsymbol{\alpha}_s$$

即 $\boldsymbol{\alpha}_i$ 可以由其余向量线性表示.

定理 3.6 设有列向量组 $\boldsymbol{\alpha}_j=\begin{pmatrix}a_{1j}\\a_{2j}\\\vdots\\a_{nj}\end{pmatrix}(j=1,2,\cdots,s)$，则向量组 $\boldsymbol{\alpha}_1,\boldsymbol{\alpha}_2,\cdots,\boldsymbol{\alpha}_s$ 线性相关的充要条件是矩阵 $\boldsymbol{A}=(\boldsymbol{\alpha}_1,\boldsymbol{\alpha}_2,\cdots,\boldsymbol{\alpha}_s)$ 的秩小于向量的个数 s.

事实上，设由列向量组 $\boldsymbol{\alpha}_1,\boldsymbol{\alpha}_2,\cdots,\boldsymbol{\alpha}_s$ 构成的矩阵为 $\boldsymbol{A}=(\boldsymbol{\alpha}_1,\boldsymbol{\alpha}_2,\cdots,\boldsymbol{\alpha}_s)$，则向量组 $\boldsymbol{\alpha}_1,\boldsymbol{\alpha}_2,\cdots,\boldsymbol{\alpha}_s$ 线性相关就是齐次线性方程组

$$x_1\boldsymbol{\alpha}_1+x_2\boldsymbol{\alpha}_2+\cdots+x_s\boldsymbol{\alpha}_s=\boldsymbol{0}(\boldsymbol{Ax}=\boldsymbol{0})$$

有非零解，即矩阵 $\boldsymbol{A}=(\boldsymbol{\alpha}_1,\boldsymbol{\alpha}_2,\cdots,\boldsymbol{\alpha}_s)$ 的秩小于向量的个数 s.

推论 3.1 s 个 n 维列向量 $\boldsymbol{\alpha}_1,\boldsymbol{\alpha}_2,\cdots,\boldsymbol{\alpha}_s$ 组成的向量组线性无关的充要条件是：矩阵 $\boldsymbol{A}=(\boldsymbol{\alpha}_1,\boldsymbol{\alpha}_2,\cdots,\boldsymbol{\alpha}_s)$ 的秩等于向量的个数 s.

推论 3.2 n 个 n 维列向量 $\boldsymbol{\alpha}_1,\boldsymbol{\alpha}_2,\cdots,\boldsymbol{\alpha}_n$ 组成的向量组线性相关（线性无关）的充要条件是：矩阵 $\boldsymbol{A}=(\boldsymbol{\alpha}_1,\boldsymbol{\alpha}_2,\cdots,\boldsymbol{\alpha}_n)$ 的行列式等于（不等于）零.

上述推论对于矩阵的行向量组也同样成立.

推论 3.3 当向量组中所含向量的个数大于向量的维数时，此向量组必线性相关.

例 2 已知 $\boldsymbol{\alpha}_1=\begin{pmatrix}1\\1\\1\end{pmatrix},\boldsymbol{\alpha}_2=\begin{pmatrix}0\\2\\5\end{pmatrix},\boldsymbol{\alpha}_3=\begin{pmatrix}2\\4\\7\end{pmatrix}$，试讨论向量组 $\boldsymbol{\alpha}_1,\boldsymbol{\alpha}_2,\boldsymbol{\alpha}_3$ 及 $\boldsymbol{\alpha}_1,\boldsymbol{\alpha}_2$ 的线性相关性.

解：设 $\boldsymbol{A}=(\boldsymbol{\alpha}_1,\boldsymbol{\alpha}_2,\boldsymbol{\alpha}_3)$，$\boldsymbol{B}=(\boldsymbol{\alpha}_1,\boldsymbol{\alpha}_2)$，$\boldsymbol{A}$ 包含 $\boldsymbol{B}$，对 $\boldsymbol{A}$ 施行初等行变换将其化成行阶梯形矩阵后，可同时看出矩阵 $\boldsymbol{A}$ 及 $\boldsymbol{B}$ 的秩，利用定理 3.6 及推论 3.1 即可得出结论.

$$(\boldsymbol{\alpha}_1,\boldsymbol{\alpha}_2,\boldsymbol{\alpha}_3)=\begin{pmatrix}1&0&2\\1&2&4\\1&5&7\end{pmatrix}\xrightarrow[r_3-r_1]{r_2-r_1}\begin{pmatrix}1&0&2\\0&2&2\\0&5&5\end{pmatrix}\xrightarrow{r_3-\frac{5}{2}r_2}\begin{pmatrix}1&0&2\\0&2&2\\0&0&0\end{pmatrix}$$

易见：$r(\boldsymbol{B})=2$，故向量组 $\boldsymbol{\alpha}_1,\boldsymbol{\alpha}_2$ 线性无关；$r(\boldsymbol{A})=2<3$，故向量组 $\boldsymbol{\alpha}_1,\boldsymbol{\alpha}_2,\boldsymbol{\alpha}_3$ 线性相关.

3.3.3 线性相关性的性质

定理 3.7 如果向量组中的某一部分向量形成的部分组线性相关，则整个向量组线性相关.

证明：设向量组 $\boldsymbol{\alpha}_1,\boldsymbol{\alpha}_2,\cdots,\boldsymbol{\alpha}_s$ 中的 $r(r\leqslant s)$ 个向量形成的部分组线性相关，不妨设 $\boldsymbol{\alpha}_1,\boldsymbol{\alpha}_2,\cdots,\boldsymbol{\alpha}_r$ 线性相关，则存在不全为零的数 $k_1,k_2,\cdots,k_r$，使

$$k_1\boldsymbol{\alpha}_1+k_2\boldsymbol{\alpha}_2+\cdots+k_r\boldsymbol{\alpha}_r=\mathbf{0}$$

成立,因而存在一组不为零的数 $k_1,k_2,\cdots,k_r,0,\cdots,0$,使得

$$k_1\boldsymbol{\alpha}_1+k_2\boldsymbol{\alpha}_2+\cdots+k_r\boldsymbol{\alpha}_r+0\boldsymbol{\alpha}_{r+1}+\cdots+0\boldsymbol{\alpha}_s=\mathbf{0}$$

成立,即 $\boldsymbol{\alpha}_1,\boldsymbol{\alpha}_2,\cdots,\boldsymbol{\alpha}_s$ 线性相关.

推论 3.4　线性无关的向量组中的任一部分组皆线性无关.

向量组的线性相关性在部分与整体之间存在一致性.

定理 3.8　若向量组 $\boldsymbol{\alpha}_1,\boldsymbol{\alpha}_2,\cdots,\boldsymbol{\alpha}_s,\boldsymbol{\beta}$ 线性相关,而向量组 $\boldsymbol{\alpha}_1,\boldsymbol{\alpha}_2,\cdots,\boldsymbol{\alpha}_s$ 线性无关,则向量 $\boldsymbol{\beta}$ 可由 $\boldsymbol{\alpha}_1,\boldsymbol{\alpha}_2,\cdots,\boldsymbol{\alpha}_s$ 线性表示且表示法唯一.

证明:先证明向量 $\boldsymbol{\beta}$ 可由 $\boldsymbol{\alpha}_1,\boldsymbol{\alpha}_2,\cdots,\boldsymbol{\alpha}_s$ 线性表示.

因为向量组 $\boldsymbol{\alpha}_1,\boldsymbol{\alpha}_2,\cdots,\boldsymbol{\alpha}_s,\boldsymbol{\beta}$ 线性相关,故存在不全为零的数 $k_1,k_2,\cdots,k_s,k$,使

$$k_1\boldsymbol{\alpha}_1+k_2\boldsymbol{\alpha}_2+\cdots+k_s\boldsymbol{\alpha}_s+k\boldsymbol{\beta}=\mathbf{0}$$

成立. 注意到向量组 $\boldsymbol{\alpha}_1,\boldsymbol{\alpha}_2,\cdots,\boldsymbol{\alpha}_s$ 线性无关,易知 $k\neq0$,所以

$$\boldsymbol{\beta}=\left(-\frac{k_1}{k}\boldsymbol{\alpha}_1\right)+\left(-\frac{k_2}{k}\right)\boldsymbol{\alpha}_2+\cdots+\left(-\frac{k_s}{k}\right)\boldsymbol{\alpha}_s$$

再证表示法的唯一性. 若

$$\boldsymbol{\beta}=h_1\boldsymbol{\alpha}_1+h_2\boldsymbol{\alpha}_2+\cdots+h_s\boldsymbol{\alpha}_s,\boldsymbol{\beta}=l_1\boldsymbol{\alpha}_1+l_2\boldsymbol{\alpha}_2+\cdots+l_s\boldsymbol{\alpha}_s$$

整理可得

$$(h_1-l_1)\boldsymbol{\alpha}_1+(h_2-l_2)\boldsymbol{\alpha}_2+\cdots+(h_s-l_s)\boldsymbol{\alpha}_s=\mathbf{0}$$

由向量组 $\boldsymbol{\alpha}_1,\boldsymbol{\alpha}_2,\cdots,\boldsymbol{\alpha}_s$ 线性无关知,$h_1=l_1,h_2=l_2,\cdots,h_s=l_s$,故表示法是唯一的.

一个线性无关的向量组,添加一个由它们的线性组合构成的向量之后,则向量组变为线性相关向量组,这体现了线性无关向量组向线性相关向量组的转化.

定理 3.9　设有两向量组

$$\boldsymbol{A}:\boldsymbol{\alpha}_1,\boldsymbol{\alpha}_2,\cdots,\boldsymbol{\alpha}_s;\boldsymbol{B}:\boldsymbol{\beta}_1,\boldsymbol{\beta}_2,\cdots,\boldsymbol{\beta}_t$$

向量组 $\boldsymbol{B}$ 能由向量组 $\boldsymbol{A}$ 线性表示,若 $s<t$,则向量组 $\boldsymbol{B}$ 线性相关.

证明:设

$$(\boldsymbol{\beta}_1,\boldsymbol{\beta}_2,\cdots,\boldsymbol{\beta}_t)=(\boldsymbol{\alpha}_1,\boldsymbol{\alpha}_2,\cdots,\boldsymbol{\alpha}_s)\begin{pmatrix}k_{11}&k_{12}&\cdots&k_{1t}\\k_{21}&k_{22}&\cdots&k_{2t}\\\vdots&\vdots&&\vdots\\k_{s1}&k_{s2}&\cdots&k_{st}\end{pmatrix}\tag{3-7}$$

欲证存在不全为零的数 $x_1,x_2,\cdots,x_t$ 使得

$$(\boldsymbol{\beta}_1,\boldsymbol{\beta}_2,\cdots,\boldsymbol{\beta}_t)\begin{pmatrix}x_1\\x_2\\\vdots\\x_t\end{pmatrix}=\mathbf{0} \tag{3-8}$$

将式(3-7)代入式(3-8),可得

$$\begin{pmatrix}k_{11}&k_{12}&\cdots&k_{1t}\\k_{21}&k_{22}&\cdots&k_{2t}\\\vdots&\vdots&&\vdots\\k_{s1}&k_{s2}&\cdots&k_{st}\end{pmatrix}\begin{pmatrix}x_1\\x_2\\\vdots\\x_t\end{pmatrix}=\mathbf{0}$$

因 $s<t$,即系数矩阵的秩小于未知量个数,故齐次线性方程组必有非零解,从而向量组 $\boldsymbol{B}$ 线性相关.

定理 3.9 的逆否命题为:向量组 $\boldsymbol{B}$ 能由向量组 $\boldsymbol{A}$ 线性表示,若向量组 $\boldsymbol{B}$ 线性无关,则 $s\geqslant t$.

推论 3.5 设有两向量组 $\boldsymbol{A}:\boldsymbol{\alpha}_1,\boldsymbol{\alpha}_2,\cdots,\boldsymbol{\alpha}_s$;$\boldsymbol{B}:\boldsymbol{\beta}_1,\boldsymbol{\beta}_2,\cdots,\boldsymbol{\beta}_t$,向量组 $\boldsymbol{A}$ 与 $\boldsymbol{B}$ 可以相互线性表示,若 $\boldsymbol{A}$ 与 $\boldsymbol{B}$ 都是线性无关的,则 $s=t$.

证明:向量组 $\boldsymbol{A}$ 线性无关且向量组 $\boldsymbol{A}$ 能由向量组 $\boldsymbol{B}$ 线性表示,则 $s\leqslant t$;向量组 $\boldsymbol{B}$ 线性无关且向量组 $\boldsymbol{B}$ 能由向量组 $\boldsymbol{A}$ 线性表示,则 $s\geqslant t$,故有 $s=t$.

例 3 设向量组 $\boldsymbol{\alpha}_1,\boldsymbol{\alpha}_2,\boldsymbol{\alpha}_3$ 线性相关,向量组 $\boldsymbol{\alpha}_2,\boldsymbol{\alpha}_3,\boldsymbol{\alpha}_4$ 线性无关,证明:

(1)$\boldsymbol{\alpha}_1$ 能由 $\boldsymbol{\alpha}_2,\boldsymbol{\alpha}_3$ 线性表示;

(2)$\boldsymbol{\alpha}_4$ 不能由 $\boldsymbol{\alpha}_1,\boldsymbol{\alpha}_2,\boldsymbol{\alpha}_3$ 线性表示.

证明:(1)因 $\boldsymbol{\alpha}_2,\boldsymbol{\alpha}_3,\boldsymbol{\alpha}_4$ 线性无关,由推论 3.4 知 $\boldsymbol{\alpha}_2,\boldsymbol{\alpha}_3$ 线性无关,而 $\boldsymbol{\alpha}_1,\boldsymbol{\alpha}_2,\boldsymbol{\alpha}_3$ 线性相关,由定理 3.8 知 $\boldsymbol{\alpha}_1$ 能由 $\boldsymbol{\alpha}_2,\boldsymbol{\alpha}_3$ 线性表示.

(2)用反证法.假设 $\boldsymbol{\alpha}_4$ 能由 $\boldsymbol{\alpha}_1,\boldsymbol{\alpha}_2,\boldsymbol{\alpha}_3$ 线性表示,而由(1)知 $\boldsymbol{\alpha}_1$ 能由 $\boldsymbol{\alpha}_2,\boldsymbol{\alpha}_3$ 线性表示,因此 $\boldsymbol{\alpha}_4$ 能由 $\boldsymbol{\alpha}_2,\boldsymbol{\alpha}_3$ 线性表示,这与 $\boldsymbol{\alpha}_2,\boldsymbol{\alpha}_3,\boldsymbol{\alpha}_4$ 线性无关矛盾.

习题 3-3

(A)

1. 试证明:

(1)一个向量 $\boldsymbol{\alpha}$ 线性相关的充要条件是 $\boldsymbol{\alpha}=\mathbf{0}$;

(2)一个向量 $\boldsymbol{\alpha}$ 线性无关的充分条件是 $\boldsymbol{\alpha}\neq\mathbf{0}$；

(3)两个向量 $\boldsymbol{\alpha},\boldsymbol{\beta}$ 组成的向量组线性相关的充要条件是 $\boldsymbol{\alpha}=k\boldsymbol{\beta}$ 或者 $\boldsymbol{\beta}=k\boldsymbol{\alpha}$(两式不一定同时成立).

2. 判断下列向量组是否线性相关.

(1)$\boldsymbol{\alpha}_1=\begin{pmatrix}1\\0\\1\end{pmatrix},\boldsymbol{\alpha}_2=\begin{pmatrix}-1\\2\\2\end{pmatrix},\boldsymbol{\alpha}_3=\begin{pmatrix}1\\2\\4\end{pmatrix}$；

(2)$\boldsymbol{\alpha}_1=\begin{pmatrix}1\\2\\0\\1\end{pmatrix},\boldsymbol{\alpha}_2=\begin{pmatrix}1\\3\\0\\-1\end{pmatrix},\boldsymbol{\alpha}_3=\begin{pmatrix}-1\\-1\\1\\0\end{pmatrix}$；

(3)$\boldsymbol{\alpha}_1=\begin{pmatrix}1\\2\\-1\\5\end{pmatrix},\boldsymbol{\alpha}_2=\begin{pmatrix}2\\-1\\1\\1\end{pmatrix},\boldsymbol{\alpha}_3=\begin{pmatrix}4\\3\\-1\\11\end{pmatrix}$.

3. 当 a 取何值时，向量组

$$\boldsymbol{\alpha}_1=\begin{pmatrix}a\\1\\1\end{pmatrix},\boldsymbol{\alpha}_2=\begin{pmatrix}1\\a\\-1\end{pmatrix},\boldsymbol{\alpha}_3=\begin{pmatrix}1\\-1\\a\end{pmatrix}$$

线性相关？

(B)

1. 证明：若向量组 $\boldsymbol{\alpha},\boldsymbol{\beta},\boldsymbol{\gamma}$ 线性无关，则向量组 $\boldsymbol{\alpha}+\boldsymbol{\beta},\boldsymbol{\beta}+\boldsymbol{\gamma},\boldsymbol{\gamma}+\boldsymbol{\alpha}$ 亦线性无关.

2. 设向量组 $\boldsymbol{A}$：$\boldsymbol{\alpha}_1=(1,2,1,3)^{\mathrm{T}},\boldsymbol{\alpha}_2=(4,-1,-5,-6)^{\mathrm{T}}$；向量组 $\boldsymbol{B}$：$\boldsymbol{\beta}_1=(-1,3,4,7)^{\mathrm{T}}$，$\boldsymbol{\beta}_2=(2,-1,-3,-4)^{\mathrm{T}}$，试证明向量组 $\boldsymbol{A}$ 与 $\boldsymbol{B}$ 等价.

3.4　向量组的秩

通过前面的学习知道，向量组的线性表示可转化为非齐次线性方程组求解，向量组的线性相关性可转化为齐次线性方程组求解. 求解时都建立向量组与矩阵的对应关系，且用矩阵的秩来讨论问题. 本节先引入向量组的秩的定义,在此基础上再进一步讨论矩阵与其行向量组和列向量组间秩的相等关系,这样向量组的线性表示及线性相关性与其秩就联系起来了.

3.4.1 极大线性无关向量组

定义 3.8 设有向量组 $\boldsymbol{A}:\boldsymbol{\alpha}_1,\boldsymbol{\alpha}_2,\cdots,\boldsymbol{\alpha}_s$,若在 $\boldsymbol{A}$ 中存在一个部分组 $\boldsymbol{A}_0:\boldsymbol{\alpha}_{j_1},\boldsymbol{\alpha}_{j_2},\cdots,\boldsymbol{\alpha}_{j_r}$,满足

(1)向量组 $\boldsymbol{A}_0:\boldsymbol{\alpha}_{j_1},\boldsymbol{\alpha}_{j_2},\cdots,\boldsymbol{\alpha}_{j_r}$ 线性无关;

(2)向量组 $\boldsymbol{A}$ 中任意 $r+1$ 个向量(若有的话)都线性相关.

则称向量组 $\boldsymbol{A}_0$ 是向量组 $\boldsymbol{A}$ 的一个极大线性无关向量组(简称为极大无关组).

注意:(1)仅含有零向量的向量组没有极大无关组;

(2)线性无关向量组的极大无关组是它本身;

(3)向量组的极大无关组可能不唯一,但由推论 3.5 知,其所含向量的个数是相同的. 一个线性相关的向量组,如果去掉可以由其余向量线性表示的向量,则可以得到它的一个极大无关组,这体现了线性相关向量组向线性无关向量组的转化. 因此线性相关与线性无关作为向量组线性相关性的一对矛盾,既对立又统一,这就是对立统一规律在线性相关性中的具体体现.

设有二维向量组 $\boldsymbol{\alpha}_1=(1,0)^{\mathrm{T}},\boldsymbol{\alpha}_2=(0,1)^{\mathrm{T}},\boldsymbol{\alpha}_3=(1,1)^{\mathrm{T}},\boldsymbol{\alpha}_4=(0,2)^{\mathrm{T}}$,易知任意三个二维向量组成的向量组必线性相关,又 $\boldsymbol{\alpha}_1,\boldsymbol{\alpha}_2$ 线性无关,故 $\boldsymbol{\alpha}_1,\boldsymbol{\alpha}_2$ 是该向量组的一个极大无关组. 此时,$\boldsymbol{\alpha}_3=\boldsymbol{\alpha}_1+\boldsymbol{\alpha}_2,\boldsymbol{\alpha}_4=2\boldsymbol{\alpha}_2$. 同理,$\boldsymbol{\alpha}_2,\boldsymbol{\alpha}_3$ 也是该向量组的一个极大无关组.

定理 3.10 如果 $\boldsymbol{\alpha}_{j_1},\boldsymbol{\alpha}_{j_2},\cdots,\boldsymbol{\alpha}_{j_r}$ 是 $\boldsymbol{\alpha}_1,\boldsymbol{\alpha}_2,\cdots,\boldsymbol{\alpha}_s$ 的线性无关部分组,它是极大无关组的充要条件是 $\boldsymbol{\alpha}_1,\boldsymbol{\alpha}_2,\cdots,\boldsymbol{\alpha}_s$ 中的每一个向量都可由 $\boldsymbol{\alpha}_{j_1},\boldsymbol{\alpha}_{j_2},\cdots,\boldsymbol{\alpha}_{j_r}$ 线性表示.

证明:(1)充分性. 如果 $\boldsymbol{\alpha}_1,\boldsymbol{\alpha}_2,\cdots,\boldsymbol{\alpha}_s$ 中的每一个向量都可由 $\boldsymbol{\alpha}_{j_1},\boldsymbol{\alpha}_{j_2},\cdots,\boldsymbol{\alpha}_{j_r}$ 线性表示,则 $\boldsymbol{\alpha}_1,\boldsymbol{\alpha}_2,\cdots,\boldsymbol{\alpha}_s$ 中任何包含 $r+1(s>r)$ 个向量的部分组都线性相关,于是,$\boldsymbol{\alpha}_{j_1},\boldsymbol{\alpha}_{j_2},\cdots,\boldsymbol{\alpha}_{j_r}$ 是 $\boldsymbol{\alpha}_1,\boldsymbol{\alpha}_2,\cdots,\boldsymbol{\alpha}_s$ 的极大无关组.

(2)必要性. 若 $\boldsymbol{\alpha}_{j_1},\boldsymbol{\alpha}_{j_2},\cdots,\boldsymbol{\alpha}_{j_r}$ 是 $\boldsymbol{\alpha}_1,\boldsymbol{\alpha}_2,\cdots,\boldsymbol{\alpha}_s$ 的极大无关组,则当 j 是 $j_1,j_2,\cdots,j_r$ 中的数时,显然 $\boldsymbol{\alpha}_j$ 可由 $\boldsymbol{\alpha}_{j_1},\boldsymbol{\alpha}_{j_2},\cdots,\boldsymbol{\alpha}_{j_r}$ 线性表示;当 j 不是 $j_1,j_2,\cdots,j_r$ 中的数时,$\boldsymbol{\alpha}_j,\boldsymbol{\alpha}_{j_1},\boldsymbol{\alpha}_{j_2},\cdots,\boldsymbol{\alpha}_{j_r}$ 线性相关,又 $\boldsymbol{\alpha}_{j_1},\boldsymbol{\alpha}_{j_2},\cdots,\boldsymbol{\alpha}_{j_r}$ 线性无关,则由定理 3.8 知,$\boldsymbol{\alpha}_j$ 可由 $\boldsymbol{\alpha}_{j_1},\boldsymbol{\alpha}_{j_2},\cdots,\boldsymbol{\alpha}_{j_r}$ 线性表示.

定理 3.10 表明，向量组与其极大无关组可相互线性表示，即向量组与其极大无关组等价.

由于向量组与其极大无关组等价，且当向量组线性相关时，其极大无关组中所含向量的个数就会小于向量组的个数，从而形成了向量组的“典型代表”，可以通过利用极大无关组表示向量组. 特别地，当向量组含有无穷多个向量时，则可以通过有限个向量的所有线性组合表示这无穷多个向量，从而达到利用“有限”把握“无限”的目的.

3.4.2　向量组秩的概念

定义 3.9　向量组 $\boldsymbol{\alpha}_1,\boldsymbol{\alpha}_2,\cdots,\boldsymbol{\alpha}_s$ 的极大无关组所含向量的个数称为该向量组的秩，记为

$$r(\boldsymbol{\alpha}_1,\boldsymbol{\alpha}_2,\cdots,\boldsymbol{\alpha}_s)$$

规定：由零向量组成的向量组的秩为 0.

3.4.3　矩阵与向量组秩的关系

设有二维向量组 $\boldsymbol{\alpha}_1=(1,0)^{\mathrm{T}},\boldsymbol{\alpha}_2=(0,1)^{\mathrm{T}},\boldsymbol{\alpha}_3=(1,1)^{\mathrm{T}},\boldsymbol{\alpha}_4=(0,2)^{\mathrm{T}}$，由列向量组构成的矩阵为

$$\boldsymbol{A}=(\boldsymbol{\alpha}_1,\boldsymbol{\alpha}_2,\boldsymbol{\alpha}_3,\boldsymbol{\alpha}_4)=\begin{pmatrix}1&0&1&0\\0&1&1&2\end{pmatrix}$$

显然 $\boldsymbol{A}$ 为行阶梯形矩阵，因为含有 2 个非零行，所以 $\boldsymbol{A}$ 的秩 $r(\boldsymbol{A})=2$.

同时，写出矩阵 $\boldsymbol{A}$ 的行向量组 $\boldsymbol{\beta}_1=(1,0,1,0),\boldsymbol{\beta}_2=(0,1,1,2)$，该向量组显然线性无关，所以其极大无关组为其本身，从而行向量组的秩也是 2.

定理 3.11　矩阵 $\boldsymbol{A}$ 的秩等于它的列向量组的秩，也等于它的行向量组的秩.

证明：设 $\boldsymbol{A}=(\boldsymbol{\alpha}_1,\boldsymbol{\alpha}_2,\cdots,\boldsymbol{\alpha}_n),r(\boldsymbol{A})=r$，则由矩阵的秩的定义可知，存在 $\boldsymbol{A}$ 的 r 阶子式 $D_r\neq0$，从而 D_r 所在的 r 个列向量线性无关；又 $\boldsymbol{A}$ 中所有 $r+1$ 阶子式 $D_{r+1}=0$，故 $\boldsymbol{A}$ 中的任意 $r+1$ 个列向量都线性相关. 因此，D_r 所在的 r 个列向量是 $\boldsymbol{A}$ 的列向量组的极大无关组，所以矩阵 $\boldsymbol{A}$ 的列向量组的秩等于 r.

同理，矩阵 $\boldsymbol{A}$ 的行向量组的秩也等于 r.

由定理 3.11 证明知，若 D_r 是矩阵 $\boldsymbol{A}$ 的一个最高阶非零子式，则 D_r 所在的 r 列就是 $\boldsymbol{A}$ 的列向量组的一个极大无关组；D_r 所在的 r 行就是 $\boldsymbol{A}$ 的行向量组的一个极大无关组.

可以证明：若对矩阵 $\boldsymbol{A}$ 仅施以初等行变换得到矩阵 $\boldsymbol{B}$，则 $\boldsymbol{B}$ 的列向量组与 $\boldsymbol{A}$ 的列向量组

有相同的线性关系，即行的初等变换保持了列向量组间的线性无关性和线性相关性，它提供了求极大无关组的方法.

以向量组中各向量为列向量组成矩阵后，若只作初等行变换将该矩阵化为行阶梯形矩阵，则可直接写出所求向量组的极大无关组；同理，也可以向量组中各向量为行向量组成矩阵，通过作初等列变换来求所求向量组的极大无关组.

例 1 全体 n 维向量构成的向量集合记作$\mathbf{R}^n$，求$\mathbf{R}^n$ 的一个极大无关组及$\mathbf{R}^n$ 的秩.

解: 因为 n 维单位向量构成的向量组 $\boldsymbol{E}:\boldsymbol{\varepsilon}_1,\boldsymbol{\varepsilon}_2,\cdots,\boldsymbol{\varepsilon}_n$ 是线性无关的，又知，$\mathbf{R}^n$ 中的任意 $n+1$ 个向量都线性相关，因此向量组 $\boldsymbol{E}$ 是$\mathbf{R}^n$ 的一个极大无关组，且$\mathbf{R}^n$ 的秩等于 n.

例 2 给定向量组 $\boldsymbol{\alpha}_1=(1,2,3,6)^{\mathrm{T}}$，$\boldsymbol{\alpha}_2=(1,-1,2,4)^{\mathrm{T}}$，$\boldsymbol{\alpha}_3=(1,-4,1,2)^{\mathrm{T}}$，$\boldsymbol{\alpha}_4=(-1,1,-2,-8)^{\mathrm{T}}$，$\boldsymbol{\alpha}_5=(-1,4,-1,-6)^{\mathrm{T}}$. 求该向量组的一个极大无关组，并将其余向量用所求的极大无关组线性表示.

解: 对向量组形成的矩阵 $\mathbf{A}$ 施行初等行变换将其化为行最简形矩阵：

$$\mathbf{A}=(\boldsymbol{\alpha}_1,\boldsymbol{\alpha}_2,\boldsymbol{\alpha}_3,\boldsymbol{\alpha}_4,\boldsymbol{\alpha}_5)=\begin{pmatrix}1&1&1&-1&-1\\2&-1&-4&1&4\\3&2&1&-2&-1\\6&4&2&-8&-6\end{pmatrix}\to\begin{pmatrix}1&1&1&-1&-1\\0&-3&-6&3&6\\0&-1&-2&1&2\\0&-2&-4&-2&0\end{pmatrix}$$

$$\to\begin{pmatrix}1&1&1&-1&-1\\0&1&2&-1&-2\\0&0&0&-4&-4\\0&0&0&0&0\end{pmatrix}\to\begin{pmatrix}1&0&-1&0&1\\0&1&2&0&-1\\0&0&0&1&1\\0&0&0&0&0\end{pmatrix}$$

知 $r(\mathbf{A})=3$，则 $r(\boldsymbol{\alpha}_1,\boldsymbol{\alpha}_2,\boldsymbol{\alpha}_4)=3$，故列向量组的极大无关组含三个向量. 而三个非零行的首个非零元素在第 1,2,4 列，故列向量组的一个极大无关组是 $\boldsymbol{\alpha}_1,\boldsymbol{\alpha}_2,\boldsymbol{\alpha}_4$. 由 $\mathbf{A}$ 的行最简形矩阵可得：

$$\boldsymbol{\alpha}_3=-\boldsymbol{\alpha}_1+2\boldsymbol{\alpha}_2$$

$$\boldsymbol{\alpha}_5=\boldsymbol{\alpha}_1-\boldsymbol{\alpha}_2+\boldsymbol{\alpha}_4$$

例 3 求向量组 $\boldsymbol{\alpha}_1=(1,2,-1,1)^{\mathrm{T}}$，$\boldsymbol{\alpha}_2=(2,0,t,0)^{\mathrm{T}}$，$\boldsymbol{\alpha}_3=(0,-4,5,-2)^{\mathrm{T}}$，$\boldsymbol{\alpha}_4=(3,-2,t+4,-1)^{\mathrm{T}}$ 的秩和一个极大无关组.

解: 向量的分量中含参数 t，向量组的秩和极大无关组与 t 的取值有关. 对下列矩阵作初等行变换：

$$(\boldsymbol{\alpha}_1,\boldsymbol{\alpha}_2,\boldsymbol{\alpha}_3,\boldsymbol{\alpha}_4)=\begin{pmatrix}1&2&0&3\\2&0&-4&-2\\-1&t&5&t+4\\1&0&-2&-1\end{pmatrix}$$

$$\rightarrow\begin{pmatrix}1&2&0&3\\0&-4&-4&-8\\0&t+2&5&t+7\\0&-2&-2&-4\end{pmatrix}\rightarrow\begin{pmatrix}1&2&0&3\\0&1&1&2\\0&0&3-t&3-t\\0&0&0&0\end{pmatrix}$$

当 $t=3$ 时，$r(\boldsymbol{\alpha}_1,\boldsymbol{\alpha}_2,\boldsymbol{\alpha}_3,\boldsymbol{\alpha}_4)=2$，$\boldsymbol{\alpha}_1,\boldsymbol{\alpha}_2$ 是极大无关组；

当 $t\neq3$ 时，$r(\boldsymbol{\alpha}_1,\boldsymbol{\alpha}_2,\boldsymbol{\alpha}_3,\boldsymbol{\alpha}_4)=3$，$\boldsymbol{\alpha}_1,\boldsymbol{\alpha}_2,\boldsymbol{\alpha}_3$ 是极大无关组.

定理 3.12　若向量组 $\boldsymbol{B}$ 能由向量组 $\boldsymbol{A}$ 线性表示，则 $r(\boldsymbol{B})\leqslant r(\boldsymbol{A})$.

证明：向量组 $\boldsymbol{B}$ 能由向量组 $\boldsymbol{A}$ 线性表示，则向量组 $\boldsymbol{B}$ 的极大无关组也可由向量组 $\boldsymbol{A}$ 的极大无关组线性表示，由定理 3.9 的逆否命题可知，$r(\boldsymbol{B})\leqslant r(\boldsymbol{A})$.

推论 3.6　等价的向量组的秩相等.

例 4　设 $\boldsymbol{A}$ 及 $\boldsymbol{B}$ 为两个矩阵，证明：$\boldsymbol{AB}$ 的秩不大于 $\boldsymbol{A}$ 的秩和 $\boldsymbol{B}$ 的秩，即

$$r(\boldsymbol{AB})\leqslant\min\{r(\boldsymbol{A}),r(\boldsymbol{B})\}$$

证明：设 $\boldsymbol{A}=(a_{ij})_{m\times n}=(\boldsymbol{\alpha}_1,\boldsymbol{\alpha}_2,\cdots,\boldsymbol{\alpha}_n)$，$\boldsymbol{B}=(b_{ij})_{n\times s}$，令

$$\boldsymbol{AB}=\boldsymbol{C}=(c_{ij})_{m\times s}=(\boldsymbol{\gamma}_1,\boldsymbol{\gamma}_2,\cdots,\boldsymbol{\gamma}_s)$$

即

$$(\boldsymbol{\gamma}_1,\boldsymbol{\gamma}_2,\cdots,\boldsymbol{\gamma}_s)=(\boldsymbol{\alpha}_1,\boldsymbol{\alpha}_2,\cdots,\boldsymbol{\alpha}_n)\begin{pmatrix}b_{11}&\cdots&b_{1j}&\cdots&b_{1s}\\b_{21}&\cdots&b_{2j}&\cdots&b_{2s}\\\vdots&&\vdots&&\vdots\\b_{n1}&\cdots&b_{nj}&\cdots&b_{ns}\end{pmatrix}$$

则有

$$\boldsymbol{\gamma}_j=b_{1j}\boldsymbol{\alpha}_1+b_{2j}\boldsymbol{\alpha}_2+\cdots+b_{nj}\boldsymbol{\alpha}_n\ (j=1,2,\cdots,s)$$

即 $\boldsymbol{AB}$ 的列向量组 $\boldsymbol{\gamma}_1,\boldsymbol{\gamma}_2,\cdots,\boldsymbol{\gamma}_s$ 可由 $\boldsymbol{A}$ 的列向量组 $\boldsymbol{\alpha}_1,\boldsymbol{\alpha}_2,\cdots,\boldsymbol{\alpha}_n$ 线性表示，$\boldsymbol{\gamma}_1,\boldsymbol{\gamma}_2,\cdots,\boldsymbol{\gamma}_s$ 的极大无关组可由 $\boldsymbol{\alpha}_1,\boldsymbol{\alpha}_2,\cdots,\boldsymbol{\alpha}_n$ 的极大无关组线性表示，由定理 3.12 可知，$r(\boldsymbol{AB})\leqslant r(\boldsymbol{A})$.

类似地，$\boldsymbol{AB}$ 的行向量组可由 $\boldsymbol{B}$ 的列向量组线性表示，故 $r(\boldsymbol{AB})\leqslant r(\boldsymbol{B})$.

推论 3.7　设向量组 $\boldsymbol{B}$ 是向量组 $\boldsymbol{A}$ 的部分组，若向量组 $\boldsymbol{B}$ 线性无关，且向量组 $\boldsymbol{A}$ 能由向

量组 $\boldsymbol{B}$ 线性表示,则向量组 $\boldsymbol{B}$ 是向量组 $\boldsymbol{A}$ 的一个极大无关组.

证明:设向量组 $\boldsymbol{B}$ 含有 s 个向量,则它的秩为 s,因向量组 $\boldsymbol{A}$ 能由向量组 $\boldsymbol{B}$ 线性表示,故 $r(\boldsymbol{A})\leqslant s$. 从而向量组 $\boldsymbol{A}$ 中任意 $s+1$ 个向量线性相关,所以向量组 $\boldsymbol{B}$ 是向量组 $\boldsymbol{A}$ 的一个极大无关组.

3.4.4 求向量组的极大无关组的 MATLAB 实现

求列向量组的一个极大无关组时可用命令 rref 将列向量组化成行最简形矩阵,其中单位向量对应的列向量即为极大无关组所含向量,其他列向量的坐标即为其对应向量用极大无关组表示的系数.

例 5 设矩阵

$$\boldsymbol{A}=\begin{pmatrix}2 & -1 & -1 & 1 & 2\\ 1 & 1 & -2 & 1 & 4\\ 4 & -6 & 2 & -2 & 4\\ 3 & 6 & -9 & 7 & 9\end{pmatrix}$$

求矩阵 $\boldsymbol{A}$ 的列向量组的一个极大无关组,并把不属于极大无关组的列向量用极大无关组线性表示.

解:首先将矩阵 $\boldsymbol{A}$ 化为行最简形矩阵,相应的 MATLAB 代码为:

```
A=[2 -1 -1 1 2;1 1 -2 1 4;4 -6 2 -2 4;3 6 -9 7 9];
>> B=rref(A)
B =
     1     0    -1     0     4
     0     1    -1     0     3
     0     0     0     1    -3
     0     0     0     0     0
```

记矩阵 $\boldsymbol{A}$ 的五个列向量依次为 $\boldsymbol{\alpha}_1,\boldsymbol{\alpha}_2,\boldsymbol{\alpha}_3,\boldsymbol{\alpha}_4,\boldsymbol{\alpha}_5$,则 $\boldsymbol{\alpha}_1,\boldsymbol{\alpha}_2,\boldsymbol{\alpha}_4$ 是列向量组的一个极大无关组,且有

$$\boldsymbol{\alpha}_3=-\boldsymbol{\alpha}_1-\boldsymbol{\alpha}_2,\boldsymbol{\alpha}_5=4\boldsymbol{\alpha}_1+3\boldsymbol{\alpha}_2-3\boldsymbol{\alpha}_4$$

习题 3-4

(A)

1. 求下列向量组的秩，并求一个极大无关组.

(1) $\boldsymbol{\alpha}_1=\begin{pmatrix}1\\2\\-1\\4\end{pmatrix},\boldsymbol{\alpha}_2=\begin{pmatrix}9\\100\\10\\4\end{pmatrix},\boldsymbol{\alpha}_3=\begin{pmatrix}-2\\-4\\2\\8\end{pmatrix}$；

(2) $\boldsymbol{\alpha}_1=\begin{pmatrix}1\\2\\1\\3\end{pmatrix},\boldsymbol{\alpha}_2=\begin{pmatrix}4\\-1\\-5\\-6\end{pmatrix},\boldsymbol{\alpha}_3=\begin{pmatrix}1\\-3\\-4\\-7\end{pmatrix}$.

2. 求下列向量组的一个极大无关组，并把其余向量用该极大无关组线性表示.

(1) $\boldsymbol{\alpha}_1=\begin{pmatrix}2\\4\\2\end{pmatrix},\boldsymbol{\alpha}_2=\begin{pmatrix}1\\1\\0\end{pmatrix},\boldsymbol{\alpha}_3=\begin{pmatrix}2\\3\\1\end{pmatrix},\boldsymbol{\alpha}_4=\begin{pmatrix}3\\5\\2\end{pmatrix}$；

(2) $\boldsymbol{\alpha}_1=\begin{pmatrix}2\\1\\1\\1\end{pmatrix},\boldsymbol{\alpha}_2=\begin{pmatrix}-1\\1\\7\\10\end{pmatrix},\boldsymbol{\alpha}_3=\begin{pmatrix}3\\1\\-1\\-2\end{pmatrix},\boldsymbol{\alpha}_4=\begin{pmatrix}8\\5\\9\\11\end{pmatrix}$；

(3) $\boldsymbol{\alpha}_1=\begin{pmatrix}1\\1\\3\\1\end{pmatrix},\boldsymbol{\alpha}_2=\begin{pmatrix}-1\\1\\-1\\3\end{pmatrix},\boldsymbol{\alpha}_3=\begin{pmatrix}5\\-2\\8\\-9\end{pmatrix},\boldsymbol{\alpha}_4=\begin{pmatrix}-1\\3\\1\\7\end{pmatrix}$.

3. 求下列矩阵的列向量组的一个极大无关组，并把其余向量用该极大无关组线性表示.

(1) $\begin{pmatrix}1&1&0\\2&0&4\\2&3&-2\end{pmatrix}$；　　(2) $\begin{pmatrix}1&1&2&2&1\\0&2&1&5&-1\\2&0&3&-1&3\\1&1&0&4&-1\end{pmatrix}$.

(B)

1. 设向量组

$$\boldsymbol{\alpha}_1=\begin{pmatrix}a\\3\\1\end{pmatrix},\boldsymbol{\alpha}_2=\begin{pmatrix}2\\b\\3\end{pmatrix},\boldsymbol{\alpha}_3=\begin{pmatrix}1\\2\\1\end{pmatrix},\boldsymbol{\alpha}_4=\begin{pmatrix}2\\3\\1\end{pmatrix}$$

的秩为 2,求 a,b.

2. 已知向量组

$$\boldsymbol{A}:\boldsymbol{\alpha}_1=\begin{pmatrix}0\\1\\1\end{pmatrix},\boldsymbol{\alpha}_2=\begin{pmatrix}1\\1\\0\end{pmatrix};\boldsymbol{B}:\boldsymbol{\beta}_1=\begin{pmatrix}-1\\0\\1\end{pmatrix},\boldsymbol{\beta}_2=\begin{pmatrix}1\\2\\1\end{pmatrix},\boldsymbol{\beta}_3=\begin{pmatrix}3\\2\\-1\end{pmatrix}$$

证明:向量组 $\boldsymbol{A}$ 与 $\boldsymbol{B}$ 等价.

3.5 向量空间

3.5.1 向量空间的概念

定义 3.10 设 V 为 n 维向量的非空集合,若向量集合 V 对于 n 维向量的加法及数乘两种运算封闭,即

(1)当 $\boldsymbol{\alpha}\in V,\boldsymbol{\beta}\in V$ 时,$\boldsymbol{\alpha}+\boldsymbol{\beta}\in V$;

(2)当 $\boldsymbol{\alpha}\in V,\lambda\in\mathbf{R}$ 时,$\lambda\boldsymbol{\alpha}\in V$.

则称向量集合 V 为向量空间.

记所有的 n 维向量的集合为 $\mathbf{R}^n$,容易验证集合 $\mathbf{R}^n$ 对于 n 维向量的加法及数乘两种运算封闭,因而集合 $\mathbf{R}^n$ 构成向量空间,称集合 $\mathbf{R}^n$ 为 n 维向量空间. 当 $n=1$ 时,一维向量空间 $\mathbf{R}^1$ 表示数轴;当 $n=2$ 时,二维向量空间 $\mathbf{R}^2$ 表示平面;当 $n=3$ 时,三维向量空间 $\mathbf{R}^3$ 表示实体空间;当 $n>3$ 时,$\mathbf{R}^n$ 没有直观的几何形象.

例 1 判断向量集合

$$V_1=\{\boldsymbol{x}=(0,x_2,\cdots,x_n)^{\mathrm{T}}\mid x_2,\cdots,x_n\in\mathbf{R}\}$$

是否为向量空间.

解: 对于 V_1 的任意两个元素 $\boldsymbol{\alpha}=(0,a_2,\cdots,a_n)^{\mathrm{T}}$, $\boldsymbol{\beta}=(0,b_2,\cdots,b_n)^{\mathrm{T}}$，有

$$\boldsymbol{\alpha}+\boldsymbol{\beta}=(0,a_2+b_2,\cdots,a_n+b_n)^{\mathrm{T}}\in V_1,\lambda\boldsymbol{\alpha}=(0,\lambda a_2,\cdots,\lambda a_n)^{\mathrm{T}}\in V_1$$

所以 V_1 是向量空间.

并不是所有的非空向量集合都为向量空间，请看下面的一个例子.

例 2　判断向量集合

$$V_2=\{\boldsymbol{x}=(1,x_2,\cdots,x_n)^{\mathrm{T}}\mid x_2,\cdots,x_n\in\mathbf{R}\}$$

是否为向量空间.

解: 若 $\boldsymbol{\alpha}=(1,a_2,\cdots,a_n)^{\mathrm{T}}\in V_2$，则 $2\boldsymbol{\alpha}=(2,2a_2,\cdots,2a_n)^{\mathrm{T}}\notin V_2$，故 V_2 不是向量空间.

例 3　设 $\boldsymbol{\alpha},\boldsymbol{\beta}$ 为两个已知的 n 维向量，判断向量集合

$$V=\{\boldsymbol{\xi}=\lambda\boldsymbol{\alpha}+\mu\boldsymbol{\beta}\mid\lambda,\mu\in\mathbf{R}\}$$

是否为向量空间.

解: 设

$$\boldsymbol{\xi}_1=\lambda_1\boldsymbol{\alpha}+\mu_1\boldsymbol{\beta},\boldsymbol{\xi}_2=\lambda_2\boldsymbol{\alpha}+\mu_2\boldsymbol{\beta}$$

则有

$$\boldsymbol{\xi}_1+\boldsymbol{\xi}_2=(\lambda_1+\lambda_2)\boldsymbol{\alpha}+(\mu_1+\mu_2)\boldsymbol{\beta}\in V,k\boldsymbol{\xi}_1=(k\lambda_1)\boldsymbol{\alpha}+(k\mu_1)\boldsymbol{\beta}\in V$$

即集合 V 关于向量的线性运算封闭. 所以，集合 V 是一个向量空间，这个向量空间称为由向量 $\boldsymbol{\alpha},\boldsymbol{\beta}$ 所生成的向量空间.

一般地，将由向量组 $\boldsymbol{\alpha}_1,\boldsymbol{\alpha}_2,\cdots,\boldsymbol{\alpha}_m$ 所生成的向量空间记为

$$V=\{\boldsymbol{\xi}=\lambda_1\boldsymbol{\alpha}_1+\lambda_2\boldsymbol{\alpha}_2+\cdots+\lambda_m\boldsymbol{\alpha}_m\mid\lambda_1,\lambda_2,\cdots,\lambda_m\in\mathbf{R}\}$$

例 4　设齐次线性方程组 $\boldsymbol{Ax}=\boldsymbol{0}$ 有非零解时全体解向量的集合为 $V=\{\boldsymbol{\alpha}\mid\boldsymbol{A\alpha}=\boldsymbol{0}\}$，判断集合 V 是否为向量空间.

解: 显然集合 V 非空(因 $\boldsymbol{0}\in V$). 设 $\boldsymbol{\alpha},\boldsymbol{\beta}\in V,k\in\mathbf{R}$，则

$$\boldsymbol{A}(\boldsymbol{\alpha}+\boldsymbol{\beta})=\boldsymbol{A\alpha}+\boldsymbol{A\beta}=\boldsymbol{0},\text{即 }\boldsymbol{\alpha}+\boldsymbol{\beta}\in V$$

$$\boldsymbol{A}(k\boldsymbol{\alpha})=k\boldsymbol{A\alpha}=\boldsymbol{0},\text{即 }k\boldsymbol{\alpha}\in V$$

所以集合 V 是一个向量空间.

将齐次线性方程组 $\boldsymbol{Ax}=\boldsymbol{0}$ 的解集合 V 称为它的解空间.

定义 3.11　设有向量空间 V_1 和 V_2，若向量空间 $V_1\subseteq V_2$，则称 V_1 是 V_2 的子空间.

例如，n 元齐次线性方程组的解空间就是 n 维向量空间 $\mathbf{R}^n$ 的子空间.

3.5.2 向量空间的基与维数

定义 3.12 设 V 是一向量空间，若有 r 个向量 $\boldsymbol{\alpha}_1,\boldsymbol{\alpha}_2,\cdots,\boldsymbol{\alpha}_r\in V$ 且满足

(1) $\boldsymbol{\alpha}_1,\boldsymbol{\alpha}_2,\cdots,\boldsymbol{\alpha}_r$ 线性无关；

(2) V 中任一向量都可以由 $\boldsymbol{\alpha}_1,\boldsymbol{\alpha}_2,\cdots,\boldsymbol{\alpha}_r$ 线性表示.

则称向量组 $\boldsymbol{\alpha}_1,\boldsymbol{\alpha}_2,\cdots,\boldsymbol{\alpha}_r$ 为向量空间 V 的一个基，数 r 称为向量空间 V 的维数，记为 $\dim V=r$，并称 V 为 r 维空间.

注意：(1)只含零向量的向量空间称为 0 维向量空间，它没有基.

(2)向量空间 V 与向量组都是向量的集合，向量空间含有无数个向量，向量组只有有限个. 向量空间 V 的基就是 V 的极大无关组，V 的维数就是向量空间的秩；同时由于向量组的极大无关组不唯一，所以向量空间的基也不唯一.

(3)若向量组 $\boldsymbol{\alpha}_1,\boldsymbol{\alpha}_2,\cdots,\boldsymbol{\alpha}_r$ 是向量空间 V 的一个基，则 V 可表示为

$$V=\{\boldsymbol{\xi}\mid\boldsymbol{\xi}=\lambda_1\boldsymbol{\alpha}_1+\lambda_2\boldsymbol{\alpha}_2+\cdots+\lambda_r\boldsymbol{\alpha}_r,\lambda_i\in\mathbf{R}\}$$

此时，V 又称为由基 $\boldsymbol{\alpha}_1,\boldsymbol{\alpha}_2,\cdots,\boldsymbol{\alpha}_r$ 所生成的向量空间.

定义 3.13 如果在向量空间 V 中取定一个基 $\boldsymbol{\alpha}_1,\boldsymbol{\alpha}_2,\cdots,\boldsymbol{\alpha}_r$，那么向量空间 V 中任一向量 $\boldsymbol{\xi}$ 可唯一表示为

$$\boldsymbol{\xi}=\lambda_1\boldsymbol{\alpha}_1+\lambda_2\boldsymbol{\alpha}_2+\cdots+\lambda_r\boldsymbol{\alpha}_r(\lambda_1,\lambda_2,\cdots,\lambda_r\in\mathbf{R})$$

称 $\lambda_1,\lambda_2,\cdots,\lambda_r$ 为向量 $\boldsymbol{\xi}$ 在基 $\boldsymbol{\alpha}_1,\boldsymbol{\alpha}_2,\cdots,\boldsymbol{\alpha}_r$ 下的坐标.

根据 3.4 节例 1，单位向量组

$$\boldsymbol{\varepsilon}_1=(1,0,0,\cdots,0)^{\mathrm{T}},\boldsymbol{\varepsilon}_2=(0,1,0,\cdots,0)^{\mathrm{T}},\cdots,\boldsymbol{\varepsilon}_n=(0,0,0,\cdots,1)^{\mathrm{T}}$$

是 n 维向量空间 $\mathbf{R}^n$ 的一个基，则以 $x_1,x_2,\cdots,x_n$ 为分量的向量 $\boldsymbol{x}$ 可表示为

$$\boldsymbol{x}=x_1\boldsymbol{\varepsilon}_1+x_2\boldsymbol{\varepsilon}_2+\cdots+x_n\boldsymbol{\varepsilon}_n$$

可见向量在基 $\boldsymbol{\varepsilon}_1,\boldsymbol{\varepsilon}_2,\cdots,\boldsymbol{\varepsilon}_n$ 中的坐标就是该向量的分量. 因此 $\boldsymbol{\varepsilon}_1,\boldsymbol{\varepsilon}_2,\cdots,\boldsymbol{\varepsilon}_n$ 叫作 $\mathbf{R}^n$ 的自然基.

例 5 给定向量

$$\boldsymbol{\alpha}_1=(-2,4,1)^{\mathrm{T}},\boldsymbol{\alpha}_2=(-1,3,5)^{\mathrm{T}},\boldsymbol{\alpha}_3=(2,-3,1)^{\mathrm{T}},\boldsymbol{\beta}=(1,1,3)^{\mathrm{T}}$$

试证明：向量组 $\boldsymbol{\alpha}_1,\boldsymbol{\alpha}_2,\boldsymbol{\alpha}_3$ 是三维向量空间 $\mathbf{R}^3$ 的一个基，并将向量 $\boldsymbol{\beta}$ 用这个基线性表示.

证明：设 $(\boldsymbol{A},\boldsymbol{\beta})=(\boldsymbol{\alpha}_1,\boldsymbol{\alpha}_2,\boldsymbol{\alpha}_3,\boldsymbol{\beta})$，则

$$(\boldsymbol{A},\boldsymbol{\beta})=\begin{pmatrix}-2 & -1 & 2 & 1\\ 4 & 3 & -3 & 1\\ 1 & 5 & 1 & 3\end{pmatrix}\rightarrow\begin{pmatrix}1 & 0 & 0 & 4\\ 0 & 1 & 0 & -1\\ 0 & 0 & 1 & 4\end{pmatrix}$$

由前三列的变换看出，向量组 $\boldsymbol{\alpha}_1,\boldsymbol{\alpha}_2,\boldsymbol{\alpha}_3$ 线性无关，任意四个三维向量必线性相关，即 $\mathbf{R}^3$ 中任意一个向量均可由 $\boldsymbol{\alpha}_1,\boldsymbol{\alpha}_2,\boldsymbol{\alpha}_3$ 线性表示，故 $\boldsymbol{\alpha}_1,\boldsymbol{\alpha}_2,\boldsymbol{\alpha}_3$ 是 $\mathbf{R}^3$ 的一个基，且 $\boldsymbol{\beta}=4\boldsymbol{\alpha}_1-\boldsymbol{\alpha}_2+4\boldsymbol{\alpha}_3$.

3.5.3　向量空间中的坐标变换公式

定义 3.14　设向量空间 V 的一个基 $\boldsymbol{A}=(\boldsymbol{\alpha}_1,\boldsymbol{\alpha}_2,\cdots,\boldsymbol{\alpha}_m)$，另有新基 $\boldsymbol{B}=(\boldsymbol{\beta}_1,\boldsymbol{\beta}_2,\cdots,\boldsymbol{\beta}_m)$，若

$$(\boldsymbol{\beta}_1,\boldsymbol{\beta}_2,\cdots,\boldsymbol{\beta}_m)=(\boldsymbol{\alpha}_1,\boldsymbol{\alpha}_2,\cdots,\boldsymbol{\alpha}_m)\boldsymbol{P}$$

则该式称为基变换公式，其中表示式的系数矩阵 $\boldsymbol{P}=\boldsymbol{A}^{-1}\boldsymbol{B}$ 称为从旧基到新基的过渡矩阵.

定义 3.15　设向量 $\boldsymbol{x}$ 在旧基和新基下的坐标分别为 $x_1,x_2,\cdots,x_n$ 和 $y_1,y_2,\cdots,y_n$，即

$$\boldsymbol{x}=(\boldsymbol{\alpha}_1,\boldsymbol{\alpha}_2,\cdots,\boldsymbol{\alpha}_n)\begin{pmatrix}x_1\\ x_2\\ \vdots\\ x_n\end{pmatrix},\boldsymbol{x}=(\boldsymbol{\beta}_1,\boldsymbol{\beta}_2,\cdots,\boldsymbol{\beta}_n)\begin{pmatrix}y_1\\ y_2\\ \vdots\\ y_n\end{pmatrix}$$

故

$$\boldsymbol{A}\begin{pmatrix}x_1\\ x_2\\ \vdots\\ x_n\end{pmatrix}=\boldsymbol{B}\begin{pmatrix}y_1\\ y_2\\ \vdots\\ y_n\end{pmatrix},\text{其中 }\boldsymbol{A}=(\boldsymbol{\alpha}_1,\boldsymbol{\alpha}_2,\cdots,\boldsymbol{\alpha}_n),\boldsymbol{B}=(\boldsymbol{\beta}_1,\boldsymbol{\beta}_2,\cdots,\boldsymbol{\beta}_n)$$

得

$$\begin{pmatrix}x_1\\ x_2\\ \vdots\\ x_n\end{pmatrix}=\boldsymbol{A}^{-1}\boldsymbol{B}\begin{pmatrix}y_1\\ y_2\\ \vdots\\ y_n\end{pmatrix}$$

即

$$\begin{pmatrix} x_1 \\ x_2 \\ \vdots \\ x_n \end{pmatrix} = \boldsymbol{P} \begin{pmatrix} y_1 \\ y_2 \\ \vdots \\ y_n \end{pmatrix}$$

称此式为从旧坐标到新坐标的坐标变换公式.

例 6 已知 $\mathbf{R}^3$ 中的两个基为

$$\boldsymbol{\alpha}_1 = \begin{pmatrix} 1 \\ 1 \\ 1 \end{pmatrix}, \boldsymbol{\alpha}_2 = \begin{pmatrix} 1 \\ 0 \\ -1 \end{pmatrix}, \boldsymbol{\alpha}_3 = \begin{pmatrix} 1 \\ 0 \\ 1 \end{pmatrix} \text{及} \boldsymbol{\beta}_1 = \begin{pmatrix} 1 \\ 2 \\ 1 \end{pmatrix}, \boldsymbol{\beta}_2 = \begin{pmatrix} 2 \\ 3 \\ 4 \end{pmatrix}, \boldsymbol{\beta}_3 = \begin{pmatrix} 3 \\ 4 \\ 3 \end{pmatrix}$$

求:(1)由基 $\boldsymbol{\alpha}_1,\boldsymbol{\alpha}_2,\boldsymbol{\alpha}_3$ 到基 $\boldsymbol{\beta}_1,\boldsymbol{\beta}_2,\boldsymbol{\beta}_3$ 的过渡矩阵 $\boldsymbol{P}$;(2)$\boldsymbol{\alpha}_1$ 在基 $\boldsymbol{\beta}_1,\boldsymbol{\beta}_2,\boldsymbol{\beta}_3$ 下的坐标.

解:(1)因为

$$(\boldsymbol{\alpha}_1,\boldsymbol{\alpha}_2,\boldsymbol{\alpha}_3)=(\boldsymbol{\varepsilon}_1,\boldsymbol{\varepsilon}_2,\boldsymbol{\varepsilon}_3)\begin{pmatrix} 1 & 1 & 1 \\ 1 & 0 & 0 \\ 1 & -1 & 1 \end{pmatrix}, (\boldsymbol{\beta}_1,\boldsymbol{\beta}_2,\boldsymbol{\beta}_3)=(\boldsymbol{\varepsilon}_1,\boldsymbol{\varepsilon}_2,\boldsymbol{\varepsilon}_3)\begin{pmatrix} 1 & 2 & 3 \\ 2 & 3 & 4 \\ 1 & 4 & 3 \end{pmatrix}$$

所以

$$\boldsymbol{P}=\begin{pmatrix} 1 & 1 & 1 \\ 1 & 0 & 0 \\ 1 & -1 & 1 \end{pmatrix}^{-1}\begin{pmatrix} 1 & 2 & 3 \\ 2 & 3 & 4 \\ 1 & 4 & 3 \end{pmatrix}=\begin{pmatrix} 2 & 3 & 4 \\ 0 & -1 & 0 \\ -1 & 0 & -1 \end{pmatrix}$$

(2)$\boldsymbol{\alpha}_1$ 在基 $\boldsymbol{\beta}_1,\boldsymbol{\beta}_2,\boldsymbol{\beta}_3$ 下的坐标

$$\begin{pmatrix} y_1 \\ y_2 \\ y_3 \end{pmatrix} = \boldsymbol{P}^{-1}\begin{pmatrix} 1 \\ 0 \\ 0 \end{pmatrix}$$

而

$$\boldsymbol{P}^{-1}=\begin{pmatrix} -\frac{1}{2} & -\frac{3}{2} & -2 \\ 0 & -1 & 0 \\ \frac{1}{2} & \frac{3}{2} & 1 \end{pmatrix}$$

故

$$\begin{pmatrix} y_1 \\ y_2 \\ y_3 \end{pmatrix} = \begin{pmatrix} -\frac{1}{2} & -\frac{3}{2} & -2 \\ 0 & -1 & 0 \\ \frac{1}{2} & \frac{3}{2} & 1 \end{pmatrix}\begin{pmatrix} 1 \\ 0 \\ 0 \end{pmatrix} = \begin{pmatrix} -\frac{1}{2} \\ 0 \\ \frac{1}{2} \end{pmatrix}$$

习题 3-5

(A)

1. 证明由

$$\boldsymbol{\alpha}_1=\begin{pmatrix}0\\1\\1\end{pmatrix},\boldsymbol{\alpha}_2=\begin{pmatrix}1\\0\\1\end{pmatrix},\boldsymbol{\alpha}_3=\begin{pmatrix}1\\1\\0\end{pmatrix}$$

生成的向量空间是 $\mathbf{R}^3$.

2. 验证

$$\boldsymbol{\alpha}_1=\begin{pmatrix}1\\-1\\0\end{pmatrix},\boldsymbol{\alpha}_2=\begin{pmatrix}2\\1\\3\end{pmatrix},\boldsymbol{\alpha}_3=\begin{pmatrix}3\\1\\2\end{pmatrix}$$

为 $\mathbf{R}^3$ 的一个基,并将 $\boldsymbol{\beta}_1=\begin{pmatrix}5\\0\\7\end{pmatrix},\boldsymbol{\beta}_2=\begin{pmatrix}-9\\-8\\-13\end{pmatrix}$ 用此基来线性表示.

3. 设 $\boldsymbol{A}=(\boldsymbol{\alpha}_1,\boldsymbol{\alpha}_2,\boldsymbol{\alpha}_3)=\begin{pmatrix}2&2&-1\\2&-1&2\\-1&2&2\end{pmatrix},\boldsymbol{B}=(\boldsymbol{\beta}_1,\boldsymbol{\beta}_2)=\begin{pmatrix}1&4\\0&3\\-4&2\end{pmatrix}$,证明 $\boldsymbol{\alpha}_1,\boldsymbol{\alpha}_2,\boldsymbol{\alpha}_3$ 是 $\mathbf{R}^3$ 的一个基,并求 $\boldsymbol{\beta}_1,\boldsymbol{\beta}_2$ 在这个基下的坐标.

(B)

1. 设 $\mathbf{R}^3$ 中的两个基分别为

$$\boldsymbol{\alpha}_1=\begin{pmatrix}1\\1\\0\end{pmatrix},\boldsymbol{\alpha}_2=\begin{pmatrix}0\\-1\\1\end{pmatrix},\boldsymbol{\alpha}_3=\begin{pmatrix}1\\0\\2\end{pmatrix};\boldsymbol{\beta}_1=\begin{pmatrix}3\\1\\0\end{pmatrix},\boldsymbol{\beta}_2=\begin{pmatrix}0\\1\\1\end{pmatrix},\boldsymbol{\beta}_3=\begin{pmatrix}1\\0\\4\end{pmatrix}$$

(1)求从基 $\boldsymbol{\alpha}_1,\boldsymbol{\alpha}_2,\boldsymbol{\alpha}_3$ 到基 $\boldsymbol{\beta}_1,\boldsymbol{\beta}_2,\boldsymbol{\beta}_3$ 的过渡矩阵;

(2)求坐标变换公式;

(3)若 $\boldsymbol{\alpha}=\begin{pmatrix}2\\1\\2\end{pmatrix}$,求 $\boldsymbol{\alpha}$ 在这两组基下的坐标.

2. 设 $\boldsymbol{\alpha}_1,\boldsymbol{\alpha}_2,\boldsymbol{\alpha}_3$ 为三维空间 $\mathbf{R}^3$ 的一个基，而 $\boldsymbol{\beta}_1,\boldsymbol{\beta}_2,\boldsymbol{\beta}_3$ 与 $\boldsymbol{\gamma}_1,\boldsymbol{\gamma}_2,\boldsymbol{\gamma}_3$ 为 $\mathbf{R}^3$ 的两个向量组，且

$$\begin{cases}\boldsymbol{\beta}_1=\boldsymbol{\alpha}_1+\boldsymbol{\alpha}_2+\boldsymbol{\alpha}_3\\ \boldsymbol{\beta}_2=\boldsymbol{\alpha}_1\qquad-\boldsymbol{\alpha}_3\\ \boldsymbol{\beta}_3=\boldsymbol{\alpha}_1\qquad+\boldsymbol{\alpha}_3\end{cases},\begin{cases}\boldsymbol{\gamma}_1=\boldsymbol{\alpha}_1+2\boldsymbol{\alpha}_2+\boldsymbol{\alpha}_3\\ \boldsymbol{\gamma}_2=2\boldsymbol{\alpha}_1+3\boldsymbol{\alpha}_2+4\boldsymbol{\alpha}_3\\ \boldsymbol{\gamma}_3=3\boldsymbol{\alpha}_1+4\boldsymbol{\alpha}_2+3\boldsymbol{\alpha}_3\end{cases}$$

(1)证明 $\boldsymbol{\beta}_1,\boldsymbol{\beta}_2,\boldsymbol{\beta}_3$ 与 $\boldsymbol{\gamma}_1,\boldsymbol{\gamma}_2,\boldsymbol{\gamma}_3$ 都是 $\mathbf{R}^3$ 的基；

(2)求从 $\boldsymbol{\beta}_1,\boldsymbol{\beta}_2,\boldsymbol{\beta}_3$ 到 $\boldsymbol{\gamma}_1,\boldsymbol{\gamma}_2,\boldsymbol{\gamma}_3$ 的过渡矩阵.

3.6 线性方程组解的结构

3.1 节给出了与线性方程组有关的两个重要结论，即：(1)n 元齐次线性方程组 $\boldsymbol{Ax}=\boldsymbol{0}$ 有非零解的充要条件是系数矩阵的秩 $r(\mathbf{A})<n$；(2)非齐次线性方程组 $\boldsymbol{Ax}=\boldsymbol{b}$ 有解的充要条件是系数矩阵的秩等于增广矩阵的秩，且当 $r(\mathbf{A})=r(\widetilde{\mathbf{A}})=n$ 时，方程组有唯一解；当 $r(\mathbf{A})=r(\widetilde{\mathbf{A}})<n$ 时，方程组有无穷多解.

本节以向量组的线性相关性理论为基础，讨论线性方程组解的结构，完善线性方程组解的理论.

3.6.1 齐次线性方程组解的结构

对于齐次线性方程组 $\boldsymbol{Ax}=\boldsymbol{0}$ 的解，有下列性质.

性质 3.1 若 ξ_1,ξ_2 为方程组 $\boldsymbol{Ax}=\boldsymbol{0}$ 的解，则 $\xi_1+\xi_2$ 也是该方程组的解.

证明：设 ξ_1,ξ_2 为方程组 $\boldsymbol{Ax}=\boldsymbol{0}$ 的解，则 $\boldsymbol{A\xi}_1=\boldsymbol{0},\boldsymbol{A\xi}_2=\boldsymbol{0}$，两式相加得

$$\boldsymbol{A}(\boldsymbol{\xi}_1+\boldsymbol{\xi}_2)=\boldsymbol{0}$$

即 $\boldsymbol{\xi}_1+\boldsymbol{\xi}_2$ 也是该方程组的解.

性质 3.2 若 ξ_1 为方程组 $\boldsymbol{Ax}=\boldsymbol{0}$ 的解，k 为实数，则 $k\xi_1$ 也是该方程组的解.

证明：设 ξ_1 为方程组 $\boldsymbol{Ax}=\boldsymbol{0}$ 的解，则 $\boldsymbol{A\xi}_1=\boldsymbol{0},\boldsymbol{A}(k\boldsymbol{\xi}_1)=k(\boldsymbol{A\xi}_1)=k\cdot\boldsymbol{0}=\boldsymbol{0}$，即 $k\boldsymbol{\xi}_1$ 也是该方程组的解.

注意：齐次线性方程组若有非零解，则它就有无穷多个解.

性质 3.3 若 $\xi_1,\xi_2,\cdots,\xi_s$ 是齐次线性方程组 $\boldsymbol{Ax}=\boldsymbol{0}$ 的解，$k_1,k_2,\cdots,k_s$ 是任意实数，则

线性组合

$$k_1\boldsymbol{\xi}_1+k_2\boldsymbol{\xi}_2+\cdots+k_s\boldsymbol{\xi}_s$$

也是该方程组的解.

性质 3.1 和性质 3.2 再次告诉我们，当线性方程组 $\boldsymbol{Ax}=\boldsymbol{0}$ 有非零解时，全体解向量所构成的集合对于加法和数乘运算是封闭的，因此构成了一个向量空间，此向量空间即为齐次线性方程组 $\boldsymbol{Ax}=\boldsymbol{0}$的解空间.

定义 3.16　若齐次线性方程组 $\boldsymbol{Ax}=\boldsymbol{0}$的有限个解 $\boldsymbol{\eta}_1,\boldsymbol{\eta}_2,\cdots,\boldsymbol{\eta}_t$ 满足：

(1)$\boldsymbol{\eta}_1,\boldsymbol{\eta}_2,\cdots,\boldsymbol{\eta}_t$ 线性无关；

(2)$\boldsymbol{Ax}=\boldsymbol{0}$ 的任意一个解均可由 $\boldsymbol{\eta}_1,\boldsymbol{\eta}_2,\cdots,\boldsymbol{\eta}_t$ 线性表示.

则称 $\boldsymbol{\eta}_1,\boldsymbol{\eta}_2,\cdots,\boldsymbol{\eta}_t$ 是齐次线性方程组 $\boldsymbol{Ax}=\boldsymbol{0}$ 的一个基础解系，齐次线性方程组 $\boldsymbol{Ax}=\boldsymbol{0}$ 的一个基础解系即为其解空间的一个基.

若 $\boldsymbol{\eta}_1,\boldsymbol{\eta}_2,\cdots,\boldsymbol{\eta}_t$ 是齐次线性方程组 $\boldsymbol{Ax}=\boldsymbol{0}$的一个基础解系，则 $\boldsymbol{Ax}=\boldsymbol{0}$的全部解可表示为

$$c_1\boldsymbol{\eta}_1+c_2\boldsymbol{\eta}_2+\cdots+c_t\boldsymbol{\eta}_t \tag{3-9}$$

其中 $c_1,c_2,\cdots,c_t$ 为任意实数. 称表达式(3-9)为线性方程组 $\boldsymbol{Ax}=\boldsymbol{0}$ 的通解.

综上所述，求齐次线性方程组的通解的关键在于求得该方程组的一个基础解系. 当一个齐次线性方程组只有零解时，该方程组没有基础解系；而当一个齐次线性方程组有非零解时，该方程组一定有基础解系. 下面给出齐次线性方程组的基础解系的求法.

定理 3.13(齐次线性方程组解的结构定理) 对于齐次线性方程组 $\boldsymbol{Ax}=\boldsymbol{0}$，若 $r(\boldsymbol{A})=r<n$，则该方程组的基础解系一定存在，且每个基础解系中所含解向量的个数均等于 $n-r$，其中 n 是方程组所含未知量的个数.

证明：设 $r(\boldsymbol{A})=r<n$，对矩阵 $\boldsymbol{A}$ 施以初等行变换，化成如下形式：

$$\boldsymbol{B}=\begin{pmatrix}1 & 0 & \cdots & 0 & b_{11} & b_{12} & \cdots & b_{1n-r}\\ 0 & 1 & \cdots & 0 & b_{21} & b_{22} & \cdots & b_{2n-r}\\ \vdots & \vdots & & \vdots & \vdots & \vdots & & \vdots\\ 0 & 0 & \cdots & 1 & b_{r1} & b_{r2} & \cdots & b_{rn-r}\\ 0 & 0 & \cdots & 0 & 0 & 0 & \cdots & 0\\ \vdots & \vdots & & \vdots & \vdots & \vdots & & \vdots\\ 0 & 0 & \cdots & 0 & 0 & 0 & \cdots & 0\end{pmatrix}$$

写出齐次线性方程组 $\boldsymbol{Ax}=\boldsymbol{0}$ 的同解方程组：

$$\begin{cases} x_1=-b_{11}x_{r+1}-b_{12}x_{r+2}-\cdots-b_{1n-r}x_n \\ x_2=-b_{21}x_{r+1}-b_{22}x_{r+2}-\cdots-b_{2n-r}x_n \\ \qquad\vdots \\ x_r=-b_{r1}x_{r+1}-b_{r2}x_{r+2}-\cdots-b_{rn-r}x_n \end{cases} \tag{3-10}$$

其中 $x_{r+1},x_{r+2},\cdots,x_n$ 是自由未知量，分别取

$$\begin{pmatrix} x_{r+1} \\ x_{r+2} \\ \vdots \\ x_n \end{pmatrix}=\begin{pmatrix} 1 \\ 0 \\ \vdots \\ 0 \end{pmatrix},\begin{pmatrix} 0 \\ 1 \\ \vdots \\ 0 \end{pmatrix},\cdots,\begin{pmatrix} 0 \\ 0 \\ \vdots \\ 1 \end{pmatrix}$$

代入方程组(3－10)，即可得到方程组 $\boldsymbol{Ax}=\boldsymbol{0}$ 的 $n-r$ 个解：

$$\boldsymbol{\eta}_1=\begin{pmatrix} -b_{11} \\ \vdots \\ -b_{r1} \\ 1 \\ 0 \\ \vdots \\ 0 \end{pmatrix},\quad \boldsymbol{\eta}_2=\begin{pmatrix} -b_{12} \\ \vdots \\ -b_{r2} \\ 0 \\ 1 \\ \vdots \\ 0 \end{pmatrix},\cdots,\boldsymbol{\eta}_{n-r}=\begin{pmatrix} -b_{1n-r} \\ \vdots \\ -b_{rn-r} \\ 0 \\ 0 \\ \vdots \\ 1 \end{pmatrix}$$

现证 $\boldsymbol{\eta}_1,\boldsymbol{\eta}_2,\cdots,\boldsymbol{\eta}_{n-r}$ 就是线性方程组 $\boldsymbol{Ax}=\boldsymbol{0}$ 的基础解系.

(1)证明 $\boldsymbol{\eta}_1,\boldsymbol{\eta}_2,\cdots,\boldsymbol{\eta}_{n-r}$ 线性无关.

事实上，因为 $n-r$ 个 $n-r$ 维向量 $\begin{pmatrix} 1 \\ 0 \\ \vdots \\ 0 \end{pmatrix},\begin{pmatrix} 0 \\ 1 \\ \vdots \\ 0 \end{pmatrix},\cdots,\begin{pmatrix} 0 \\ 0 \\ \vdots \\ 1 \end{pmatrix}$ 线性无关，所以 $n-r$ 个 n 维向量 $\boldsymbol{\eta}_1,\boldsymbol{\eta}_2,\cdots,\boldsymbol{\eta}_{n-r}$ 亦线性无关.

(2)证明方程组 $\boldsymbol{Ax}=\boldsymbol{0}$ 的任一解都可表示为 $\boldsymbol{\eta}_1,\boldsymbol{\eta}_2,\cdots,\boldsymbol{\eta}_{n-r}$ 的线性组合.

事实上，由方程组(3－10)有

$$
\boldsymbol{x}=\begin{pmatrix}x_1\\ \vdots\\ x_r\\ x_{r+1}\\ \vdots\\ x_n\end{pmatrix}=\begin{pmatrix}-b_{11}x_{r+1}-b_{12}x_{r+2}-\cdots-b_{1n-r}x_n\\ \vdots\\ -b_{r1}x_{r+1}-b_{r2}x_{r+2}-\cdots-b_{rn-r}x_n\\ x_{r+1}\\ \vdots\\ x_n\end{pmatrix}
$$

$$
=x_{r+1}\begin{pmatrix}-b_{11}\\ \vdots\\ -b_{r1}\\ 1\\ 0\\ \vdots\\ 0\end{pmatrix}+x_{r+2}\begin{pmatrix}-b_{12}\\ \vdots\\ -b_{r2}\\ 0\\ 1\\ \vdots\\ 0\end{pmatrix}+\cdots+x_n\begin{pmatrix}-b_{1n-r}\\ \vdots\\ -b_{rn-r}\\ 0\\ 0\\ \vdots\\ 1\end{pmatrix}
$$

$$
=x_{r+1}\boldsymbol{\eta}_1+x_{r+2}\boldsymbol{\eta}_2+\cdots+x_n\boldsymbol{\eta}_{n-r}
$$

即方程组 $\boldsymbol{A}\boldsymbol{x}=\boldsymbol{0}$ 的任一解 $\boldsymbol{x}$ 可表示为 $\boldsymbol{\eta}_1,\boldsymbol{\eta}_2,\cdots,\boldsymbol{\eta}_{n-r}$ 的线性组合.

综合(1)和(2)知，$\boldsymbol{\eta}_1,\boldsymbol{\eta}_2,\cdots,\boldsymbol{\eta}_{n-r}$ 就是 $\boldsymbol{A}\boldsymbol{x}=\boldsymbol{0}$ 的基础解系.

定理 3.13 的证明过程实际上已给出了求齐次线性方程组的基础解系的方法.

例 1　求齐次线性方程组

$$
\begin{cases}2x_1+x_2-2x_3+3x_4=0\\ 3x_1+2x_2-x_3+2x_4=0\\ x_1+x_2+x_3-x_4=0\end{cases}
$$

的一个基础解系.

解:对此方程组的系数矩阵作如下初等行变换：

$$
\boldsymbol{A}=\begin{pmatrix}2&1&-2&3\\ 3&2&-1&2\\ 1&1&1&-1\end{pmatrix}\xrightarrow[r_2-3r_3]{r_1-2r_3}\begin{pmatrix}0&-1&-4&5\\ 0&-1&-4&5\\ 1&1&1&-1\end{pmatrix}\xrightarrow{r_1-r_2}\begin{pmatrix}0&0&0&0\\ 0&-1&-4&5\\ 1&1&1&-1\end{pmatrix}
$$

$$
\xrightarrow{r_1\leftrightarrow r_3}\begin{pmatrix}1&1&1&-1\\ 0&-1&-4&5\\ 0&0&0&0\end{pmatrix}\xrightarrow{r_1+r_2}\begin{pmatrix}1&0&-3&4\\ 0&-1&-4&5\\ 0&0&0&0\end{pmatrix}\xrightarrow{(-1)\times r_2}\begin{pmatrix}1&0&-3&4\\ 0&1&4&-5\\ 0&0&0&0\end{pmatrix}
$$

于是原方程组可同解地变为：

$$\begin{cases} x_1 = 3x_3 - 4x_4 \\ x_2 = -4x_3 + 5x_4 \end{cases}$$

令 $\begin{pmatrix} x_3 \\ x_4 \end{pmatrix} = \begin{pmatrix} 1 \\ 0 \end{pmatrix}, \begin{pmatrix} 0 \\ 1 \end{pmatrix}$，即得基础解系

$$\boldsymbol{\xi}_1 = \begin{pmatrix} 3 \\ -4 \\ 1 \\ 0 \end{pmatrix}, \boldsymbol{\xi}_2 = \begin{pmatrix} -4 \\ 5 \\ 0 \\ 1 \end{pmatrix}$$

例 2　求齐次线性方程组

$$\begin{cases} x_1 + x_2 - x_3 - x_4 = 0 \\ 2x_1 - 5x_2 + 3x_3 + 2x_4 = 0 \\ 7x_1 - 7x_2 + 3x_3 + x_4 = 0 \end{cases}$$

的基础解系与通解.

解：对系数矩阵 $\boldsymbol{A}$ 作初等行变换，化为行最简形矩阵：

$$\boldsymbol{A} = \begin{pmatrix} 1 & 1 & -1 & -1 \\ 2 & -5 & 3 & 2 \\ 7 & -7 & 3 & 1 \end{pmatrix} \rightarrow \begin{pmatrix} 1 & 0 & -2/7 & -3/7 \\ 0 & 1 & -5/7 & -4/7 \\ 0 & 0 & 0 & 0 \end{pmatrix}$$

得到原方程组的同解方程组

$$\begin{cases} x_1 = \dfrac{2}{7}x_3 + \dfrac{3}{7}x_4 \\ x_2 = \dfrac{5}{7}x_3 + \dfrac{4}{7}x_4 \end{cases}$$

令 $\begin{pmatrix} x_3 \\ x_4 \end{pmatrix} = \begin{pmatrix} 1 \\ 0 \end{pmatrix}, \begin{pmatrix} 0 \\ 1 \end{pmatrix}$，即得基础解系

$$\boldsymbol{\xi}_1 = \begin{pmatrix} 2/7 \\ 5/7 \\ 1 \\ 0 \end{pmatrix}, \boldsymbol{\xi}_2 = \begin{pmatrix} 3/7 \\ 4/7 \\ 0 \\ 1 \end{pmatrix}$$

通解为

$$\begin{pmatrix}x_1\\x_2\\x_3\\x_4\end{pmatrix}=c_1\begin{pmatrix}2/7\\5/7\\1\\0\end{pmatrix}+c_2\begin{pmatrix}3/7\\4/7\\0\\1\end{pmatrix}(c_1,c_2\in\mathbf{R})$$

3.6.2 非齐次线性方程组解的结构

称非齐次线性方程组 $\boldsymbol{Ax}=\boldsymbol{b}$ 对应的齐次线性方程组 $\boldsymbol{Ax}=\boldsymbol{0}$ 为其导出组.

性质 3.4　设 $\boldsymbol{\eta}_1,\boldsymbol{\eta}_2$ 是非齐次线性方程组 $\boldsymbol{Ax}=\boldsymbol{b}$ 的解，则 $\boldsymbol{\eta}_1-\boldsymbol{\eta}_2$ 是对应的齐次线性方程组 $\boldsymbol{Ax}=\boldsymbol{0}$ 的解.

证明：设 $\boldsymbol{\eta}_1,\boldsymbol{\eta}_2$ 为方程组 $\boldsymbol{Ax}=\boldsymbol{b}$ 的解，则 $\boldsymbol{A\eta}_1=\boldsymbol{b},\boldsymbol{A\eta}_2=\boldsymbol{b}$，两式相减得

$$\boldsymbol{A}(\boldsymbol{\eta}_1-\boldsymbol{\eta}_2)=\boldsymbol{b}-\boldsymbol{b}=\boldsymbol{0}$$

即 $\boldsymbol{\eta}_1-\boldsymbol{\eta}_2$ 是对应的齐次线性方程组 $\boldsymbol{Ax}=\boldsymbol{0}$的解.

性质 3.5　设 $\boldsymbol{\eta}$ 是非齐次线性方程组 $\boldsymbol{Ax}=\boldsymbol{b}$ 的解，$\boldsymbol{\xi}$ 为对应的齐次线性方程组 $\boldsymbol{Ax}=\boldsymbol{0}$ 的解，则 $\boldsymbol{\xi}+\boldsymbol{\eta}$ 为非齐次线性方程组 $\boldsymbol{Ax}=\boldsymbol{b}$ 的解.

证明：由于 $\boldsymbol{\eta}$ 为方程组 $\boldsymbol{Ax}=\boldsymbol{b}$ 的解，故有 $\boldsymbol{A\eta}=\boldsymbol{b}$. 由于 $\boldsymbol{\xi}$ 为方程组 $\boldsymbol{Ax}=\boldsymbol{0}$ 的解，故有 $\boldsymbol{A\xi}=\boldsymbol{0}$.

从而

$$\boldsymbol{A}(\boldsymbol{\xi}+\boldsymbol{\eta})=\boldsymbol{A\xi}+\boldsymbol{A\eta}=\boldsymbol{0}+\boldsymbol{b}=\boldsymbol{b}$$

即 $\boldsymbol{\xi}+\boldsymbol{\eta}$ 为非齐次线性方程组 $\boldsymbol{Ax}=\boldsymbol{b}$ 的解.

定理 3.14(非齐次线性方程组解的结构定理)设 $\boldsymbol{\eta}^*$ 是非齐次线性方程组 $\boldsymbol{Ax}=\boldsymbol{b}$ 的一个特解，$\boldsymbol{\xi}$ 是导出组 $\boldsymbol{Ax}=\boldsymbol{0}$ 的通解，则 $\boldsymbol{x}=\boldsymbol{\xi}+\boldsymbol{\eta}^*$ 是非齐次线性方程组 $\boldsymbol{Ax}=\boldsymbol{b}$ 的通解.

若 $\boldsymbol{\xi}_1,\boldsymbol{\xi}_2,\cdots,\boldsymbol{\xi}_{n-r}$是 $\boldsymbol{Ax}=\boldsymbol{0}$ 的一个基础解系，$\boldsymbol{\eta}^*$ 是 $\boldsymbol{Ax}=\boldsymbol{b}$ 的一个特解，则非齐次线性方程组 $\boldsymbol{Ax}=\boldsymbol{b}$ 的通解可表示为

$$c_1\boldsymbol{\xi}_1+c_2\boldsymbol{\xi}_2+\cdots+c_{n-r}\boldsymbol{\xi}_{n-r}+\boldsymbol{\eta}^* \tag{3-11}$$

其中 $c_1,c_2,\cdots,c_{n-r}$为任意实数.

综前所述，设有非齐次线性方程组 $\boldsymbol{Ax}=\boldsymbol{b}$，而 $\boldsymbol{\alpha}_1,\boldsymbol{\alpha}_2,\cdots,\boldsymbol{\alpha}_n$ 是系数矩阵 $\boldsymbol{A}$ 的列向量组，则下列四个命题等价：

(1)非齐次线性方程组 $\boldsymbol{Ax}=\boldsymbol{b}$ 有解；

(2)向量 $\boldsymbol{b}$ 能由向量组 $\boldsymbol{\alpha}_1,\boldsymbol{\alpha}_2,\cdots,\boldsymbol{\alpha}_n$ 线性表示；

(3)向量组 $\boldsymbol{\alpha}_1,\boldsymbol{\alpha}_2,\cdots,\boldsymbol{\alpha}_n$ 与向量组 $\boldsymbol{\alpha}_1,\boldsymbol{\alpha}_2,\cdots,\boldsymbol{\alpha}_n,\boldsymbol{b}$ 等价；

(4)$r(\boldsymbol{A})=r(\widetilde{\boldsymbol{A}})$.

例 3 对于线性方程组

$$\begin{cases} x_1+3x_2+x_3+4x_4=2 \\ 2x_1+7x_2+4x_3+3x_4=6 \\ x_1+4x_2+3x_3+x_4=2 \\ 3x_2+6x_3-3x_4=-6 \end{cases}$$

利用导出组的基础解系表示该方程组的通解.

解:对线性方程组的增广矩阵施行初等行变换,化为行最简形矩阵:

$$\widetilde{\boldsymbol{A}}=\begin{pmatrix} 1 & 3 & 1 & 4 & 2 \\ 2 & 7 & 4 & 3 & 6 \\ 1 & 4 & 3 & 1 & 2 \\ 0 & 3 & 6 & -3 & -6 \end{pmatrix}\to\begin{pmatrix} 1 & 3 & 1 & 4 & 2 \\ 0 & 1 & 2 & -5 & 2 \\ 0 & 1 & 2 & -3 & 0 \\ 0 & 1 & 2 & -1 & -2 \end{pmatrix}\to\begin{pmatrix} 1 & 3 & 1 & 4 & 2 \\ 0 & 1 & 2 & -5 & 2 \\ 0 & 0 & 0 & 1 & -1 \\ 0 & 0 & 0 & 0 & 0 \end{pmatrix}$$

$$\to\begin{pmatrix} 1 & 3 & 1 & 0 & 6 \\ 0 & 1 & 2 & 0 & -3 \\ 0 & 0 & 0 & 1 & -1 \\ 0 & 0 & 0 & 0 & 0 \end{pmatrix}\to\begin{pmatrix} 1 & 0 & -5 & 0 & 15 \\ 0 & 1 & 2 & 0 & -3 \\ 0 & 0 & 0 & 1 & -1 \\ 0 & 0 & 0 & 0 & 0 \end{pmatrix}$$

同解方程组为 $\begin{cases} x_1=15+5x_3 \\ x_2=-3-2x_3 \\ x_4=-1 \end{cases}$,其中 x_3 为自由未知量.

令 $x_3=0$,得到方程组的一个特解为 $\boldsymbol{\eta}^*=\begin{pmatrix} 15 \\ -3 \\ 0 \\ -1 \end{pmatrix}$. 对于导出组有 $x_4=0$,令 $x_3=1$ 即可求得导出组的基础解系 $\boldsymbol{\xi}=\begin{pmatrix} 5 \\ -2 \\ 1 \\ 0 \end{pmatrix}$.

从而方程组的通解为：$\boldsymbol{x}=\boldsymbol{\eta}^*+c\boldsymbol{\xi}=\begin{pmatrix}15\\-3\\0\\-1\end{pmatrix}+c\begin{pmatrix}5\\-2\\1\\0\end{pmatrix}(c\in\mathbf{R})$.

例 4　设四元非齐次线性方程组 $\boldsymbol{Ax}=\boldsymbol{b}$ 的系数矩阵 $\boldsymbol{A}$ 的秩为 3，已知它的三个解向量为 $\boldsymbol{\eta}_1,\boldsymbol{\eta}_2,\boldsymbol{\eta}_3$，其中

$$\boldsymbol{\eta}_1=\begin{pmatrix}3\\4\\1\\2\end{pmatrix},\quad \boldsymbol{\eta}_2+\boldsymbol{\eta}_3=\begin{pmatrix}4\\6\\8\\0\end{pmatrix}$$

求该方程组的通解.

解：依题意，方程组 $\boldsymbol{Ax}=\boldsymbol{b}$ 的导出组的基础解系含 $4-3=1$ 个向量，于是导出组的任何一个非零解都可作为其基础解系. 显然

$$\boldsymbol{\eta}_1-\frac{1}{2}(\boldsymbol{\eta}_2+\boldsymbol{\eta}_3)=\begin{pmatrix}1\\1\\-3\\2\end{pmatrix}\neq\mathbf{0}$$

是导出组的非零解，可作为其基础解系. 故方程组 $\boldsymbol{Ax}=\boldsymbol{b}$ 的通解为

$$\boldsymbol{x}=\boldsymbol{\eta}_1+c\left[\boldsymbol{\eta}_1-\frac{1}{2}(\boldsymbol{\eta}_2+\boldsymbol{\eta}_3)\right]=\begin{pmatrix}3\\4\\1\\2\end{pmatrix}+c\begin{pmatrix}1\\1\\-3\\2\end{pmatrix}(c\in\mathbf{R})$$

3.6.3　线性方程组求解的 MATLAB 实现

1. 求齐次线性方程组的基础解系和解空间的维数

对于齐次线性方程组 $\boldsymbol{Ax}=\mathbf{0}$，可用命令 null 求出一个基础解系，用命令 size 求出基础解系的维数.

例 5　求解方程组$\begin{cases}x_1+x_2-x_3-x_4=0\\2x_1-5x_2+3x_3+2x_4=0.\\7x_1-7x_2+3x_3+x_4=0\end{cases}$

解:相应的 MATLAB 代码为:

```
>> A=[1,1,-1,-1;2,-5,3,2;7,-7,3,1];
>> A=sym(A);
>> B=null(A)
B =
[  3/4,-1/4]
[    1,    0]
[    0,    1]
[  7/4,-5/4]
>> size(B,2)
ans =
     2
```

故方程组的基础解系为:$\boldsymbol{\xi}_1=\left(\frac{3}{4},1,0,\frac{7}{4}\right)^{\mathrm{T}}$,$\boldsymbol{\xi}_2=\left(-\frac{1}{4},0,1,-\frac{5}{4}\right)^{\mathrm{T}}$,且基础解系的维数是 2.

2. 非齐次线性方程组的直接求解

对于非齐次线性方程组 $\boldsymbol{Ax}=\boldsymbol{b}$,当 $r(\boldsymbol{A})=r(\widetilde{\boldsymbol{A}})=n$ 时,有唯一解,此时在 MATLAB 中可以直接使用"\"解此类线性方程组.

例 6 求解方程组 $\begin{cases}2x_1+x_2-5x_3+x_4=8\\x_1-3x_2-6x_4=9\\2x_2-x_3+2x_4=-5\\x_1+4x_2-7x_3+6x_4=0\end{cases}$.

解:相应的 MATLAB 代码为:

```
>> A=[2,1,-5,1;1,-3,0,-6;0,2,-1,2;1,4,-7,6];b=[8,9,-5,0]';
>> x=A\b
x =
    3.0000
   -4.0000
   -1.0000
    1.0000
```

所以方程组有唯一解：$x_1=3, x_2=-4, x_3=-1, x_4=1$.

3. 不定线性方程组的通解

当线性方程组的方程个数少于未知数个数时，称这个方程组为不定方程组. 这样的方程组通常有无穷组解，MATLAB 在求这类方程组时只给出其中的一组解，并不再给出错误信息. 此时可以利用命令 null 求系数矩阵的基础解系，引入参数即可得出原方程组的通解.

例 7　求解不定方程组 $\begin{cases} x_1+2x_2+3x_3-x_4=2 \\ 3x_1+2x_2+x_3-x_4=4 \\ x_1-2x_2-5x_3+x_4=0 \end{cases}$.

解：相应的 MATLAB 代码为：

```
>> A=[1,2,3,-1;3,2,1,-1;1,-2,-5,1];
>> A=sym(A) ;
>> b=[2,4,0]';
>> x=A\b
Warning: System is rank deficient. Solution is not unique.
> In sym.mldivide at 41
x =
   1
   0
   0
  -1
>> B=null(A)
B =
[ 1,0]
[ 0,1]
[ 1,0]
[ 4,2]
>> syms c1 c2
>> X=c1*B(:,1)+c2*B(:,2)+A\b
Warning: System is rank deficient. Solution is not unique.
> In sym.mldivide at 41
```

```
X =
c1 + 1
c2
c1
4 * c1 + 2 * c2 - 1
```

4. 含参数的线性方程组解的讨论

例 8 a 取何值时，下列线性方程组有唯一解、无解或有无穷多解？并在无穷多解时求出其通解.

$$\begin{cases} ax_1 + x_2 + x_3 = 1 \\ x_1 + ax_2 + x_3 = a \\ x_1 + x_2 + ax_3 = a^2 \end{cases}$$

解:(1)求该方程组的系数行列式，并求其根.

```
>> syms a;
>> A = [a,1,1;1,a,1;1,1,a];
>> p = det(A)
p =
a∧3 - 3 * a + 2
>> solve(p,a)
ans =
    - 2
    1
    1
```

(2)当 $a \neq 1$ 且 $a \neq -2$ 时，线性方程组有唯一解.

(3)当 $a = -2$ 时，分别求系数矩阵与增广矩阵的秩.

```
>> A = [ - 2,1,1;1, - 2,1;1,1, - 2];
>> b = [1, - 2,4]';
>> rank(A)
ans =
    2
>> rank([A,b])
```

```
ans =

    3
```

由于 $r(\mathbf{A})\neq r(\widetilde{\mathbf{A}})$，所以当 $a=-2$ 时，线性方程组无解.

(4)当 $a=1$ 时，求其增广矩阵的行最简形矩阵，然后写出其通解.

```
>> A=[1,1,1;1,1,1;1,1,1];
>> b=[1,1,1]';
>> rref([A,b])
ans =

    1    1    1    1
    0    0    0    0
    0    0    0    0
```

由于 $r(\mathbf{A})=r(\widetilde{\mathbf{A}})=1<3$，所以当 $a=1$ 时，线性方程组有无穷多解.

此时，其通解为

$$\begin{cases}x_1=-1-c_1-c_2\\x_2=c_1\\x_3=c_2\end{cases}\qquad(c_1,c_2\in\mathbf{R})$$

习题 3－6

(A)

1. 求下列齐次线性方程组的基础解系和通解.

(1)$\begin{cases}x_1+x_2+x_3+4x_4-3x_5=0\\x_1-x_2+3x_3-2x_4-x_5=0\\2x_1+x_2+3x_3+5x_4-5x_5=0\\3x_1+x_2+5x_3+6x_4-7x_5=0\end{cases}$；　(2)$\begin{cases}x_1+x_2-x_3+2x_4+x_5=0\\x_3+3x_4-x_5=0\\2x_3+x_4-2x_5=0\end{cases}$；

(3)$\begin{cases}x_1+2x_2+x_4-2x_5=0\\2x_1+4x_2+2x_3+2x_4+5x_5=0\\-x_1-2x_2+x_3+3x_4+8x_5=0\\3x_1+6x_2+x_4-2x_5=0\end{cases}$.

2. 求下列非齐次线性方程组的通解.

(1) $\begin{cases} x_1+x_2+x_3+3x_4+x_5=7 \\ 3x_1+x_2+2x_3+x_4-3x_5=-2; \\ 2x_2+x_3+2x_4+6x_5=23 \end{cases}$ (2) $\begin{cases} x_1+x_2-3x_3-x_4=1 \\ 3x_1-x_2-3x_3+4x_4=4. \\ x_1+5x_2-9x_3-8x_4=0 \end{cases}$

(B)

1. 设 $\boldsymbol{\alpha}_1,\boldsymbol{\alpha}_2$ 是某个齐次线性方程组的基础解系,证明 $\boldsymbol{\alpha}_1+\boldsymbol{\alpha}_2,2\boldsymbol{\alpha}_1-\boldsymbol{\alpha}_2$ 也是该方程组的基础解系.

2. 求出一个齐次线性方程组,使它的基础解系由下列向量组成:

$$\boldsymbol{\xi}_1=\begin{pmatrix}1\\2\\3\\4\end{pmatrix},\boldsymbol{\xi}_2=\begin{pmatrix}4\\3\\2\\1\end{pmatrix}.$$

3. 设矩阵 $\boldsymbol{A}=(a_{ij})_{m\times n},\boldsymbol{B}=(b_{ij})_{n\times s}$ 满足 $\boldsymbol{AB}=\boldsymbol{0}$,试证:$r(\boldsymbol{A})+r(\boldsymbol{B})\leqslant n$.

4. 设四元非齐次线性方程组 $\boldsymbol{Ax}=\boldsymbol{b}$ 的系数矩阵 $\boldsymbol{A}$ 的秩为 3,已知它的三个解向量满足:

$\boldsymbol{\eta}_1=\begin{pmatrix}2\\3\\4\\5\end{pmatrix},\boldsymbol{\eta}_2+\boldsymbol{\eta}_3=\begin{pmatrix}1\\2\\3\\4\end{pmatrix}$,求该方程组的通解.

复习题三

一、单项选择题

1. $m<n$ 是齐次线性方程组 $\boldsymbol{A}_{m\times n}\boldsymbol{x}=\boldsymbol{0}$ 有非零解的(　　)条件.

A. 充分　　B. 必要

C. 充要　　D. 必要不充分

2. 若向量 $\boldsymbol{\alpha},\boldsymbol{\beta}$ 线性相关,则(　　).

A. 其中必有一个向量为零向量　　B. $\boldsymbol{\alpha}=k\boldsymbol{\beta}$,$k$ 为非零实数

C. $\boldsymbol{\alpha},\boldsymbol{\beta}$ 的对应分量成比例　　D. $\boldsymbol{\alpha},\boldsymbol{\beta}$ 均为非零向量

3. $m>n$ 是 n 维向量组 $\boldsymbol{\alpha}_1,\boldsymbol{\alpha}_2,\cdots,\boldsymbol{\alpha}_m$ 线性相关的(　　)条件.

A. 充分　　B. 必要

C. 充要　　D. 必要不充分

4. 向量组 $\boldsymbol{\alpha}_1=(1,2,3)^T,\boldsymbol{\alpha}_2=(1,1,2)^T,\boldsymbol{\alpha}_3=(0,1,1)^T,\boldsymbol{\alpha}_4=(2,5,7)^T$ 的秩为(　　).

A. 1　　B. 2　　C. 3　　D. 4

5. 设 $\boldsymbol{\alpha}_1,\boldsymbol{\alpha}_2$ 是线性方程组 $\boldsymbol{Ax}=\boldsymbol{b}$ 的解,则(　　).

A. $\boldsymbol{\alpha}_1+\boldsymbol{\alpha}_2$ 是 $\boldsymbol{Ax}=\boldsymbol{0}$ 的解

B. $\boldsymbol{\alpha}_1-\boldsymbol{\alpha}_2$ 是 $\boldsymbol{Ax}=\boldsymbol{b}$ 的解

C. $k_1\boldsymbol{\alpha}_1+k_2\boldsymbol{\alpha}_2(k_1+k_2=1)$是 $\boldsymbol{Ax}=\boldsymbol{b}$ 的解

D. $k_1\boldsymbol{\alpha}_1+k_2\boldsymbol{\alpha}_2(k_1+k_2=1)$是 $\boldsymbol{Ax}=\boldsymbol{0}$ 的解

二、填空题

1. 齐次线性方程组 $\boldsymbol{A}_{m\times n}\boldsymbol{x}=\boldsymbol{0}$ 有非零解的充要条件是____________.

2. 向量组 $\boldsymbol{\alpha}_1,\boldsymbol{\alpha}_2,\boldsymbol{\alpha}_3$ 线性相关的几何意义是这三个向量____________.

3. 若非齐次线性方程组 $\boldsymbol{Ax}=\boldsymbol{b}$ 有唯一解,则齐次线性方程组 $\boldsymbol{Ax}=\boldsymbol{0}$ ____________.

4. 如果向量组 $\boldsymbol{\alpha}_1,\boldsymbol{\alpha}_2,\boldsymbol{\alpha}_3,\boldsymbol{\alpha}_4$ 线性无关,则其极大无关组为____________.

5. 齐次线性方程组 $x_1+x_2+\cdots+x_n=0$ 的基础解系中所含向量的个数为________.

三、解答题

1. 已知向量组

$$\boldsymbol{\alpha}_1=(1,1,2,1)^T,\boldsymbol{\alpha}_2=(1,0,0,2)^T,\boldsymbol{\alpha}_3=(-1,-4,-8,k)^T$$

线性相关,求 k.

2. 求向量组

$$\boldsymbol{\alpha}_1=(1,1,4,2)^T,\boldsymbol{\alpha}_2=(1,-1,-2,4)^T,\boldsymbol{\alpha}_3=(-3,2,3,-11)^T,\boldsymbol{\alpha}_4=(1,3,10,0)^T$$

的极大无关组,并把不属于极大无关组的列向量用极大无关组线性表示.

3. 已知非齐次线性方程组 $\begin{cases} x_1+x_2+x_3+4x_4=-3 \\ x_1-x_2+3x_3-2x_4=-1 \\ 2x_1+x_2+3x_3+5x_4=-5 \end{cases}$,求:

(1)对应齐次线性方程组的基础解系;(2)该方程组的通解.

4. 设四元非齐次线性方程组 $\boldsymbol{Ax}=\boldsymbol{b}$ 的系数矩阵 $\boldsymbol{A}$ 的秩为 2,已知它的三个解向量为

$\boldsymbol{\eta}_1=\begin{pmatrix}4\\3\\2\\1\end{pmatrix},\boldsymbol{\eta}_2=\begin{pmatrix}1\\3\\5\\1\end{pmatrix},\boldsymbol{\eta}_3=\begin{pmatrix}-2\\6\\3\\2\end{pmatrix}$,求该方程组的通解.

5. 若向量组 $\boldsymbol{\alpha}_1,\boldsymbol{\alpha}_2,\boldsymbol{\alpha}_3$ 线性无关,证明:向量组 $\boldsymbol{\beta}_1=\boldsymbol{\alpha}_1,\boldsymbol{\beta}_2=\boldsymbol{\alpha}_1+\boldsymbol{\alpha}_2,\boldsymbol{\beta}_3=\boldsymbol{\alpha}_1+\boldsymbol{\alpha}_2+\boldsymbol{\alpha}_3$ 也线性无关.

第4章　矩阵的特征值与特征向量

本章讨论的主要内容为方阵的特征值与特征向量、相似矩阵及实对称矩阵的相似对角化等问题.

4.1　向量的内积及正交性

向量的长度、夹角等是向量的内在度量性质.

4.1.1　向量的内积及长度

定义 4.1　设有两个 n 维向量

$$\boldsymbol{x}=\begin{pmatrix}x_1\\x_2\\\vdots\\x_n\end{pmatrix},\boldsymbol{y}=\begin{pmatrix}y_1\\y_2\\\vdots\\y_n\end{pmatrix}$$

令

$$(\boldsymbol{x},\boldsymbol{y})=\boldsymbol{x}^{\mathrm{T}}\boldsymbol{y}=(x_1,x_2,\cdots,x_n)\begin{pmatrix}y_1\\y_2\\\vdots\\y_n\end{pmatrix}=x_1y_1+x_2y_2+\cdots+x_ny_n$$

称 $(\boldsymbol{x},\boldsymbol{y})$ 为向量 $\boldsymbol{x}$ 与 $\boldsymbol{y}$ 的内积. 内积 $(\boldsymbol{x},\boldsymbol{y})$ 有时也记作 $\boldsymbol{x}\cdot\boldsymbol{y}$.

内积是两个向量之间的一种运算,其结果是一个实数,内积运算有以下性质 (其中 $\lambda\in\mathbf{R}$):

(1) $(\boldsymbol{x},\boldsymbol{y})=(\boldsymbol{y},\boldsymbol{x})$;

(2) $(\lambda \boldsymbol{x}, \boldsymbol{y})=\lambda(\boldsymbol{x}, \boldsymbol{y})$;

(3) $(\boldsymbol{x}+\boldsymbol{y}, \boldsymbol{z})=(\boldsymbol{x}, \boldsymbol{z})+(\boldsymbol{y}, \boldsymbol{z})$;

(4) $(\boldsymbol{x}, \boldsymbol{x}) \geqslant 0$,当且仅当 $\boldsymbol{x}=\mathbf{0}$ 时,$(\boldsymbol{x}, \boldsymbol{x})=0$.

例 1 设 $\mathbf{R}^3$ 中的一个基为 $\boldsymbol{\varepsilon}_1=(1,0,0)^{\mathrm{T}}, \boldsymbol{\varepsilon}_2=(0,1,0)^{\mathrm{T}}, \boldsymbol{\varepsilon}_3=(0,0,1)^{\mathrm{T}}$,试求任意两个自然基 $\boldsymbol{\varepsilon}_i$ 与 $\boldsymbol{\varepsilon}_j (i,j=1,2,3)$ 的内积.

解:

$$(\boldsymbol{\varepsilon}_1, \boldsymbol{\varepsilon}_2)=1 \times 0+0 \times 1+0 \times 0=0$$

$$(\boldsymbol{\varepsilon}_2, \boldsymbol{\varepsilon}_3)=0 \times 0+1 \times 0+0 \times 1=0$$

$$(\boldsymbol{\varepsilon}_3, \boldsymbol{\varepsilon}_1)=0 \times 1+0 \times 0+1 \times 0=0$$

同理可得

$$(\boldsymbol{\varepsilon}_i, \boldsymbol{\varepsilon}_i)=1 \quad (i=1,2,3)$$

例 2 求 $\left(\left((\boldsymbol{\alpha}, \boldsymbol{\alpha}) \boldsymbol{\beta}-\frac{1}{3}(\boldsymbol{\alpha}, \boldsymbol{\beta}) \boldsymbol{\alpha}\right), 3 \boldsymbol{\alpha}\right)$.

解:

$$\left(\left((\boldsymbol{\alpha}, \boldsymbol{\alpha}) \boldsymbol{\beta}-\frac{1}{3}(\boldsymbol{\alpha}, \boldsymbol{\beta}) \boldsymbol{\alpha}\right), 3 \boldsymbol{\alpha}\right)=3(\boldsymbol{\alpha}, \boldsymbol{\alpha})(\boldsymbol{\beta}, \boldsymbol{\alpha})-(\boldsymbol{\alpha}, \boldsymbol{\beta})(\boldsymbol{\alpha}, \boldsymbol{\alpha})$$

$$=(3(\boldsymbol{\alpha}, \boldsymbol{\alpha})-(\boldsymbol{\alpha}, \boldsymbol{\alpha}))(\boldsymbol{\alpha}, \boldsymbol{\beta})=2(\boldsymbol{\alpha}, \boldsymbol{\alpha})(\boldsymbol{\alpha}, \boldsymbol{\beta})$$

在空间解析几何中,向量 $\boldsymbol{x}=(x_1, x_2, x_3)$ 和 $\boldsymbol{y}=(y_1, y_2, y_3)$ 的内积为

$$\boldsymbol{x} \cdot \boldsymbol{y}=|\boldsymbol{x}||\boldsymbol{y}| \cos (\boldsymbol{x}, \boldsymbol{y})$$

且在直角坐标系中,有

$$\boldsymbol{x} \cdot \boldsymbol{y}=x_1 y_1+x_2 y_2+x_3 y_3$$

这说明 n 维向量的内积是空间解析几何三维内积的一种推广.

定义 4.2 令

$$\|\boldsymbol{x}\|=\sqrt{(\boldsymbol{x}, \boldsymbol{x})}=\sqrt{x_1^2+x_2^2+\cdots+x_n^2}$$

称 $\|\boldsymbol{x}\|$ 为 n 维向量 $\boldsymbol{x}$ 的长度(或范数).

向量的长度具有以下性质.

(1) 非负性 $\|\boldsymbol{x}\| \geqslant 0$,当且仅当 $\boldsymbol{x}=\mathbf{0}$ 时,$\|\boldsymbol{x}\|=0$.

(2) 齐次性 $\|\lambda \boldsymbol{x}\|=|\lambda|\|\boldsymbol{x}\|$.

(3) 三角不等式 $\|\boldsymbol{x}+\boldsymbol{y}\| \leqslant\|\boldsymbol{x}\|+\|\boldsymbol{y}\|$.

(4) 柯西-布涅可夫斯基不等式 对任意 n 维向量 $\boldsymbol{x}, \boldsymbol{y}$,令 $\boldsymbol{x}=(x_1, x_2, \cdots, x_n)^{\mathrm{T}}, \boldsymbol{y}=$

$(y_1, y_2, \cdots, y_n)^{\mathrm{T}}$，有

$$\left|\sum_{i=1}^{n} x_i y_i\right| \leqslant \sqrt{\sum_{i=1}^{n} x_i^2} \cdot \sqrt{\sum_{i=1}^{n} y_i^2}$$

用内积表达即为 $|(\boldsymbol{x}, \boldsymbol{y})| \leqslant \|\boldsymbol{x}\| \cdot \|\boldsymbol{y}\|$.

定义 4.3　当 $\|\boldsymbol{\alpha}\| \neq 0$, $\|\boldsymbol{\beta}\| \neq 0$，定义

$$\theta = \arccos \frac{(\boldsymbol{\alpha}, \boldsymbol{\beta})}{\|\boldsymbol{\alpha}\| \cdot \|\boldsymbol{\beta}\|} \quad (0 \leqslant \theta < \pi)$$

称 θ 为 n 维向量 $\boldsymbol{\alpha}$ 与 $\boldsymbol{\beta}$ 的夹角.

例 3　求 $\mathbf{R}^3$ 中向量 $\boldsymbol{\alpha} = (4, 0, 3)^{\mathrm{T}}$, $\boldsymbol{\beta} = (-\sqrt{3}, 3, 2)^{\mathrm{T}}$ 之间的夹角 θ.

解: $\|\boldsymbol{\alpha}\| = \sqrt{4^2 + 0^2 + 3^2} = 5$, $\|\boldsymbol{\beta}\| = \sqrt{(-\sqrt{3})^2 + 3^2 + 2^2} = 4$

$(\boldsymbol{\alpha}, \boldsymbol{\beta}) = 4 \times (-\sqrt{3}) + 0 \times 3 + 3 \times 2 = 6 - 4\sqrt{3}$

所以

$$\cos\theta = \frac{(\boldsymbol{\alpha}, \boldsymbol{\beta})}{\|\boldsymbol{\alpha}\| \cdot \|\boldsymbol{\beta}\|} = \frac{6 - 4\sqrt{3}}{5 \times 4} = \frac{3 - 2\sqrt{3}}{10}, \theta = \arccos \frac{3 - 2\sqrt{3}}{10}.$$

当 $\|\boldsymbol{x}\| = 1$ 时，称 $\boldsymbol{x}$ 为单位向量. 对 $\mathbf{R}^n$ 中的任一非零向量 $\boldsymbol{x}$，向量 $\dfrac{\boldsymbol{x}}{\|\boldsymbol{x}\|}$ 是一个单位向量，这一运算叫作把向量 $\boldsymbol{x}$ 单位化.

4.1.2　正交向量组与标准正交基

定义 4.4　若两向量 $\boldsymbol{\alpha}$ 与 $\boldsymbol{\beta}$ 的内积等于 0，则称向量 $\boldsymbol{\alpha}$ 与 $\boldsymbol{\beta}$ 相互正交，记作 $\boldsymbol{\alpha} \perp \boldsymbol{\beta}$.

显然，若 $\boldsymbol{\alpha} = \mathbf{0}$，则 $\boldsymbol{\alpha}$ 与任何向量都正交.

定义 4.5　若 n 维非零向量组 $\boldsymbol{\alpha}_1, \boldsymbol{\alpha}_2, \cdots, \boldsymbol{\alpha}_r$ 两两正交，则称该向量组为正交向量组.

定理 4.1　若 n 维向量 $\boldsymbol{\alpha}_1, \boldsymbol{\alpha}_2, \cdots, \boldsymbol{\alpha}_r$ 是正交向量组，则 $\boldsymbol{\alpha}_1, \boldsymbol{\alpha}_2, \cdots, \boldsymbol{\alpha}_r$ 线性无关.

证明: 设有一组实数 $k_1, k_2, \cdots, k_r$，使 $k_1\boldsymbol{\alpha}_1 + k_2\boldsymbol{\alpha}_2 + \cdots + k_r\boldsymbol{\alpha}_r = \mathbf{0}$.

两端左乘 $\boldsymbol{\alpha}_i^{\mathrm{T}}$，得

$$k_i \boldsymbol{\alpha}_i^{\mathrm{T}} \boldsymbol{\alpha}_i = 0 (i = 1, 2, \cdots, r)$$

因 $\boldsymbol{\alpha}_i^{\mathrm{T}} \neq \mathbf{0}$，故 $\boldsymbol{\alpha}_i^{\mathrm{T}} \boldsymbol{\alpha}_i = \|\boldsymbol{\alpha}_i\|^2 \neq 0$，从而

$$k_i = 0 (i = 1, 2, \cdots, r)$$

所以向量组 $\boldsymbol{\alpha}_1, \boldsymbol{\alpha}_2, \cdots, \boldsymbol{\alpha}_r$ 线性无关.

根据向量组线性相关的性质知，$\mathbf{R}^n$ 中任一正交向量组的向量个数不会超过 n.

例 4 已知三维向量空间中两个向量 $\boldsymbol{\alpha}_1=\begin{pmatrix}1\\1\\1\end{pmatrix}$，$\boldsymbol{\alpha}_2=\begin{pmatrix}1\\-2\\1\end{pmatrix}$ 正交，试求 $\boldsymbol{\alpha}_3$，使 $\boldsymbol{\alpha}_1,\boldsymbol{\alpha}_2,\boldsymbol{\alpha}_3$ 构成一个正交向量组.

解：设 $\boldsymbol{\alpha}_3=(x_1,x_2,x_3)^{\mathrm{T}}\neq\mathbf{0}$，且分别与 $\boldsymbol{\alpha}_1,\boldsymbol{\alpha}_2$ 正交，则有

$$(\boldsymbol{\alpha}_1,\boldsymbol{\alpha}_3)=(\boldsymbol{\alpha}_2,\boldsymbol{\alpha}_3)=0$$

即

$$\begin{cases}(\boldsymbol{\alpha}_1,\boldsymbol{\alpha}_3)=x_1+\ x_2+x_3=0\\(\boldsymbol{\alpha}_2,\boldsymbol{\alpha}_3)=x_1-2x_2+x_3=0\end{cases}$$

解之得 $x_1=-x_3$，$x_2=0$. 令 $x_3=1$，得到

$$\boldsymbol{\alpha}_3=\begin{pmatrix}x_1\\x_2\\x_3\end{pmatrix}=\begin{pmatrix}-1\\0\\1\end{pmatrix}$$

经检验，$\boldsymbol{\alpha}_1,\boldsymbol{\alpha}_2,\boldsymbol{\alpha}_3$ 构成了一个正交向量组.

定义 4.6 若向量组 $\boldsymbol{\alpha}_1,\boldsymbol{\alpha}_2,\cdots,\boldsymbol{\alpha}_r$ 是向量空间 V 的一个基，且 $\boldsymbol{\alpha}_1,\boldsymbol{\alpha}_2,\cdots,\boldsymbol{\alpha}_r$ 两两正交，则称该向量组为向量空间 V 的一个正交基. 若都是单位向量，则称该向量组为向量空间 V 的一个标准正交基.

例如，对 n 维单位向量组

$$\boldsymbol{\varepsilon}_1=\begin{pmatrix}1\\0\\\vdots\\0\end{pmatrix},\boldsymbol{\varepsilon}_2=\begin{pmatrix}0\\1\\\vdots\\0\end{pmatrix},\cdots,\boldsymbol{\varepsilon}_n=\begin{pmatrix}0\\0\\\vdots\\1\end{pmatrix}$$

有

$$(\boldsymbol{\varepsilon}_i,\boldsymbol{\varepsilon}_j)=\begin{cases}0, & i\neq j\\1, & i=j\end{cases}\quad(i,j=1,2,\cdots,n)$$

因此，$\boldsymbol{\varepsilon}_1,\boldsymbol{\varepsilon}_2,\cdots,\boldsymbol{\varepsilon}_n$ 是 $\mathbf{R}^n$ 的一个标准正交基.

又如，容易验证

$$e_1=\begin{pmatrix}\frac{1}{\sqrt{2}}\\ \frac{1}{\sqrt{2}}\\ 0\\ 0\end{pmatrix},e_2=\begin{pmatrix}\frac{1}{\sqrt{2}}\\ -\frac{1}{\sqrt{2}}\\ 0\\ 0\end{pmatrix},e_3=\begin{pmatrix}0\\ 0\\ \frac{1}{\sqrt{2}}\\ \frac{1}{\sqrt{2}}\end{pmatrix},e_4=\begin{pmatrix}0\\ 0\\ \frac{1}{\sqrt{2}}\\ -\frac{1}{\sqrt{2}}\end{pmatrix}$$

是向量空间 $\mathbf{R}^4$ 的一个标准正交基.

4.1.3　向量空间基的标准正交化

已知向量空间 V 的一个基 $\boldsymbol{\alpha}_1,\boldsymbol{\alpha}_2,\cdots,\boldsymbol{\alpha}_r$，根据 $\boldsymbol{\alpha}_1,\boldsymbol{\alpha}_2,\cdots,\boldsymbol{\alpha}_r$ 找一组两两正交的单位向量 $\boldsymbol{e}_1,\boldsymbol{e}_2,\cdots,\boldsymbol{e}_r$，使 $\boldsymbol{e}_1,\boldsymbol{e}_2,\cdots,\boldsymbol{e}_r$ 与 $\boldsymbol{\alpha}_1,\boldsymbol{\alpha}_2,\cdots,\boldsymbol{\alpha}_r$ 等价. 通常将这样一个求 V 的标准正交基的过程叫作把基 $\boldsymbol{\alpha}_1,\boldsymbol{\alpha}_2,\cdots,\boldsymbol{\alpha}_r$ 标准正交化，可按如下两个步骤进行.

(1)正交化.

$$\boldsymbol{\beta}_1=\boldsymbol{\alpha}_1$$

$$\boldsymbol{\beta}_2=\boldsymbol{\alpha}_2-\frac{(\boldsymbol{\beta}_1,\boldsymbol{\alpha}_2)}{(\boldsymbol{\beta}_1,\boldsymbol{\beta}_1)}\boldsymbol{\beta}_1$$

$$\vdots$$

$$\boldsymbol{\beta}_r=\boldsymbol{\alpha}_r-\frac{(\boldsymbol{\beta}_1,\boldsymbol{\alpha}_r)}{(\boldsymbol{\beta}_1,\boldsymbol{\beta}_1)}\boldsymbol{\beta}_1-\frac{(\boldsymbol{\beta}_2,\boldsymbol{\alpha}_r)}{(\boldsymbol{\beta}_2,\boldsymbol{\beta}_2)}\boldsymbol{\beta}_2-\cdots-\frac{(\boldsymbol{\beta}_{r-1},\boldsymbol{\alpha}_r)}{(\boldsymbol{\beta}_{r-1},\boldsymbol{\beta}_{r-1})}\boldsymbol{\beta}_{r-1}$$

容易验证 $\boldsymbol{\beta}_1,\boldsymbol{\beta}_2,\cdots,\boldsymbol{\beta}_r$ 两两正交，且 $\boldsymbol{\beta}_1,\boldsymbol{\beta}_2,\cdots,\boldsymbol{\beta}_r$ 与 $\boldsymbol{\alpha}_1,\boldsymbol{\alpha}_2,\cdots,\boldsymbol{\alpha}_r$ 等价.

上述过程称为施密特正交化过程，它满足对任何 $k(1\leqslant k\leqslant r)$，向量组 $\boldsymbol{\beta}_1,\boldsymbol{\beta}_2,\cdots,\boldsymbol{\beta}_k$ 与 $\boldsymbol{\alpha}_1,\boldsymbol{\alpha}_2,\cdots,\boldsymbol{\alpha}_k$ 等价.

(2)单位化.

令

$$\boldsymbol{e}_1=\frac{\boldsymbol{\beta}_1}{\|\boldsymbol{\beta}_1\|},\boldsymbol{e}_2=\frac{\boldsymbol{\beta}_2}{\|\boldsymbol{\beta}_2\|},\cdots,\boldsymbol{e}_r=\frac{\boldsymbol{\beta}_r}{\|\boldsymbol{\beta}_r\|}$$

则 $\boldsymbol{e}_1,\boldsymbol{e}_2,\cdots,\boldsymbol{e}_r$ 是与基 $\boldsymbol{\alpha}_1,\boldsymbol{\alpha}_2,\cdots,\boldsymbol{\alpha}_r$ 等价的一个标准正交基.

例 5　设 $\boldsymbol{\alpha}_1=\begin{pmatrix}1\\2\\-1\end{pmatrix},\boldsymbol{\alpha}_2=\begin{pmatrix}-1\\3\\1\end{pmatrix},\boldsymbol{\alpha}_3=\begin{pmatrix}4\\-1\\0\end{pmatrix}$，试证 $\boldsymbol{\alpha}_1,\boldsymbol{\alpha}_2,\boldsymbol{\alpha}_3$ 是 $\mathbf{R}^3$ 的一个基，并用施密特正交化方法将其标准正交化.

解:由于$\begin{vmatrix} 1 & -1 & 4 \\ 2 & 3 & -1 \\ -1 & 1 & 0 \end{vmatrix} \neq 0$，$r(\boldsymbol{\alpha}_1,\boldsymbol{\alpha}_2,\boldsymbol{\alpha}_3)=3$，故 $\boldsymbol{\alpha}_1,\boldsymbol{\alpha}_2,\boldsymbol{\alpha}_3$ 是线性无关的，它是 $\mathbf{R}^3$ 的一个基.

首先正交化，令

$$\boldsymbol{\beta}_1=\boldsymbol{\alpha}_1$$

$$\boldsymbol{\beta}_2=\boldsymbol{\alpha}_2-\frac{(\boldsymbol{\alpha}_2,\boldsymbol{\beta}_1)}{\|\boldsymbol{\beta}_1\|^2}\boldsymbol{\beta}_1=\begin{pmatrix}-1\\3\\1\end{pmatrix}-\frac{4}{6}\begin{pmatrix}1\\2\\-1\end{pmatrix}=\frac{5}{3}\begin{pmatrix}-1\\1\\1\end{pmatrix}$$

$$\begin{aligned}\boldsymbol{\beta}_3&=\boldsymbol{\alpha}_3-\frac{(\boldsymbol{\alpha}_3,\boldsymbol{\beta}_1)}{\|\boldsymbol{\beta}_1\|^2}\boldsymbol{\beta}_1-\frac{(\boldsymbol{\alpha}_3,\boldsymbol{\beta}_2)}{\|\boldsymbol{\beta}_2\|^2}\boldsymbol{\beta}_2\\&=\begin{pmatrix}4\\-1\\0\end{pmatrix}-\frac{1}{3}\begin{pmatrix}1\\2\\-1\end{pmatrix}+\frac{5}{3}\begin{pmatrix}-1\\1\\1\end{pmatrix}=2\begin{pmatrix}1\\0\\1\end{pmatrix}\end{aligned}$$

再单位化，令

$$\boldsymbol{e}_1=\frac{\boldsymbol{\beta}_1}{\|\boldsymbol{\beta}_1\|}=\frac{1}{\sqrt{6}}\begin{pmatrix}1\\2\\-1\end{pmatrix},\boldsymbol{e}_2=\frac{\boldsymbol{\beta}_2}{\|\boldsymbol{\beta}_2\|}=\frac{1}{\sqrt{3}}\begin{pmatrix}-1\\1\\1\end{pmatrix},\boldsymbol{e}_3=\frac{\boldsymbol{\beta}_3}{\|\boldsymbol{\beta}_3\|}=\frac{1}{\sqrt{2}}\begin{pmatrix}1\\0\\1\end{pmatrix}$$

$\boldsymbol{e}_1,\boldsymbol{e}_2,\boldsymbol{e}_3$ 即为所求.

对于一个线性无关的向量组，也可以用施密特正交化方法将其化为标准正交向量组.

4.1.4 正交变换

定义 4.7 若 n 阶方阵 $\boldsymbol{A}$ 满足 $\boldsymbol{A}^{\mathrm{T}}\boldsymbol{A}=\boldsymbol{E}$，即 $\boldsymbol{A}^{\mathrm{T}}=\boldsymbol{A}^{-1}$，则称 $\boldsymbol{A}$ 为正交矩阵，简称正交阵.

定理 4.2 $\boldsymbol{A}$ 为正交矩阵的充要条件是 $\boldsymbol{A}$ 的列向量组是单位正交向量组.

证明:(1)充分性. 若 $\boldsymbol{A}=(\boldsymbol{\alpha}_1,\boldsymbol{\alpha}_2,\cdots,\boldsymbol{\alpha}_n)$，其中 $\boldsymbol{\alpha}_1,\boldsymbol{\alpha}_2,\cdots,\boldsymbol{\alpha}_n$ 是 $\boldsymbol{A}$ 的列向量组，且是单位正交向量组，则

$$\boldsymbol{\alpha}_i^{\mathrm{T}}\boldsymbol{\alpha}_j=\begin{cases}1,i=j\\0,i\neq j\end{cases}(i,j=1,2,\cdots,n)$$

而

$$\begin{pmatrix}\boldsymbol{\alpha}_1^{\mathrm{T}}\\ \boldsymbol{\alpha}_2^{\mathrm{T}}\\ \vdots\\ \boldsymbol{\alpha}_n^{\mathrm{T}}\end{pmatrix}(\boldsymbol{\alpha}_1,\boldsymbol{\alpha}_2,\cdots,\boldsymbol{\alpha}_n)=\begin{pmatrix}\boldsymbol{\alpha}_1^{\mathrm{T}}\boldsymbol{\alpha}_1 & \boldsymbol{\alpha}_1^{\mathrm{T}}\boldsymbol{\alpha}_2 & \cdots & \boldsymbol{\alpha}_1^{\mathrm{T}}\boldsymbol{\alpha}_n\\ \boldsymbol{\alpha}_2^{\mathrm{T}}\boldsymbol{\alpha}_1 & \boldsymbol{\alpha}_2^{\mathrm{T}}\boldsymbol{\alpha}_2 & \cdots & \boldsymbol{\alpha}_2^{\mathrm{T}}\boldsymbol{\alpha}_n\\ \vdots & \vdots & & \vdots\\ \boldsymbol{\alpha}_n^{\mathrm{T}}\boldsymbol{\alpha}_1 & \boldsymbol{\alpha}_n^{\mathrm{T}}\boldsymbol{\alpha}_2 & \cdots & \boldsymbol{\alpha}_n^{\mathrm{T}}\boldsymbol{\alpha}_n\end{pmatrix}=\boldsymbol{E}$$

即$\boldsymbol{A}^{\mathrm{T}}\boldsymbol{A}=\boldsymbol{E}$.

(2)必要性．将以上论证过程逆推即可.

由 $\boldsymbol{A}^{\mathrm{T}}\boldsymbol{A}=\boldsymbol{E}$ 与 $\boldsymbol{A}\boldsymbol{A}^{\mathrm{T}}=\boldsymbol{E}$ 等价可知，定理 4.2 对行向量组也成立.

由此可见，正交矩阵 $\boldsymbol{A}$ 的行(列)向量组构成 $\mathbf{R}^n$ 的一个标准正交基. 可以验证

$$\boldsymbol{A}=\begin{pmatrix}\frac{1}{\sqrt{2}} & \frac{1}{\sqrt{2}} & 0 & 0\\ \frac{1}{\sqrt{2}} & -\frac{1}{\sqrt{2}} & 0 & 0\\ 0 & 0 & \frac{1}{\sqrt{2}} & \frac{1}{\sqrt{2}}\\ 0 & 0 & \frac{1}{\sqrt{2}} & -\frac{1}{\sqrt{2}}\end{pmatrix}$$

是正交矩阵.

正交矩阵有下列性质：

(1)若 $\boldsymbol{A}$ 为正交矩阵，则 $\boldsymbol{A}^{-1}=\boldsymbol{A}^{\mathrm{T}}$ 也是正交矩阵，且其行列式等于 1 或者 -1；

(2)两个正交矩阵之积仍是正交矩阵.

定义 4.8　若 $\boldsymbol{P}$ 为正交矩阵，则线性变换 $\boldsymbol{y}=\boldsymbol{P}\boldsymbol{x}$ 称为正交变换.

设 $\boldsymbol{y}=\boldsymbol{P}\boldsymbol{x}$ 为正交变换，且 $\boldsymbol{\beta}_1=\boldsymbol{P}\boldsymbol{\alpha}_1$，$\boldsymbol{\beta}_2=\boldsymbol{P}\boldsymbol{\alpha}_2$，则

$$(\boldsymbol{\beta}_1,\boldsymbol{\beta}_2)=\boldsymbol{\beta}_1^{\mathrm{T}}\boldsymbol{\beta}_2=\boldsymbol{\alpha}_1^{\mathrm{T}}\boldsymbol{P}^{\mathrm{T}}\boldsymbol{P}\boldsymbol{\alpha}_2=\boldsymbol{\alpha}_1^{\mathrm{T}}\boldsymbol{E}\boldsymbol{\alpha}_2=\boldsymbol{\alpha}_1^{\mathrm{T}}\boldsymbol{\alpha}_2=(\boldsymbol{\alpha}_1,\boldsymbol{\alpha}_2)$$

$$\|\boldsymbol{\beta}_1\|=\sqrt{\boldsymbol{\beta}_1^{\mathrm{T}}\boldsymbol{\beta}_1}=\sqrt{\boldsymbol{\alpha}_1^{\mathrm{T}}\boldsymbol{P}^{\mathrm{T}}\boldsymbol{P}\boldsymbol{\alpha}_1}=\sqrt{\boldsymbol{\alpha}_1^{\mathrm{T}}\boldsymbol{\alpha}_1}=\|\boldsymbol{\alpha}_1\|$$

这说明正交变换保持向量的内积及长度不变.

例 6　判断下列矩阵是否为正交矩阵.

(1) $\begin{pmatrix}1 & -1/2 & 1/3\\ -1/2 & 1 & 1/2\\ 1/3 & 1/2 & -1\end{pmatrix}$；　(2) $\begin{pmatrix}1/9 & -8/9 & -4/9\\ -8/9 & 1/9 & -4/9\\ -4/9 & -4/9 & 7/9\end{pmatrix}$.

解：(1) 考察矩阵的第 1 列和第 3 列，因

$$1\times\frac{1}{3}+\left(-\frac{1}{2}\right)\times\frac{1}{2}+\frac{1}{3}\times(-1)\neq 0$$

所以它不是正交矩阵.

(2) 根据正交矩阵的定义判断. 因

$$\begin{pmatrix}1/9 & -8/9 & -4/9\\ -8/9 & 1/9 & -4/9\\ -4/9 & -4/9 & 7/9\end{pmatrix}\begin{pmatrix}1/9 & -8/9 & -4/9\\ -8/9 & 1/9 & -4/9\\ -4/9 & -4/9 & 7/9\end{pmatrix}^{\mathrm{T}}=\begin{pmatrix}1 & 0 & 0\\ 0 & 1 & 0\\ 0 & 0 & 1\end{pmatrix}$$

所以它是正交矩阵.

4.1.5 向量组正交化的 MATLAB 实现

给定一组向量 $\boldsymbol{\alpha}_1,\boldsymbol{\alpha}_2,\cdots,\boldsymbol{\alpha}_s$,它们生成一个空间 $W=L[\boldsymbol{\alpha}_1,\boldsymbol{\alpha}_2,\cdots,\boldsymbol{\alpha}_s]$,可用命令 orth 求空间 W 的一个标准正交基.

例 7 已知 $\boldsymbol{x}_1=(0,2,0,1,0,0)^{\mathrm{T}}$,$\boldsymbol{x}_2=(3,5,1,0,2,1)^{\mathrm{T}}$,$\boldsymbol{x}_3=(3,7,1,1,2,1)^{\mathrm{T}}$,$\boldsymbol{x}_4=(7,7,3,-1,6,3)^{\mathrm{T}}$,$\boldsymbol{x}_5=(1,5,0,1,0,0)^{\mathrm{T}}$. 求由此向量组生成的空间的一个标准正交基.

解:相应的 MATLAB 代码为:

```
>> x1 = [0,2,0,1,0,0]';x2 = [3,5,1,0,2,1]';x3 = [3,7,1,1,2,1]';x4 = [7,7,3, - 1,6,3]';x5 = [1,
5,0,1,0,0]';
W = [x1,x2,x3,x4,x5]
W =
     0     3     3     7     1
     2     5     7     7     5
     0     1     1     3     0
     1     0     1    -1     1
     0     2     2     6     0
     0     1     1     3     0
v = orth(W)
v =
   - 0.4944    0.3672    0.2841
   - 0.7343  - 0.6149    0.1506
   - 0.1899    0.2387  - 0.2167
```

```
-0.0053   -0.3808   -0.7842
-0.3798    0.4775   -0.4333
-0.1899    0.2387   -0.2167
```

习题 4-1

(A)

1. $\boldsymbol{\alpha},\boldsymbol{\beta},\boldsymbol{\gamma}$ 是 n 维实向量($n>1$),请说明下列算式有无意义.

(1)$(\boldsymbol{\alpha},\boldsymbol{\beta})\boldsymbol{\gamma}-(\boldsymbol{\alpha},\boldsymbol{\alpha})(\boldsymbol{\beta},\boldsymbol{\gamma})$;

(2)$((\boldsymbol{\alpha},\boldsymbol{\beta})\boldsymbol{\gamma},\boldsymbol{\gamma})+2\boldsymbol{\alpha}$.

2. 求 $\mathbf{R}^5$ 中的向量 $\boldsymbol{\alpha}=(1,0,-1,0,2)^{\mathrm{T}}$ 与向量 $\boldsymbol{\beta}=(0,1,2,4,1)^{\mathrm{T}}$ 的夹角 θ.

3. 用施密特正交化方法将向量组

$$\boldsymbol{\alpha}_1=(1,1,1,1),\boldsymbol{\alpha}_2=(1,-1,0,4),\boldsymbol{\alpha}_3=(3,5,1,-1)$$

标准正交化.

4. 判断下列矩阵是否为正交矩阵.

(1)$\boldsymbol{A}=\begin{pmatrix}3&-3&1\\-3&1&3\\1&3&-3\end{pmatrix}$;　　(2)$\boldsymbol{B}=\begin{pmatrix}2/3&2/3&1/3\\2/3&-1/3&-2/3\\1/3&-2/3&2/3\end{pmatrix}$.

(B)

1. 已知 $\boldsymbol{\alpha}_1=\begin{pmatrix}1\\1\\1\end{pmatrix}$,求一组非零向量 $\boldsymbol{\alpha}_2,\boldsymbol{\alpha}_3$,使 $\boldsymbol{\alpha}_1,\boldsymbol{\alpha}_2,\boldsymbol{\alpha}_3$ 两两正交.

2. 设 $\boldsymbol{A},\boldsymbol{B}$ 都是 n 阶正交矩阵,证明:$\boldsymbol{AB}$ 也是正交矩阵.

4.2　矩阵的特征值与特征向量

工程技术中的一些问题,如振动问题和稳定性问题,常可归结为求一个方阵的特征值和特征向量的问题.矩阵的对角化问题及微分方程组的求解问题,也要用到特征值的理论.

4.2.1 特征值与特征向量的概念

定义 4.9 设 $\boldsymbol{A}$ 是 n 阶方阵，若存在常数 λ 和 n 维非零向量 $\boldsymbol{x}$ 使

$$\boldsymbol{A}\boldsymbol{x}=\lambda\boldsymbol{x}$$

成立，则称数 λ 为方阵 $\boldsymbol{A}$ 的特征值，非零向量 $\boldsymbol{x}$ 称为 $\boldsymbol{A}$ 的对应于特征值 λ 的特征向量.

1. 特征值

根据上述定义，由 $\boldsymbol{A}\boldsymbol{x}=\lambda\boldsymbol{x}$ 知 $(\lambda\boldsymbol{E}-\boldsymbol{A})\boldsymbol{x}=\boldsymbol{0}$，其非零解构成特征向量. 欲要使齐次线性方程组 $(\lambda\boldsymbol{E}-\boldsymbol{A})\boldsymbol{x}=\boldsymbol{0}$ 有非零解，则须满足方程 $|\lambda\boldsymbol{E}-\boldsymbol{A}|=0$，其解 λ 都是矩阵 $\boldsymbol{A}$ 的特征值.

方程 $|\lambda\boldsymbol{E}-\boldsymbol{A}|=0$ 为矩阵 $\boldsymbol{A}$ 的特征方程，$f(\lambda)=|\lambda\boldsymbol{E}-\boldsymbol{A}|$ 为矩阵 $\boldsymbol{A}$ 的特征多项式.

2. 特征向量

设 $\lambda=\lambda_i$ 为方阵 $\boldsymbol{A}$ 的一个特征值，则由齐次线性方程组

$$(\lambda_i\boldsymbol{E}-\boldsymbol{A})\boldsymbol{x}=\boldsymbol{0} \tag{4-1}$$

对应每一个特征值 λ_i，齐次线性方程组(4-1)有非零解. 若设此时 $\boldsymbol{p}_1,\boldsymbol{p}_2,\cdots,\boldsymbol{p}_s$ 为方程组(4-1)的基础解系，则 $\boldsymbol{A}$ 对应于特征值 λ_i 的特征向量全体是

$$k_1\boldsymbol{p}_1+k_2\boldsymbol{p}_2+\cdots+k_s\boldsymbol{p}_s\ (k_1,k_2,\cdots,k_s \text{ 不同时为 } 0)$$

例 1 求矩阵 $\boldsymbol{A}=\begin{pmatrix}3 & 1\\ 5 & -1\end{pmatrix}$ 的特征值和特征向量.

解: 矩阵 $\boldsymbol{A}$ 的特征方程为

$$|\lambda\boldsymbol{E}-\boldsymbol{A}|=\begin{vmatrix}\lambda-3 & -1\\ -5 & \lambda+1\end{vmatrix}=(\lambda-4)(\lambda+2)=0$$

求得矩阵 $\boldsymbol{A}$ 的特征值为 $\lambda_1=4,\lambda_2=-2$.

(1)当 $\lambda_1=4$ 时，对应的特征向量应满足

$$\begin{cases} x_1-x_2=0\\ -5x_1+5x_2=0\end{cases}$$

解得 $x_1=x_2$，则齐次线性方程组 $(4\boldsymbol{E}-\boldsymbol{A})\boldsymbol{x}=\boldsymbol{0}$ 的基础解系为 $\boldsymbol{p}_1=\begin{pmatrix}1\\1\end{pmatrix}$，$k_1\boldsymbol{p}_1\ (k_1\neq 0)$ 就是矩阵 $\boldsymbol{A}$ 对应于 $\lambda_1=4$ 的全部特征向量. 在二维向量空间(平面)上表示如图 4-1 所示.

(2)当 $\lambda_2=-2$ 时，对应的特征向量应满足

$$\begin{cases}-5x_1-x_2=0\\-5x_1-x_2=0\end{cases}$$

解得 $x_2=-5x_1$，则齐次线性方程组 $(-2\boldsymbol{E}-\boldsymbol{A})\boldsymbol{x}=\boldsymbol{0}$ 的基础解系为 $\boldsymbol{p}_2=\begin{pmatrix}1\\-5\end{pmatrix}$，$k_2\boldsymbol{p}_2\ (k_2\neq0)$ 就是矩阵 $\boldsymbol{A}$ 对应于 $\lambda_2=-2$ 的全部特征向量. 在二维向量空间(平面)上表示如图 4-1 所示.

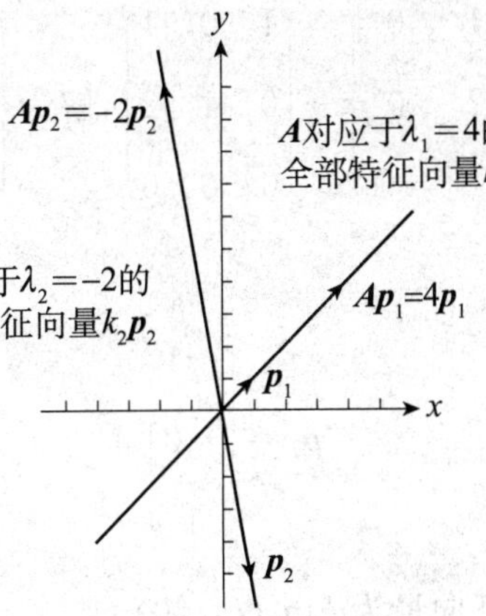

图 4-1

例 2　设 $\boldsymbol{A}=\begin{pmatrix}-1&1&0\\-4&3&0\\1&0&2\end{pmatrix}$，求 $\boldsymbol{A}$ 的特征值与特征向量.

解: 令 $f(\lambda)=|\lambda\boldsymbol{E}-\boldsymbol{A}|=\begin{vmatrix}\lambda+1&-1&0\\4&\lambda-3&0\\-1&0&\lambda-2\end{vmatrix}=(\lambda-2)(\lambda-1)^2=0$

得矩阵 $\boldsymbol{A}$ 的特征值为

$$\lambda_1=2,\lambda_2=\lambda_3=1$$

(1)当 $\lambda_1=2$ 时，解齐次线性方程组 $(2\boldsymbol{E}-\boldsymbol{A})\boldsymbol{x}=\boldsymbol{0}$. 由

$$2\boldsymbol{E}-\boldsymbol{A}=\begin{pmatrix}3&-1&0\\4&-1&0\\-1&0&0\end{pmatrix}\rightarrow\begin{pmatrix}1&0&0\\0&1&0\\0&0&0\end{pmatrix}，解为\begin{cases}x_1=0\\x_2=0\ (c\in\mathbf{R}).\\x_3=c\end{cases}$$

得基础解系

$$p_1=\begin{pmatrix}0\\0\\1\end{pmatrix}$$

故对应于 $\lambda_1=2$ 的全体特征向量为 $k_1\boldsymbol{p}_1(k_1\neq0)$.

(2)当 $\lambda_2=\lambda_3=1$ 时,解齐次线性方程组 $(\boldsymbol{E}-\boldsymbol{A})\boldsymbol{x}=\boldsymbol{0}$. 由

$$\boldsymbol{E}-\boldsymbol{A}=\begin{pmatrix}2&-1&0\\4&-2&0\\-1&0&-1\end{pmatrix}\to\begin{pmatrix}1&0&1\\0&1&2\\0&0&0\end{pmatrix},\text{解为}\begin{cases}x_1=-c\\x_2=-2c\ (c\in\mathbf{R}).\\x_3=c\end{cases}$$

得基础解系

$$\boldsymbol{p}_2=\begin{pmatrix}-1\\-2\\1\end{pmatrix}$$

故对应于 $\lambda_2=\lambda_3=1$ 的全部特征向量为 $k_2\boldsymbol{p}_2(k_2\neq0)$.

例 3 求 n 阶数量矩阵 $\boldsymbol{A}=\begin{pmatrix}a&0&\cdots&0\\0&a&\cdots&0\\\vdots&\vdots&&\vdots\\0&0&\cdots&a\end{pmatrix}$ 的特征值与特征向量.

解:

$$|\lambda\boldsymbol{E}-\boldsymbol{A}|=\begin{vmatrix}\lambda-a&0&\cdots&0\\0&\lambda-a&\cdots&0\\\vdots&\vdots&&\vdots\\0&0&\cdots&\lambda-a\end{vmatrix}=(\lambda-a)^n=0$$

故 $\boldsymbol{A}$ 的特征值为

$$\lambda_1=\lambda_2=\cdots=\lambda_n=a$$

把 $\lambda=a$ 代入 $(\lambda\boldsymbol{E}-\boldsymbol{A})\boldsymbol{x}=\boldsymbol{0}$ 得

$$0\cdot x_1=0,0\cdot x_2=0,\cdots,0\cdot x_n=0$$

这个方程组的系数矩阵是零矩阵,任意一个 n 维向量均是其解,且基础解系含有 n 个线性无关的向量. 不妨取单位向量组

$$\boldsymbol{\varepsilon}_1=\begin{pmatrix}1\\0\\\vdots\\0\end{pmatrix},\quad \boldsymbol{\varepsilon}_2=\begin{pmatrix}0\\1\\\vdots\\0\end{pmatrix},\quad \cdots,\quad \boldsymbol{\varepsilon}_n=\begin{pmatrix}0\\0\\\vdots\\1\end{pmatrix}$$

作为基础解系，所以 $\boldsymbol{A}$ 的全部特征向量为

$$c_1\boldsymbol{\varepsilon}_1+c_2\boldsymbol{\varepsilon}_2+\cdots+c_n\boldsymbol{\varepsilon}_n\quad(c_1,c_2,\cdots,c_n \text{ 不全为 } 0)$$

因为方程 $|\lambda\boldsymbol{E}-\boldsymbol{A}|=0$ 与方程 $|\boldsymbol{A}-\lambda\boldsymbol{E}|=0$ 同解，齐次线性方程组 $(\boldsymbol{A}-\lambda\boldsymbol{E})\boldsymbol{x}=\boldsymbol{0}$ 与齐次线性方程组 $(\lambda\boldsymbol{E}-\boldsymbol{A})\boldsymbol{x}=\boldsymbol{0}$ 同解，所以，在计算特征值和特征向量时，以上两种形式均可采用.

4.2.2　特征值与特征向量的性质

性质 4.1　n 阶方阵 $\boldsymbol{A}$ 与它的转置矩阵 $\boldsymbol{A}^{\mathrm{T}}$ 有相同的特征值.

证明： 方阵 $\boldsymbol{A}^{\mathrm{T}}$ 的特征多项式为

$$|\lambda\boldsymbol{E}-\boldsymbol{A}^{\mathrm{T}}|=|(\lambda\boldsymbol{E}-\boldsymbol{A})^{\mathrm{T}}|=|\lambda\boldsymbol{E}-\boldsymbol{A}|$$

由此可见，方阵 $\boldsymbol{A}$ 与 $\boldsymbol{A}^{\mathrm{T}}$ 有相同的特征多项式，从而有相同的特征值.

性质 4.2　设 $\boldsymbol{A}=(a_{ij})$ 是 n 阶方阵，$\lambda_1,\lambda_2,\cdots,\lambda_n$ 是 $\boldsymbol{A}$ 的 n 个特征值，则有

(1) $\lambda_1+\lambda_2+\cdots+\lambda_n=a_{11}+a_{22}+\cdots+a_{nn}$；

(2) $\lambda_1\lambda_2\cdots\lambda_n=|\boldsymbol{A}|$.

其中，$\boldsymbol{A}$ 的主对角线上所有元素的和 $a_{11}+a_{22}+\cdots+a_{nn}$ 称为方阵 $\boldsymbol{A}$ 的迹，记为 $\mathrm{tr}\,\boldsymbol{A}$.

证明： 特征多项式

$$f(\lambda)=|\lambda\boldsymbol{E}-\boldsymbol{A}|=\begin{vmatrix}\lambda-a_{11} & -a_{12} & \cdots & -a_{1n}\\ -a_{21} & \lambda-a_{22} & \cdots & -a_{2n}\\ \vdots & \vdots & & \vdots\\ -a_{n1} & -a_{n2} & \cdots & \lambda-a_{nn}\end{vmatrix}$$

$$=\lambda^n-\left(\sum_{i=1}^{n}a_{ii}\right)\lambda^{n-1}+\cdots+(-1)^k S_k\lambda^{n-k}+\cdots+(-1)^n\,|\boldsymbol{A}|$$

其中 S_k 是 $\boldsymbol{A}$ 的全体 k 阶主子式的和. 设 $\lambda_1,\lambda_2,\cdots,\lambda_n$ 是 $\boldsymbol{A}$ 的 n 个特征值，由 n 次代数方程的根与系数的关系得证.

例 4　求证：n 阶方阵 $\boldsymbol{A}$ 是奇异矩阵的充要条件是 $\boldsymbol{A}$ 有一个特征值为 0.

证明： (1)充分性. 设 $\boldsymbol{A}$ 有一个特征值为 0，对应的特征向量为 $\boldsymbol{p}$，则

$$\boldsymbol{A}\boldsymbol{p}=0\boldsymbol{p}=\boldsymbol{0}\quad(\boldsymbol{p}\neq\boldsymbol{0})$$

所以齐次线性方程组 $\boldsymbol{A}\boldsymbol{x}=\boldsymbol{0}$ 有非零解 $\boldsymbol{p}$. 由此可知 $|\boldsymbol{A}|=0$，即 $\boldsymbol{A}$ 为奇异矩阵.

(2)必要性．若 $\boldsymbol{A}$ 是奇异矩阵，则 $|\boldsymbol{A}|=0$. 于是

$$|0\boldsymbol{E}-\boldsymbol{A}|=|-\boldsymbol{A}|=(-1)^n|\boldsymbol{A}|=0$$

即 0 是 $\boldsymbol{A}$ 的一个特征值.

该定理还可以表述为：n 阶方阵 $\boldsymbol{A}$ 可逆当且仅当它的任一特征值不为 0.

例 5 设 λ 是方阵 $\boldsymbol{A}$ 的特征值，证明：

(1) λ^3 是 $\boldsymbol{A}^3$ 的特征值；

(2)当 $\boldsymbol{A}$ 可逆时，$\frac{1}{\lambda}$ 是 $\boldsymbol{A}^{-1}$ 的特征值.

证明：(1)因 λ 是 $\boldsymbol{A}$ 的特征值，故有 $\boldsymbol{p}\neq\boldsymbol{0}$ 使 $\boldsymbol{A}\boldsymbol{p}=\lambda\boldsymbol{p}$. 于是

$$\boldsymbol{A}^2\boldsymbol{p}=\boldsymbol{A}(\boldsymbol{A}\boldsymbol{p})=\boldsymbol{A}(\lambda\boldsymbol{p})=\lambda(\boldsymbol{A}\boldsymbol{p})=\lambda^2\boldsymbol{p}$$

$$\boldsymbol{A}^3\boldsymbol{p}=\boldsymbol{A}(\boldsymbol{A}^2\boldsymbol{p})=\boldsymbol{A}(\lambda^2\boldsymbol{p})=\lambda^2(\boldsymbol{A}\boldsymbol{p})=\lambda^3\boldsymbol{p}$$

所以 λ^3 是 $\boldsymbol{A}^3$ 的特征值.

(2)当 $\boldsymbol{A}$ 可逆时，由 $\boldsymbol{A}\boldsymbol{p}=\lambda\boldsymbol{p}$ 有 $\boldsymbol{p}=\lambda\boldsymbol{A}^{-1}\boldsymbol{p}$. 因 $\boldsymbol{p}\neq\boldsymbol{0}$ 知 $\lambda\neq0$，故

$$\boldsymbol{A}^{-1}\boldsymbol{p}=\frac{1}{\lambda}\boldsymbol{p}$$

所以 $\frac{1}{\lambda}$ 是 $\boldsymbol{A}^{-1}$ 的特征值.

仿此可证：若 λ 是 $\boldsymbol{A}$ 的特征值，则 λ^k 是 $\boldsymbol{A}^k$ 的特征值，$\varphi(\lambda)$ 是 $\varphi(\boldsymbol{A})$ 的特征值，其中

$$\varphi(x)=a_0x^n+a_1x^{n-1}+\cdots+a_{n-1}x+a_n$$

特别地，设特征多项式 $f(\lambda)=|\lambda\boldsymbol{E}-\boldsymbol{A}|$，则 $f(\lambda)$ 是 $f(\boldsymbol{A})$ 的特征值，且

$$\boldsymbol{A}^n-(a_{11}+a_{22}+\cdots+a_{nn})\boldsymbol{A}^{n-1}+\cdots+(-1)^n|\boldsymbol{A}|\boldsymbol{E}=\boldsymbol{0}$$

例 6 设 3 阶方阵 $\boldsymbol{A}$ 的特征值为 $1,-1,2$，求 $\boldsymbol{A}^*+3\boldsymbol{A}-2\boldsymbol{E}$ 的特征值.

解：因 $\boldsymbol{A}$ 的特征值为 $1,-1,2$，故 $\boldsymbol{A}$ 可逆，且 $\boldsymbol{A}^*=|\boldsymbol{A}|\boldsymbol{A}^{-1}$. 而 $|\boldsymbol{A}|=\lambda_1\lambda_2\lambda_3=-2$，因此

$$\boldsymbol{A}^*+3\boldsymbol{A}-2\boldsymbol{E}=-2\boldsymbol{A}^{-1}+3\boldsymbol{A}-2\boldsymbol{E}\tag{4-2}$$

把式(4-2)记作 $\varphi(\boldsymbol{A})$，有 $\varphi(\lambda)=-\frac{2}{\lambda}+3\lambda-2$，故 $\varphi(\boldsymbol{A})$ 的特征值为

$$\varphi(1)=-1,\varphi(-1)=-3,\varphi(2)=3$$

定理 4.3 n 阶方阵 $\boldsymbol{A}$ 的互不相等的特征值 $\lambda_1,\lambda_2,\cdots,\lambda_m$ 对应的特征向量 $\boldsymbol{p}_1,\boldsymbol{p}_2,\cdots,\boldsymbol{p}_m$ 线性无关.

证明:设有常数 $k_1,k_2,\cdots,k_m$,使

$$k_1\boldsymbol{p}_1+k_2\boldsymbol{p}_2+\cdots+k_m\boldsymbol{p}_m=\boldsymbol{0} \tag{4-3}$$

以方阵 $\boldsymbol{A}$ 左乘式(4-3)两端,得

$$k_1\boldsymbol{A}\boldsymbol{p}_1+k_2\boldsymbol{A}\boldsymbol{p}_2+\cdots+k_m\boldsymbol{A}\boldsymbol{p}_m=\boldsymbol{0}$$

由于 $\boldsymbol{A}\boldsymbol{p}_i=\lambda_i\boldsymbol{p}_i(i=1,2,\cdots,m)$,故有

$$k_1\lambda_1\boldsymbol{p}_1+k_2\lambda_2\boldsymbol{p}_2+\cdots+k_m\lambda_m\boldsymbol{p}_m=\boldsymbol{0} \tag{4-4}$$

式(4-4)两端再左乘方阵 $\boldsymbol{A}$,得

$$k_1\lambda_1{}^2\boldsymbol{p}_1+k_2\lambda_2{}^2\boldsymbol{p}_2+\cdots+k_m\lambda_m{}^2\boldsymbol{p}_m=\boldsymbol{0}$$

同理,得

$$k_1\lambda_1{}^i\boldsymbol{p}_1+k_2\lambda_2{}^i\boldsymbol{p}_2+\cdots+k_m\lambda_m{}^i\boldsymbol{p}_m=\boldsymbol{0}(i=1,2,\cdots,m-1)$$

即有

$$(k_1\boldsymbol{p}_1,k_2\boldsymbol{p}_2,\cdots,k_m\boldsymbol{p}_m)\begin{pmatrix}1 & \lambda_1 & \cdots & \lambda_1{}^{m-1}\\ 1 & \lambda_2 & \cdots & \lambda_2{}^{m-1}\\ \vdots & \vdots & & \vdots\\ 1 & \lambda_m & \cdots & \lambda_m{}^{m-1}\end{pmatrix}=\boldsymbol{0}$$

其中矩阵

$$\begin{pmatrix}1 & \lambda_1 & \cdots & \lambda_1{}^{m-1}\\ 1 & \lambda_2 & \cdots & \lambda_2{}^{m-1}\\ \vdots & \vdots & & \vdots\\ 1 & \lambda_m & \cdots & \lambda_m{}^{m-1}\end{pmatrix}$$

的行列式为范德蒙行列式,当 $\lambda_i(i=1,2,\cdots,m)$各不相同时,行列式不等于 0,从而该矩阵可逆.所以

$$(k_1\boldsymbol{p}_1,k_2\boldsymbol{p}_2,\cdots,k_m\boldsymbol{p}_m)=\boldsymbol{0}=(\boldsymbol{0},\boldsymbol{0},\cdots,\boldsymbol{0})$$

得

$k_m\boldsymbol{p}_m=\boldsymbol{0}(m=1,2,\cdots,m)$,而 $\boldsymbol{p}_m\neq\boldsymbol{0}$,只有 $k_m=0$.所以

$$k_1=k_2=\cdots=k_m=0$$

即 $\boldsymbol{p}_1,\boldsymbol{p}_2,\cdots,\boldsymbol{p}_m$ 线性无关.

例 7　设 λ_1 和 λ_2 是方阵 $\boldsymbol{A}$ 的两个不同的特征值,对应的特征向量依次为 $\boldsymbol{p}_1$ 和 $\boldsymbol{p}_2$,证明:

$\boldsymbol{p}_1+\boldsymbol{p}_2$ 不是 $\boldsymbol{A}$ 的特征向量.

证明:按题设有 $\boldsymbol{A}\boldsymbol{p}_1=\lambda_1\boldsymbol{p}_1$,$\boldsymbol{A}\boldsymbol{p}_2=\lambda_2\boldsymbol{p}_2$,故

$$\boldsymbol{A}(\boldsymbol{p}_1+\boldsymbol{p}_2)=\lambda_1\boldsymbol{p}_1+\lambda_2\boldsymbol{p}_2$$

用反证法,设 $\boldsymbol{p}_1+\boldsymbol{p}_2$ 是 $\boldsymbol{A}$ 的特征向量,则应存在数 λ,使

$$\boldsymbol{A}(\boldsymbol{p}_1+\boldsymbol{p}_2)=\lambda(\boldsymbol{p}_1+\boldsymbol{p}_2)$$

于是
$$\lambda(\boldsymbol{p}_1+\boldsymbol{p}_2)=\lambda_1\boldsymbol{p}_1+\lambda_2\boldsymbol{p}_2$$

即
$$(\lambda_1-\lambda)\boldsymbol{p}_1+(\lambda_2-\lambda)\boldsymbol{p}_2=\boldsymbol{0}$$

因 $\lambda_1\neq\lambda_2$,由定理 4.3 知 $\boldsymbol{p}_1$,$\boldsymbol{p}_2$ 线性无关,故有

$$\lambda_1-\lambda=\lambda_2-\lambda=0$$

即 $\lambda_1=\lambda_2$,与题设矛盾.因此 $\boldsymbol{p}_1+\boldsymbol{p}_2$ 不是 $\boldsymbol{A}$ 的特征向量.

4.2.3 求方阵特征值与特征向量的 MATLAB 实现

在 MATLAB 里,命令 poly 用于求方阵的特征多项式,它既有数值功能,又有符号功能;命令 roots 用于求特征多项式的根.也可用命令 eig 同时求矩阵的特征值与特征向量.

例 8 求矩阵

$$\boldsymbol{A}=\begin{pmatrix}-1 & 1 & 0\\ -4 & 3 & 0\\ 1 & 0 & 2\end{pmatrix}$$

的特征多项式、迹、特征值与特征向量.

解:相应的 MATLAB 代码为:

```
>> A=[-1,1,0;-4,3,0;1,0,2];
>> Q=poly(sym(A))
Q =
x^3-4*x^2+5*x-2
>> T=trace(A)
T =
     4
>> p=poly(A)
p =
     1    -4     5    -2
```

```
>> r = roots(p)
r =
   2.0000
   1.0000 + 0.0000i
   1.0000 - 0.0000i
>> [V,D] = eig(A,'nobalance')
V =
    0.5000   -0.5000   -0.0000
    1.0000   -1.0000   -0.0000
   -0.5000    0.5000    1.0000
D =
    1.0000         0         0
         0    1.0000         0
         0         0    2.0000
```

习题 4－2

(A)

1. 设 $\boldsymbol{A}=\begin{pmatrix}3&2\\0&-1\end{pmatrix}$，$\boldsymbol{\alpha}=\begin{pmatrix}-1\\2\end{pmatrix}$，$\boldsymbol{\beta}=\begin{pmatrix}1\\1\end{pmatrix}$. 判断 $\boldsymbol{\alpha}$，$\boldsymbol{\beta}$ 是否为 $\boldsymbol{A}$ 的特征向量.

2. 证明：5 不是 $\boldsymbol{A}=\begin{pmatrix}6&-3&1\\3&0&5\\2&2&6\end{pmatrix}$ 的特征值.

3. 试求上三角形矩阵 $\boldsymbol{A}=\begin{pmatrix}a_{11}&a_{12}&\cdots&a_{1n}\\0&a_{22}&\cdots&a_{2n}\\\vdots&\vdots&&\vdots\\0&0&\cdots&a_{nn}\end{pmatrix}$ 的特征值.

4. 求下列矩阵的特征值及特征向量.

(1) $\begin{pmatrix}3&-1\\-1&3\end{pmatrix}$；　(2) $\begin{pmatrix}1&-1&1\\1&3&-1\\1&1&1\end{pmatrix}$；　(3) $\begin{pmatrix}-2&1&1\\0&2&0\\-4&1&3\end{pmatrix}$.

5. 已知 3 阶方阵 $\boldsymbol{A}$ 的特征值为 $1,-2,3$，分别求 $2\boldsymbol{A},\boldsymbol{A}^{-1}$ 的特征值.

(B)

1. 设 $\boldsymbol{A}^2-3\boldsymbol{A}+2\boldsymbol{E}=\boldsymbol{0}$，证明 $\boldsymbol{A}$ 的特征值只能取 1 或 2.

2. 已知 0 是矩阵 $\boldsymbol{A}=\begin{pmatrix}1&0&1\\0&2&0\\1&0&a\end{pmatrix}$ 的特征值，求 $\boldsymbol{A}$ 的特征值和特征向量.

3. 已知 3 阶方阵 $\boldsymbol{A}$ 的特征值为 $1,2,-3$，求 $|\boldsymbol{A}^2+2\boldsymbol{A}-\boldsymbol{A}^{-1}|$.

4.3 相似矩阵与实对称矩阵的相似对角化

本节将首先给出相似矩阵的概念，然后探讨矩阵与比较简单的对角矩阵相似的条件及把一个实对称矩阵相似对角化的方法.

4.3.1 相似矩阵的概念及性质

定义 4.10 设 $\boldsymbol{A},\boldsymbol{B}$ 都是 n 阶方阵，若有可逆矩阵 $\boldsymbol{P}$，使

$$\boldsymbol{P}^{-1}\boldsymbol{A}\boldsymbol{P}=\boldsymbol{B}$$

则称 $\boldsymbol{B}$ 是 $\boldsymbol{A}$ 的相似矩阵，或称矩阵 $\boldsymbol{A}$ 与 $\boldsymbol{B}$ 相似. 对 $\boldsymbol{A}$ 进行运算 $\boldsymbol{P}^{-1}\boldsymbol{A}\boldsymbol{P}$ 叫作对 $\boldsymbol{A}$ 进行相似变换，称可逆矩阵 $\boldsymbol{P}$ 为相似变换矩阵.

相似关系是矩阵之间的一种等价关系，满足自反性、对称性和传递性.

相似矩阵有以下重要性质.

定理 4.4 若 n 阶方阵 $\boldsymbol{A}$ 与 $\boldsymbol{B}$ 相似，则

(1) $\boldsymbol{A}$ 与 $\boldsymbol{B}$ 的特征多项式相同，$\boldsymbol{A}$ 与 $\boldsymbol{B}$ 的特征值也相同；

(2) $\boldsymbol{A}$ 与 $\boldsymbol{B}$ 的秩相等；

(3) $\boldsymbol{A}$ 与 $\boldsymbol{B}$ 的行列式相等；

(4) $\boldsymbol{A}^k$ 与 $\boldsymbol{B}^k$ 相似，$\varphi(\boldsymbol{A})$ 与 $\varphi(\boldsymbol{B})$ 相似；

(5) $\boldsymbol{A}$ 与 $\boldsymbol{B}$ 具有相同的可逆性，当它们可逆时，它们的逆矩阵也相似.

证明：(1) 因为 $\boldsymbol{A}$ 与 $\boldsymbol{B}$ 相似，故存在可逆矩阵 $\boldsymbol{P}$，使 $\boldsymbol{P}^{-1}\boldsymbol{A}\boldsymbol{P}=\boldsymbol{B}$，则

$$\begin{aligned}|\boldsymbol{B}-\lambda\boldsymbol{E}|&=|\boldsymbol{P}^{-1}\boldsymbol{A}\boldsymbol{P}-\boldsymbol{P}^{-1}(\lambda\boldsymbol{E})\boldsymbol{P}|=|\boldsymbol{P}^{-1}(\boldsymbol{A}-\lambda\boldsymbol{E})\boldsymbol{P}|\\&=|\boldsymbol{P}^{-1}|\,|\boldsymbol{A}-\lambda\boldsymbol{E}|\,|\boldsymbol{P}|=|\boldsymbol{A}-\lambda\boldsymbol{E}|\end{aligned}$$

即 $\boldsymbol{A}$ 与 $\boldsymbol{B}$ 有相同的特征多项式，从而有相同的特征值.

(2)易知，(3)是(1)的直接推论. 性质 1 表明特征值是相似变换下的不变量.

(4)因为 $\boldsymbol{A}$ 与 $\boldsymbol{B}$ 相似，所以 $\boldsymbol{P}^{-1}\boldsymbol{A}\boldsymbol{P}=\boldsymbol{B}$, $\boldsymbol{B}^2=\boldsymbol{P}^{-1}\boldsymbol{A}\boldsymbol{P}\boldsymbol{P}^{-1}\boldsymbol{A}\boldsymbol{P}=\boldsymbol{P}^{-1}\boldsymbol{A}^2\boldsymbol{P}$, $\boldsymbol{B}^3=\boldsymbol{B}^2\boldsymbol{P}^{-1}\boldsymbol{A}\boldsymbol{P}=\boldsymbol{P}^{-1}\boldsymbol{A}^2\boldsymbol{P}\boldsymbol{P}^{-1}\boldsymbol{A}\boldsymbol{P}=\boldsymbol{P}^{-1}\boldsymbol{A}^3\boldsymbol{P},\cdots,\boldsymbol{B}^k=\boldsymbol{B}^{k-1}\boldsymbol{P}^{-1}\boldsymbol{A}\boldsymbol{P}=\boldsymbol{P}^{-1}\boldsymbol{A}^{k-1}\boldsymbol{P}\boldsymbol{P}^{-1}\boldsymbol{A}\boldsymbol{P}=\boldsymbol{P}^{-1}\boldsymbol{A}^k\boldsymbol{P}$. 即 $\boldsymbol{A}^k$ 与 $\boldsymbol{B}^k$ 相似. 同理可证 $\varphi(\boldsymbol{A})$与 $\varphi(\boldsymbol{B})$也相似.

(5)由 $\boldsymbol{A}$ 与 $\boldsymbol{B}$ 相似可得出 $\boldsymbol{P}^{-1}\boldsymbol{A}\boldsymbol{P}=\boldsymbol{B}$，两边同时取行列式，有 $|\boldsymbol{A}|=|\boldsymbol{B}|$，故 $\boldsymbol{A}$ 与 $\boldsymbol{B}$ 具有相同的可逆性. 又

$$\boldsymbol{B}^{-1}=(\boldsymbol{P}^{-1}\boldsymbol{A}\boldsymbol{P})^{-1}=\boldsymbol{P}^{-1}\boldsymbol{A}^{-1}(\boldsymbol{P}^{-1})^{-1}=\boldsymbol{P}^{-1}\boldsymbol{A}^{-1}\boldsymbol{P}$$

即 $\boldsymbol{A}^{-1}$与 $\boldsymbol{B}^{-1}$相似.

与 n 阶方阵 $\boldsymbol{A}$ 相似的矩阵有无数个，其中最有价值的就是对角矩阵，这是因为对角矩阵的特点比较鲜明且运算比较简单.

4.3.2　矩阵与对角矩阵相似的条件

定理 4.5　n 阶方阵 $\boldsymbol{A}$ 与对角矩阵 $\boldsymbol{\Lambda}=\begin{pmatrix}\lambda_1 & & & \\ & \lambda_2 & & \\ & & \ddots & \\ & & & \lambda_n\end{pmatrix}$ 相似的充要条件为矩阵 $\boldsymbol{A}$ 有 n 个线性无关的特征向量，且对角矩阵 $\boldsymbol{\Lambda}$ 的主对角线上的元素即为 $\boldsymbol{A}$ 的特征值.

证明：(1)充分性．设 $\boldsymbol{p}_1,\boldsymbol{p}_2,\cdots,\boldsymbol{p}_n$ 是 $\boldsymbol{A}$ 的 n 个线性无关的特征向量，且它们对应的特征值分别为 $\lambda_1,\lambda_2,\cdots,\lambda_n$，则有

$$\boldsymbol{A}\boldsymbol{p}_i=\lambda_i\boldsymbol{p}_i(i=1,2,\cdots,n)$$

令 $\boldsymbol{P}=(\boldsymbol{p}_1,\boldsymbol{p}_2,\cdots,\boldsymbol{p}_n)$，易知 $\boldsymbol{P}$ 可逆，且

$$\begin{aligned}\boldsymbol{A}\boldsymbol{P}&=\boldsymbol{A}(\boldsymbol{p}_1,\boldsymbol{p}_2,\cdots,\boldsymbol{p}_n)=(\boldsymbol{A}\boldsymbol{p}_1,\boldsymbol{A}\boldsymbol{p}_2,\cdots,\boldsymbol{A}\boldsymbol{p}_n)\\&=(\lambda_1\boldsymbol{p}_1,\lambda_2\boldsymbol{p}_2,\cdots,\lambda_n\boldsymbol{p}_n)\\&=(\boldsymbol{p}_1,\boldsymbol{p}_2,\cdots,\boldsymbol{p}_n)\begin{pmatrix}\lambda_1 & & & \\ & \lambda_2 & & \\ & & \ddots & \\ & & & \lambda_n\end{pmatrix}=\boldsymbol{P}\boldsymbol{\Lambda}\end{aligned}\tag{4-5}$$

用 $\boldsymbol{P}^{-1}$左乘式(4-5)两端得 $\boldsymbol{P}^{-1}\boldsymbol{A}\boldsymbol{P}=\boldsymbol{\Lambda}$，即 $\boldsymbol{A}$ 与对角矩阵 $\boldsymbol{\Lambda}$ 相似.

(2)必要性．若 $\boldsymbol{A}$ 与对角矩阵 $\boldsymbol{\Lambda}$ 相似,则存在可逆矩阵 $\boldsymbol{P}$,使 $\boldsymbol{P}^{-1}\boldsymbol{A}\boldsymbol{P}=\boldsymbol{\Lambda}$. 设 $\boldsymbol{P}=(\boldsymbol{p}_1,\boldsymbol{p}_2,\cdots,\boldsymbol{p}_n)$,则由 $\boldsymbol{AP}=\boldsymbol{P\Lambda}$ 得

$$\boldsymbol{A}(\boldsymbol{p}_1,\boldsymbol{p}_2,\cdots,\boldsymbol{p}_n)=(\boldsymbol{p}_1,\boldsymbol{p}_2,\cdots,\boldsymbol{p}_n)\begin{pmatrix}\lambda_1 & & & \\ & \lambda_2 & & \\ & & \ddots & \\ & & & \lambda_n\end{pmatrix}$$

即
$$\boldsymbol{A}\boldsymbol{p}_i=\lambda_i\boldsymbol{p}_i(i=1,2,\cdots,n)$$

因 $\boldsymbol{P}$ 可逆,则 $|\boldsymbol{P}|\neq 0$,得 $\boldsymbol{p}_i(i=1,2,\cdots,n)$都是非零向量,故 $\boldsymbol{p}_1,\boldsymbol{p}_2,\cdots,\boldsymbol{p}_n$ 都是 $\boldsymbol{A}$ 的特征向量,且它们线性无关.

对于 n 阶方阵 $\boldsymbol{A}$,若存在可逆矩阵 $\boldsymbol{P}$ 使 $\boldsymbol{P}^{-1}\boldsymbol{A}\boldsymbol{P}=\boldsymbol{\Lambda}$,$\boldsymbol{\Lambda}$ 为对角矩阵,则称方阵 $\boldsymbol{A}$ 可相似对角化.

显然,由定理 4.3 及定理 4.5 可得下面两个推论.

推论 4.1 若 n 阶方阵 $\boldsymbol{A}$ 有 n 个相异的特征值 $\lambda_1,\lambda_2,\cdots,\lambda_n$,则 $\boldsymbol{A}$ 与对角矩阵

$$\boldsymbol{\Lambda}=\begin{pmatrix}\lambda_1 & & & \\ & \lambda_2 & & \\ & & \ddots & \\ & & & \lambda_n\end{pmatrix}$$

相似.

推论 4.2 n 阶方阵 $\boldsymbol{A}$ 可相似对角化的充要条件是对应于 $\boldsymbol{A}$ 的每个特征值的线性无关的特征向量的个数恰好等于该特征值的重数. 即设 λ_i 是方阵 $\boldsymbol{A}$ 的 n_i 重特征值,则 $\boldsymbol{A}$ 与 $\boldsymbol{\Lambda}$ 相似当且仅当

$$r(\boldsymbol{A}-\lambda_i\boldsymbol{E})=n-n_i(i=1,2,\cdots,n)$$

把 n 阶方阵 $\boldsymbol{A}$ 相似对角化的步骤如下：

(1)求出 $\boldsymbol{A}$ 的全部特征值 $\lambda_1,\lambda_2,\cdots,\lambda_s$；

(2)对每一个特征值 λ_i,由$(\lambda_i\boldsymbol{E}-\boldsymbol{A})\boldsymbol{x}=\boldsymbol{0}$ 求出基础解系(特征向量)；

(3)以上述特征向量作为列向量构成一个矩阵 $\boldsymbol{P}$,使 $\boldsymbol{P}^{-1}\boldsymbol{A}\boldsymbol{P}=\boldsymbol{\Lambda}$.

例 1 判断矩阵 $\boldsymbol{A}=\begin{pmatrix}-2 & 1 & 1\\ 0 & 2 & 0\\ -4 & 1 & 3\end{pmatrix}$ 能否相似对角化,如果可以,则求可逆矩阵 $\boldsymbol{P}$,使 $\boldsymbol{P}^{-1}\boldsymbol{A}\boldsymbol{P}=\boldsymbol{\Lambda}$.

解: $\boldsymbol{A}$ 的特征方程为

$$|\lambda\boldsymbol{E}-\boldsymbol{A}|=\begin{vmatrix}\lambda+2 & -1 & -1\\ 0 & \lambda-2 & 0\\ 4 & -1 & \lambda-3\end{vmatrix}=(\lambda+1)(\lambda-2)^2=0$$

所以矩阵 $\boldsymbol{A}$ 的特征值为

$$\lambda_1=-1,\lambda_2=\lambda_3=2$$

(1)当 $\lambda_1=-1$ 时,解齐次线性方程组 $(-\boldsymbol{E}-\boldsymbol{A})\boldsymbol{x}=\boldsymbol{0}$. 由

$$-\boldsymbol{E}-\boldsymbol{A}=\begin{pmatrix}1 & -1 & -1\\ 0 & -3 & 0\\ 4 & -1 & -4\end{pmatrix}\to\begin{pmatrix}1 & 0 & -1\\ 0 & 1 & 0\\ 0 & 0 & 0\end{pmatrix}$$

得对应的特征向量 $\boldsymbol{p}_1=\begin{pmatrix}1\\0\\1\end{pmatrix}$.

(2)当 $\lambda_2=\lambda_3=2$ 时,解齐次线性方程组 $(2\boldsymbol{E}-\boldsymbol{A})\boldsymbol{x}=\boldsymbol{0}$. 由

$$2\boldsymbol{E}-\boldsymbol{A}=\begin{pmatrix}4 & -1 & -1\\ 0 & 0 & 0\\ 4 & -1 & -1\end{pmatrix}\to\begin{pmatrix}4 & -1 & -1\\ 0 & 0 & 0\\ 0 & 0 & 0\end{pmatrix}\to\begin{pmatrix}1 & -1/4 & -1/4\\ 0 & 0 & 0\\ 0 & 0 & 0\end{pmatrix}$$

得对应的特征向量为

$$\boldsymbol{p}_2=\begin{pmatrix}1\\4\\0\end{pmatrix},\boldsymbol{p}_3=\begin{pmatrix}1\\0\\4\end{pmatrix}$$

由于特征向量 $\boldsymbol{p}_1,\boldsymbol{p}_2,\boldsymbol{p}_3$ 线性无关,则矩阵 $\boldsymbol{A}$ 可相似对角化,且存在可逆矩阵

$$\boldsymbol{P}=(\boldsymbol{p}_1,\boldsymbol{p}_2,\boldsymbol{p}_3)=\begin{pmatrix}1 & 1 & 1\\ 0 & 4 & 0\\ 1 & 0 & 4\end{pmatrix}$$

使

$$\boldsymbol{P}^{-1}\boldsymbol{A}\boldsymbol{P}=\boldsymbol{\Lambda}=\begin{pmatrix}-1 & 0 & 0\\ 0 & 2 & 0\\ 0 & 0 & 2\end{pmatrix}$$

例 2 设$\boldsymbol{A}=\begin{pmatrix}0&0&1\\1&1&k\\1&0&0\end{pmatrix}$,问 k 为何值时,矩阵 $\boldsymbol{A}$ 能相似对角化?

解:由$|\lambda\boldsymbol{E}-\boldsymbol{A}|=\begin{vmatrix}\lambda&0&-1\\-1&\lambda-1&-k\\-1&0&\lambda\end{vmatrix}=(\lambda-1)^2(\lambda+1)=0$,求得特征值分别为 $\lambda_1=-1$,$\lambda_2=\lambda_3=1$.

对于单根 $\lambda_1=-1$,可求得线性无关的特征向量恰有 1 个,而对于重根 $\lambda_2=\lambda_3=1$,欲使矩阵 $\boldsymbol{A}$ 能对角化,则应有 2 个线性无关的特征向量,即齐次线性方程组$(\boldsymbol{E}-\boldsymbol{A})\boldsymbol{x}=\boldsymbol{0}$ 有 2 个线性无关的解,亦即系数矩阵 $\boldsymbol{E}-\boldsymbol{A}$ 的秩 $r(\boldsymbol{E}-\boldsymbol{A})=1$. 因为

$$\boldsymbol{E}-\boldsymbol{A}=\begin{pmatrix}1&0&-1\\-1&0&-k\\-1&0&1\end{pmatrix}\to\begin{pmatrix}1&0&-1\\0&0&k+1\\0&0&0\end{pmatrix}$$

要使 $r(\boldsymbol{E}-\boldsymbol{A})=1$,则 $k+1=0$,即 $k=-1$. 因此,当 $k=-1$ 时,矩阵 $\boldsymbol{A}$ 能相似对角化.

注意:并不是所有的 n 阶方阵均可以相似对角化,但是对于实对称矩阵而言,一定可以将其相似对角化.

4.3.3 实对称矩阵的相似对角化

定理 4.6 实对称矩阵的特征值都为实数.

该定理的证明须在复数范围内讨论,故在此不给出证明过程.

定理 4.7 设 λ_1,λ_2 是实对称矩阵 $\boldsymbol{A}$ 的两个特征值,$\boldsymbol{p}_1,\boldsymbol{p}_2$ 是对应的特征向量. 若 $\lambda_1\neq\lambda_2$,则 $\boldsymbol{p}_1$ 与 $\boldsymbol{p}_2$ 正交.

证明:易知,$\lambda_1\boldsymbol{p}_1=\boldsymbol{A}\boldsymbol{p}_1,\lambda_2\boldsymbol{p}_2=\boldsymbol{A}\boldsymbol{p}_2$.

因 $\boldsymbol{A}$ 对称,故

$$\lambda_1\boldsymbol{p}_1^{\mathrm{T}}=(\lambda_1\boldsymbol{p}_1)^{\mathrm{T}}=(\boldsymbol{A}\boldsymbol{p}_1)^{\mathrm{T}}=\boldsymbol{p}_1{}^{\mathrm{T}}\boldsymbol{A}^{\mathrm{T}}=\boldsymbol{p}_1{}^{\mathrm{T}}\boldsymbol{A}$$

$$\lambda_1\boldsymbol{p}_1^{\mathrm{T}}\boldsymbol{p}_2=\boldsymbol{p}_1{}^{\mathrm{T}}\boldsymbol{A}\boldsymbol{p}_2=\boldsymbol{p}_1{}^{\mathrm{T}}(\lambda_2\boldsymbol{p}_2)=\lambda_2\boldsymbol{p}_1{}^{\mathrm{T}}\boldsymbol{p}_2$$

即

$$(\lambda_1-\lambda_2)\boldsymbol{p}_1{}^{\mathrm{T}}\boldsymbol{p}_2=0$$

由于 $\lambda_1\neq\lambda_2$,故 $\boldsymbol{p}_1{}^{\mathrm{T}}\boldsymbol{p}_2=0$,即 $\boldsymbol{p}_1$ 与$\boldsymbol{p}_2$ 正交.

定理 4.8　设 $\boldsymbol{A}$ 为 n 阶实对称矩阵，λ 是 $\boldsymbol{A}$ 的特征方程的 k 重根，此时对应于特征值 λ 恰有 k 个线性无关的特征向量.

定理 4.9　对于 n 阶实对称矩阵 $\boldsymbol{A}$，则必有正交矩阵 $\boldsymbol{P}$，使 $\boldsymbol{P}^{-1}\boldsymbol{AP}=\boldsymbol{P}^{\mathrm{T}}\boldsymbol{AP}=\boldsymbol{\Lambda}$.

正交矩阵 $\boldsymbol{P}$ 的求解方法如下：

(1)求出 $\boldsymbol{A}$ 的全部特征值 $\lambda_1,\lambda_2,\cdots,\lambda_s$；

(2)对每一个特征值 λ_i，由 $(\lambda_i\boldsymbol{E}-\boldsymbol{A})\boldsymbol{x}=\boldsymbol{0}$ 求出基础解系(特征向量)；

(3)将基础解系(特征向量)正交化，再单位化；

(4)以这些单位向量作为列向量构成一个 $\boldsymbol{P}$，使 $\boldsymbol{P}^{-1}\boldsymbol{AP}=\boldsymbol{\Lambda}$. $\boldsymbol{P}$ 就是正交矩阵，其中 $\boldsymbol{\Lambda}$ 是以 $\boldsymbol{A}$ 的 n 个特征值为主对角元素的对角矩阵，$\boldsymbol{P}$ 中列向量的次序与矩阵 $\boldsymbol{\Lambda}$ 主对角线上的特征值的次序相对应.

例 3　设有实对称矩阵 $\boldsymbol{A}=\begin{pmatrix}4&2&2\\2&4&2\\2&2&4\end{pmatrix}$，求正交矩阵 $\boldsymbol{P}$，使 $\boldsymbol{P}^{-1}\boldsymbol{AP}=\boldsymbol{P}^{\mathrm{T}}\boldsymbol{AP}$ 为对角矩阵.

解：由 $|\lambda\boldsymbol{E}-\boldsymbol{A}|=\begin{vmatrix}\lambda-4&-2&-2\\-2&\lambda-4&-2\\-2&-2&\lambda-4\end{vmatrix}=(\lambda-8)(\lambda-2)^2=0$ 得 $\boldsymbol{A}$ 的特征值为

$$\lambda_1=8,\lambda_2=\lambda_3=2$$

对于 $\lambda_1=8$，对应的特征向量 $\boldsymbol{\alpha}_1=(1,1,1)^{\mathrm{T}}$，单位化得 $\boldsymbol{P}_1=\frac{1}{\sqrt{3}}(1,1,1)^{\mathrm{T}}$.

对于 $\lambda_2=\lambda_3=2$，对应的特征向量 $\boldsymbol{\alpha}_2=(1,-1,0)^{\mathrm{T}}$，$\boldsymbol{\alpha}_3=(1,1,-2)^{\mathrm{T}}$，它们相互正交，单位化得：

$$\boldsymbol{P}_2=\frac{1}{\sqrt{2}}(1,-1,0)^{\mathrm{T}},\boldsymbol{P}_3=\frac{1}{\sqrt{6}}(1,1,-2)^{\mathrm{T}}$$

故所求正交矩阵为

$$\boldsymbol{P}=\begin{pmatrix}\frac{1}{\sqrt{3}}&\frac{1}{\sqrt{2}}&\frac{1}{\sqrt{6}}\\\frac{1}{\sqrt{3}}&-\frac{1}{\sqrt{2}}&\frac{1}{\sqrt{6}}\\\frac{1}{\sqrt{3}}&0&-\frac{2}{\sqrt{6}}\end{pmatrix}$$

对角矩阵为

$$P^{-1}AP=P^{T}AP=\begin{pmatrix}8&0&0\\0&2&0\\0&0&2\end{pmatrix}$$

例 4 设 $A=\begin{pmatrix}2&-1\\-1&2\end{pmatrix}$,求 A^n.

解:因 A 对称,故 A 可相似对角化,即存在可逆矩阵 P 使 $P^{-1}AP=\Lambda$,于是 $A=P\Lambda P^{-1}$,从而 $A^n=P\Lambda^n P^{-1}$. 由

$$|A-\lambda E|=\begin{vmatrix}2-\lambda&-1\\-1&2-\lambda\end{vmatrix}=\lambda^2-4\lambda+3=(\lambda-1)(\lambda-3)=0$$

得 A 的特征值 $\lambda_1=1,\lambda_2=3$. 于是

$$\Lambda=\begin{pmatrix}1&0\\0&3\end{pmatrix},\Lambda^n=\begin{pmatrix}1&0\\0&3^n\end{pmatrix}$$

对于 $\lambda_1=1$,由 $(A-E)x=0$ 解得对应特征向量 $p_1=\begin{pmatrix}1\\1\end{pmatrix}$;

对于 $\lambda_2=3$,由 $(A-3E)x=0$ 解得对应特征向量 $p_2=\begin{pmatrix}1\\-1\end{pmatrix}$.

令 $P=(p_1,p_2)=\begin{pmatrix}1&1\\1&-1\end{pmatrix}$,求得 $P^{-1}=\frac{1}{2}\begin{pmatrix}1&1\\1&-1\end{pmatrix}$. 于是有

$$A^n=P\Lambda^n P^{-1}=\frac{1}{2}\begin{pmatrix}1&1\\1&-1\end{pmatrix}\begin{pmatrix}1&0\\0&3^n\end{pmatrix}\begin{pmatrix}1&1\\1&-1\end{pmatrix}=\frac{1}{2}\begin{pmatrix}1+3^n&1-3^n\\1-3^n&1+3^n\end{pmatrix}$$

4.3.4 矩阵相似对角化的 MATLAB 实现

1. 方阵的相似对角化

在 MATLAB 里,可用命令 eig 的符号功能来判断方阵是否可以相似对角化.

例 5 已知方阵 $A=\begin{pmatrix}1&2&0&0&0\\0&1&0&0&0\\0&0&3&1&0\\0&0&0&3&0\\0&0&0&0&2\end{pmatrix}$,请问:该矩阵是否可以相似对角化?

解:相应的 MATLAB 代码为:

```
>> A=[1,2,0,0,0;0,1,0,0,0;0,0,3,1,0;0,0,0,3,0;0,0,0,0,2];
>> n=size(A)
n =

    5    5

>> A=sym(A);
>> [V,D,P]=eig(A)
V =
[1,0,0]
[0,0,0]
[0,1,0]
[0,0,0]
[0,0,1]
D =
[1,0,0,0,0]
[0,1,0,0,0]
[0,0,3,0,0]
[0,0,0,3,0]
[0,0,0,0,2]
P =

     1    3    5
```

2. 实对称矩阵的正交相似对角化

用命令 eig 就可以将实对称矩阵正交相似对角化.

例 6　已知方阵 $\boldsymbol{A}=\begin{pmatrix}1&1&1&0&0\\1&1&0&0&0\\1&0&3&1&0\\0&0&1&3&2\\0&0&0&2&2\end{pmatrix}$,求正交矩阵 $\boldsymbol{Q}$ 使 $\boldsymbol{Q}^{-1}\boldsymbol{A}\boldsymbol{Q}$ 为对角矩阵.

解:相应的 MATLAB 代码为:

```
>> A=[1,1,1,0,0;1,1,0,0,0;1,0,3,1,0;0,0,1,3,2;0,0,0,2,2];
>> [Q,D]=eig(A,'nobalance')
Q =
```

```
  -0.7116   -0.1834    0.5184   -0.4210    0.1186
   0.5839    0.2763    0.7390   -0.1888    0.0300
   0.2832   -0.1546   -0.3754   -0.7501    0.4386
  -0.2001    0.5952   -0.0310    0.2483    0.7370
   0.1803   -0.7154    0.2078    0.4036    0.4995

D =

  -0.2186         0         0         0         0
        0    0.3362         0         0         0
        0         0    1.7015         0         0
        0         0         0    3.2302         0
        0         0         0         0    4.9507
```

所以,存在正交矩阵

$$Q=\begin{pmatrix} -0.7116 & -0.1834 & 0.5184 & -0.4210 & 0.1186 \\ 0.5839 & 0.2763 & 0.7390 & -0.1888 & 0.0300 \\ 0.2832 & -0.1546 & -0.3754 & -0.7501 & 0.4386 \\ -0.2001 & 0.5952 & -0.0310 & 0.2483 & 0.7370 \\ 0.1803 & -0.7154 & 0.2078 & 0.4036 & 0.4995 \end{pmatrix}$$

使

$$Q^{-1}AQ=\begin{pmatrix} -0.2186 & 0 & 0 & 0 & 0 \\ 0 & 0.3362 & 0 & 0 & 0 \\ 0 & 0 & 1.7015 & 0 & 0 \\ 0 & 0 & 0 & 3.2302 & 0 \\ 0 & 0 & 0 & 0 & 4.9507 \end{pmatrix}$$

习题 4-3

(A)

1. 设 $\boldsymbol{A}$,$\boldsymbol{B}$ 都是 n 阶方阵,且 $|\boldsymbol{A}|\neq 0$,证明 $\boldsymbol{AB}$ 与 $\boldsymbol{BA}$ 相似.

2. 判断下列矩阵是否可以化为对角矩阵.

(1) $\begin{pmatrix} 4 & 6 & 0 \\ -3 & -5 & 0 \\ -3 & -6 & 1 \end{pmatrix}$；　(2) $\begin{pmatrix} -1 & 1 & 0 \\ -4 & 3 & 0 \\ 1 & 0 & 2 \end{pmatrix}$.

3. 设 $\boldsymbol{A}$ 为 3 阶实对称矩阵，$\boldsymbol{A}$ 的特征值为 1，2，3，若属于特征值 1，2 的特征向量分别为 $\boldsymbol{\alpha}_1=(-1,-1,1)^{\mathrm{T}}$，$\boldsymbol{\alpha}_2=(1,-2,-1)^{\mathrm{T}}$，求 $\boldsymbol{A}$ 的属于特征值 3 的特征向量.

4. 试求一个正交相似变换，将下列实对称矩阵化为对角矩阵.

(1) $\begin{pmatrix} 2 & -2 & 0 \\ -2 & 1 & -2 \\ 0 & -2 & 0 \end{pmatrix}$；　(2) $\begin{pmatrix} 2 & 2 & -2 \\ 2 & 5 & -4 \\ -2 & -4 & 5 \end{pmatrix}$.

5. 已知 $\boldsymbol{A}=\begin{pmatrix} 2 & 0 & 0 \\ 0 & a & 2 \\ 0 & 2 & a \end{pmatrix}$ $(a>0)$ 有一特征值为 1，求正交矩阵 $\boldsymbol{P}$ 使得 $\boldsymbol{P}^{-1}\boldsymbol{A}\boldsymbol{P}$ 为对角矩阵.

(B)

1. 设 $\boldsymbol{A}=\begin{pmatrix} 0 & 0 & 1 \\ 1 & 1 & a \\ 1 & 0 & 0 \end{pmatrix}$，问 a 为何值时，矩阵 $\boldsymbol{A}$ 能相似对角化？

2. 设 3 阶方阵 $\boldsymbol{A}$ 的特征值为 $\lambda_1=2$，$\lambda_2=-2$，$\lambda_3=1$，对应的特征向量依次为

$$\boldsymbol{p}_1=\begin{pmatrix} 0 \\ 1 \\ 1 \end{pmatrix},\ \boldsymbol{p}_2=\begin{pmatrix} 1 \\ 1 \\ 1 \end{pmatrix},\ \boldsymbol{p}_3=\begin{pmatrix} 1 \\ 1 \\ 0 \end{pmatrix}$$

求 $\boldsymbol{A}$.

3. 设矩阵 $\boldsymbol{A}=\begin{pmatrix} 1 & -2 & -4 \\ -2 & x & -2 \\ -4 & -2 & 1 \end{pmatrix}$ 与 $\boldsymbol{\Lambda}=\begin{pmatrix} 5 & 0 & 0 \\ 0 & y & 0 \\ 0 & 0 & -4 \end{pmatrix}$ 相似，求 x,y.

复习题四

一、单项选择题

1. 设 $\boldsymbol{A}$ 为正交矩阵，则(　　)成立.

A. $\boldsymbol{A}=\boldsymbol{E}$　　B. $|\boldsymbol{A}|=1$　　C. $\boldsymbol{A}^{-1}=\boldsymbol{A}^{\mathrm{T}}$　　D. $|\boldsymbol{A}|>0$

2. 若 $\boldsymbol{\alpha},\boldsymbol{\beta}$ 是 n 阶方阵 $\boldsymbol{A}$ 的属于不同特征值的特征向量，则（　　）.

A. $\boldsymbol{\alpha},\boldsymbol{\beta}$ 必正交　　B. $\boldsymbol{\alpha},\boldsymbol{\beta}$ 线性无关

C. $\boldsymbol{\alpha},\boldsymbol{\beta}$ 线性相关　　D. 以上关系不一定成立

3. 已知 3 阶方阵 $\boldsymbol{A}$ 的特征值为 1,2,3，则 $|\boldsymbol{A}-5\boldsymbol{E}|=$（　　）.

A. 2　　B. 6　　C. -24　　D. 24

4. n 阶方阵 $\boldsymbol{A}$ 相似于对角矩阵的充要条件为（　　）.

A. $\boldsymbol{A}$ 有 n 个特征值　　B. $|\boldsymbol{A}|\neq 0$

C. $\boldsymbol{A}$ 的特征多项式无重根　　D. $\boldsymbol{A}$ 有 n 个无关的特征向量

二、填空题

1. 向量 $\boldsymbol{\alpha}=(2,4)^{\mathrm{T}}$，$\boldsymbol{\beta}=(a,-1)^{\mathrm{T}}$，若 $\boldsymbol{\alpha},\boldsymbol{\beta}$ 正交，则 $a=$________.

2. 矩阵 $\boldsymbol{A}=\begin{pmatrix} a & 0 & 0 \\ 0 & a & 0 \\ 0 & 0 & a \end{pmatrix}$ 的全部特征向量是________.

3. 若 3 阶方阵 $\boldsymbol{A}$ 满足 $|\boldsymbol{A}|=8$，又已知其有特征值 -2 和 4，则 $\boldsymbol{A}$ 的另外一个特征值为______.

4. 已知矩阵 $\boldsymbol{A}=\begin{pmatrix} 2 & 0 & 0 \\ 0 & 0 & 1 \\ 0 & 1 & x \end{pmatrix}$ 与矩阵 $\boldsymbol{B}=\begin{pmatrix} 2 & 0 & 0 \\ 0 & y & 0 \\ 0 & 0 & -1 \end{pmatrix}$ 相似，则 $y=$________.

三、解答题

1. 求矩阵

$$\boldsymbol{A}=\begin{pmatrix} 0 & 1 & 1 \\ 1 & 0 & 1 \\ 1 & 1 & 0 \end{pmatrix}$$

的特征值和特征向量.

2. 判断矩阵

$$\boldsymbol{A}=\begin{pmatrix} 2 & -1 & 2 \\ 5 & -3 & 3 \\ -1 & 0 & -2 \end{pmatrix}$$

能否相似对角化，若能，求出对角矩阵.

3. 设 $\boldsymbol{A}$ 为 3 阶实对称矩阵，$\boldsymbol{A}$ 的特征值是 1，-1，0，其中属于特征值 $\lambda=1$ 和 $\lambda=0$ 的特征向量分别是 $(1,a,1)^{\mathrm{T}}$ 和 $(a,a+1,1)^{\mathrm{T}}$，求 a 和矩阵 $\boldsymbol{A}$ 的所有特征向量.

4. 证明矩阵

$$\boldsymbol{A}=\begin{pmatrix}1 & 1 & \cdots & 1\\ 1 & 1 & \cdots & 1\\ \vdots & \vdots & & \vdots\\ 1 & 1 & \cdots & 1\end{pmatrix} \text{与 } \boldsymbol{B}=\begin{pmatrix}1 & 0 & \cdots & 0\\ 2 & 0 & \cdots & 0\\ \vdots & \vdots & & \vdots\\ n & 0 & \cdots & 0\end{pmatrix}$$

相似.

5. 已知 3 阶方阵 $\boldsymbol{A}$ 的特征值为 1，-1，2，设矩阵 $\boldsymbol{B}=\boldsymbol{A}^3-5\boldsymbol{A}^2$.

(1)试求矩阵 $\boldsymbol{B}$ 的特征值；

(2)矩阵 $\boldsymbol{B}$ 是否可以对角化，说明理由. 如果 $\boldsymbol{B}$ 可以对角化，写出与 $\boldsymbol{B}$ 相似的对角矩阵.

四、证明题

1. 若 $\boldsymbol{A}$ 是 n 阶实对称的可逆矩阵，证明 $\boldsymbol{A}^{-1}$ 也是对称矩阵.

2. 若 $\boldsymbol{\alpha}$，$\boldsymbol{\beta}$ 均为 n 维非零列向量，且其内积 $(\boldsymbol{\alpha}^{\mathrm{T}},\boldsymbol{\beta})=\mu_0$，证明：$n$ 维非零列向量 $\boldsymbol{\alpha}$ 是 n 阶方阵 $\boldsymbol{A}=\boldsymbol{\alpha}\boldsymbol{\beta}^{\mathrm{T}}$ 的特征向量，对应的特征值为 μ_0.

第5章 二 次 型

二次型的理论起源于解析几何中的二次曲线化简问题.对于平面上的二次曲线，当曲线中心在坐标原点时，它的方程为 $ax^2+bxy+cy^2=1$，选择适当的坐标旋转变换

$$\begin{cases} x=x'\cos\theta-y'\sin\theta \\ y=x'\sin\theta+y'\cos\theta \end{cases}$$

可以把方程化为标准形式

$$mx'^2+cy'^2=1$$

这类将二次齐次多项式化成只含有平方项的问题具有普遍性，在物理、数学等领域常会遇到.

5.1 二次型的概念及其矩阵

5.1.1 二次型及其矩阵的定义

定义 5.1 将 n 元变量 $x_1,x_2,\cdots,x_n$ 的二次齐次多项式

$$f(x_1,x_2,\cdots,x_n)=a_{11}x_1^2+a_{22}x_2^2+\cdots+a_{nn}x_n^2+2a_{12}x_1x_2+2a_{13}x_1x_3+\cdots+2a_{n-1\,n}x_{n-1}x_n \tag{5-1}$$

称为二次型.

在式(5-1)中，取 $a_{ji}=a_{ij}$，则 $2a_{ij}x_ix_j=a_{ij}x_ix_j+a_{ji}x_jx_i$，于是式(5-1)可改写为

$$f(x_1,x_2,\cdots,x_n)=(x_1,x_2,\cdots,x_n)\begin{pmatrix} a_{11}x_1+a_{12}x_2+\cdots+a_{1n}x_n \\ a_{21}x_1+a_{22}x_2+\cdots+a_{2n}x_n \\ \vdots \\ a_{n1}x_1+a_{n2}x_2+\cdots+a_{nn}x_n \end{pmatrix}$$

$$=(x_1,x_2,\cdots,x_n)\begin{pmatrix}a_{11}&a_{12}&\cdots&a_{1n}\\a_{21}&a_{22}&\cdots&a_{2n}\\\vdots&\vdots&&\vdots\\a_{n1}&a_{n2}&\cdots&a_{nn}\end{pmatrix}\begin{pmatrix}x_1\\x_2\\\vdots\\x_n\end{pmatrix}=\boldsymbol{x}^{\mathrm{T}}\boldsymbol{A}\boldsymbol{x}$$

其中

$$\boldsymbol{x}=\begin{pmatrix}x_1\\x_2\\\vdots\\x_n\end{pmatrix},\boldsymbol{A}=\begin{pmatrix}a_{11}&a_{12}&\cdots&a_{1n}\\a_{21}&a_{22}&\cdots&a_{2n}\\\vdots&\vdots&&\vdots\\a_{n1}&a_{n2}&\cdots&a_{nn}\end{pmatrix}$$

称$\boldsymbol{x}^{\mathrm{T}}\boldsymbol{A}\boldsymbol{x}$为二次型$f(x)$的矩阵形式，称实对称矩阵$\boldsymbol{A}$为该二次型的矩阵. 实对称矩阵$\boldsymbol{A}$的秩称为二次型的秩. 二次型$f(x)$与其实对称矩阵$\boldsymbol{A}$之间有一一对应关系，二次型$f(x)$称为实对称矩阵$\boldsymbol{A}$的二次型.

例 1 写出下列二次型对应的矩阵.

(1) $f(x,y)=ax^2+bxy+cy^2$；

(2) $f(x_1,x_2,x_3,x_4)=2x_1^2+3x_2^2-4x_3^2$；

(3) $f(x_1,x_2,x_3,x_4)=x_1x_2+2x_1x_3-4x_1x_4+3x_2x_4$.

解: (1)对应的矩阵为$\begin{pmatrix}a&b/2\\b/2&c\end{pmatrix}$；

(2)对应的矩阵是一个对角矩阵，为$\begin{pmatrix}2&0&0\\0&3&0\\0&0&-4\end{pmatrix}$；

(3)对应的矩阵为$\begin{pmatrix}0&1/2&1&-2\\1/2&0&0&3/2\\1&0&0&0\\-2&3/2&0&0\end{pmatrix}$.

例 2 求二次型$f(x_1,x_2,x_3)=x_1^2-2x_1x_2+2x_1x_3-2x_2^2+6x_3^2$的秩.

解: 由题设得二次型对应的矩阵为:

$$A=\begin{pmatrix}1&-1&1\\-1&-2&0\\1&0&6\end{pmatrix}$$

对 A 作初等变换：

$$A\to\begin{pmatrix}1&-1&1\\0&-3&1\\0&1&5\end{pmatrix}\to\begin{pmatrix}1&-1&1\\0&1&5\\0&0&16\end{pmatrix}$$

即 $r(A)=3$，所以二次型的秩为 3.

5.1.2 矩阵的合同

$y=Cx$ 称为从变量 x 到变量 y 的线性变换，其中的矩阵 $C=(c_{ij})_{n\times n}$ 称为线性变换矩阵. 当 $|C|\neq 0$ 时，称该线性变换为可逆线性变换.

对于一般二次型 $f(x)=x^{T}Ax$，经常碰到的问题是：如何寻求可逆线性变换 $x=Cy$，使得

$$f(x)=x^{T}Ax=(Cy)^{T}A(Cy)=y^{T}(C^{T}AC)y$$

这里，$y^{T}(C^{T}AC)y$ 为关于 $y_1,y_2,\cdots,y_n$ 的二次型，对应的矩阵为 $C^{T}AC$.

定义 5.2 设 A,B 为 n 阶方阵，如果存在可逆矩阵 C，使得 $C^{T}AC=B$，则称方阵 A 合同于方阵 B 或 A 与 B 合同.

和等价关系、相似关系类似，合同关系也具有反身性、对称性和传递性.

定理 5.1 若 A 为对称矩阵，C 为任一可逆矩阵，令 $B=C^{T}AC$，则 B 也为对称矩阵，且 $r(B)=r(A)$.

证明： A 为对称矩阵，故 $A^{T}=A$，于是

$$B^{T}=(C^{T}AC)^{T}=C^{T}A^{T}C=C^{T}AC=B$$

即 B 也为对称矩阵.

又因为 A 与 B 合同，故 A 与 B 等价，所以 $r(B)=r(A)$.

由此可知，二次型 $f(x)$ 经可逆变换 $x=Cy$ 后，其秩不变，但 $f(x)$ 的矩阵由 A 变为 $B=C^{T}AC$.

习题 5 - 1

(A)

1. 若 n 阶方阵 $\boldsymbol{A}$ 与 $\boldsymbol{B}$ 合同，则(　　).

A. $\boldsymbol{A}=\boldsymbol{B}$　　B. $\boldsymbol{A}$ 与 $\boldsymbol{B}$ 相似　　C. $|\boldsymbol{A}|=|\boldsymbol{B}|$　　D. $r(\boldsymbol{A})=r(\boldsymbol{B})$

2. 用矩阵表示下列二次型.

(1) $f(x,y,z)=3x^2+2xy+5yz-y^2-4xz+5z^2$；

(2) $f(x_1,x_2,x_3,x_4)=x_1x_2+2x_1x_3-4x_1x_4+3x_2x_4$.

3. 写出对称矩阵 $\boldsymbol{A}=\begin{pmatrix}1 & -1 & -3 & 1\\ -1 & 0 & -2 & 1/2\\ -3 & -2 & 1/3 & -3/2\\ 1 & 1/2 & -3/2 & 0\end{pmatrix}$ 所对应的二次型.

(B)

1. 求二次型 $f(x_1,x_2,x_3)=\boldsymbol{x}^{\mathrm{T}}\begin{pmatrix}1 & 2 & 1\\ 0 & 1 & 0\\ 1 & 2 & 1\end{pmatrix}\boldsymbol{x}$ 的秩.

2. 设二次型 $f(x_1,x_2,x_3)=2x_1x_2-4x_1x_3+10x_2x_3$，且

$$\begin{cases}x_1=y_1-y_2-5y_3\\ x_2=y_1+y_2+2y_3\\ x_3=y_3\end{cases}$$

求经过上述线性变换后新的二次型.

5.2　二次型的标准化

5.2.1　二次型的标准型概念

定义 5.3　若二次型 $f(x_1,x_2,\cdots,x_n)$ 经可逆线性变换 $\boldsymbol{x}=\boldsymbol{C}\boldsymbol{y}$ 后化为只含平方项的形式

$$k_1y_1^2+k_2y_2^2+\cdots+k_ny_n^2 \tag{5-2}$$

则称式(5－2)为二次型 $f(x_1,x_2,\cdots,x_n)$的标准型.如果标准型的系数 $k_1,k_2,\cdots,k_n$ 只能在 1,－1,0 中取值,即二次型(5－2)为

$$y_1^2+\cdots+y_p^2-y_{p+1}^2-\cdots-y_r^2 \tag{5-3}$$

则称式(5－3)为二次型的规范型.

本节将研究的问题是如何使二次型

$$f(x_1,x_2,\cdots,x_n)=\boldsymbol{x}^{\mathrm{T}}\boldsymbol{A}\boldsymbol{x}$$

经可逆线性变换 $\boldsymbol{x}=\boldsymbol{C}\boldsymbol{y}$ 变成标准型$\boldsymbol{y}^{\mathrm{T}}(\boldsymbol{C}^{\mathrm{T}}\boldsymbol{A}\boldsymbol{C})\boldsymbol{y}$,其中$\boldsymbol{C}^{\mathrm{T}}\boldsymbol{A}\boldsymbol{C}$为对角矩阵

$$\boldsymbol{\Lambda}=\begin{pmatrix} k_1 & & & \\ & k_2 & & \\ & & \ddots & \\ & & & k_n \end{pmatrix}$$

标准型中的系数恰好依次为对角矩阵 $\boldsymbol{\Lambda}$ 的主对角线上的元素.该问题可归结为判断 $\boldsymbol{A}$ 能否合同于一个对角矩阵问题.

5.2.2 用正交变换法化二次型为标准型

由第 4 章实对称矩阵的对角化方法可知,对于实对称矩阵 $\boldsymbol{A}$,必存在正交矩阵 $\boldsymbol{C}$ 使得

$$\boldsymbol{C}^{\mathrm{T}}\boldsymbol{A}\boldsymbol{C}=\boldsymbol{C}^{-1}\boldsymbol{A}\boldsymbol{C}=\boldsymbol{\Lambda}$$

即在正交变换 $\boldsymbol{x}=\boldsymbol{C}\boldsymbol{y}$ 下,可将二次型

$$f(x_1,x_2,\cdots,x_n)=\boldsymbol{x}^{\mathrm{T}}\boldsymbol{A}\boldsymbol{x}$$

化为标准型$\boldsymbol{y}^{\mathrm{T}}(\boldsymbol{C}^{\mathrm{T}}\boldsymbol{A}\boldsymbol{C})\boldsymbol{y}$:

$$\boldsymbol{y}^{\mathrm{T}}(\boldsymbol{C}^{\mathrm{T}}\boldsymbol{A}\boldsymbol{C})\boldsymbol{y}=(y_1,y_2,\cdots,y_n)\begin{pmatrix} \lambda_1 & & & \\ & \lambda_2 & & \\ & & \ddots & \\ & & & \lambda_n \end{pmatrix}\begin{pmatrix} y_1 \\ y_2 \\ \vdots \\ y_n \end{pmatrix}$$

$$=\lambda_1 y_1^2+\lambda_2 y_2^2+\cdots+\lambda_n y_n^2$$

用正交变换法化二次型为标准型的步骤如下:

(1)将二次型表示成矩阵形式 $f(x)=\boldsymbol{x}^{\mathrm{T}}\boldsymbol{A}\boldsymbol{x}$,求出 $\boldsymbol{A}$;

(2)求出 $\boldsymbol{A}$ 的所有特征值$\lambda_1,\lambda_2,\cdots,\lambda_n$;

(3)求出对应于特征值的特征向量 $\boldsymbol{\xi}_1,\boldsymbol{\xi}_2,\cdots,\boldsymbol{\xi}_n$;

(4)依次将特征向量 $\boldsymbol{\xi}_1,\boldsymbol{\xi}_2,\cdots,\boldsymbol{\xi}_n$ 正交化、单位化,得 $\boldsymbol{\eta}_1,\boldsymbol{\eta}_2,\cdots,\boldsymbol{\eta}_n$,令

$$\boldsymbol{P}=(\boldsymbol{\eta}_1,\boldsymbol{\eta}_2,\cdots,\boldsymbol{\eta}_n)$$

(5)作正交变换 $\boldsymbol{x}=\boldsymbol{P}\boldsymbol{y}$ 将 $f(x_1,x_2,\cdots,x_n)=\boldsymbol{x}^{\mathrm{T}}\boldsymbol{A}\boldsymbol{x}$ 化为标准型$\boldsymbol{y}^{\mathrm{T}}(\boldsymbol{C}^{\mathrm{T}}\boldsymbol{A}\boldsymbol{C})\boldsymbol{y}$. 即

$$\boldsymbol{y}^{\mathrm{T}}(\boldsymbol{C}^{\mathrm{T}}\boldsymbol{A}\boldsymbol{C})\boldsymbol{y}=(y_1,y_2,\cdots,y_n)\begin{pmatrix}\lambda_1 & & & \\ & \lambda_2 & & \\ & & \ddots & \\ & & & \lambda_n\end{pmatrix}\begin{pmatrix}y_1\\ y_2\\ \vdots\\ y_n\end{pmatrix}$$

$$=\lambda_1 y_1^2+\lambda_2 y_2^2+\cdots+\lambda_n y_n^2$$

例 1 将二次型 $f(x_1,x_2,x_3)=17x_1^2+14x_2^2+14x_3^2-4x_1x_2-4x_1x_3-8x_2x_3$ 通过正交变换 $\boldsymbol{x}=\boldsymbol{P}\boldsymbol{y}$ 化成标准型.

解:(1)写出二次型的矩阵

$$\boldsymbol{A}=\begin{pmatrix}17 & -2 & -2\\ -2 & 14 & -4\\ -2 & -4 & 14\end{pmatrix}$$

(2)求出所有特征值

由 $$|\lambda\boldsymbol{E}-\boldsymbol{A}|=\begin{vmatrix}\lambda-17 & 2 & 2\\ 2 & \lambda-14 & 4\\ 2 & 4 & \lambda-14\end{vmatrix}=(\lambda-18)^2(\lambda-9)=0$$

解得 $\lambda_1=9,\lambda_2=\lambda_3=18$.

(3)求特征向量

将 $\lambda_1=9$ 代入$(\lambda\boldsymbol{E}-\boldsymbol{A})\boldsymbol{x}=\boldsymbol{0}$,得基础解系 $\boldsymbol{\xi}_1=(1/2,1,1)^{\mathrm{T}}$;

将 $\lambda_2=\lambda_3=18$ 代入$(\lambda\boldsymbol{E}-\boldsymbol{A})\boldsymbol{x}=\boldsymbol{0}$,得基础解系 $\boldsymbol{\xi}_2=(-2,1,0)^{\mathrm{T}},\boldsymbol{\xi}_3=(-2,0,1)^{\mathrm{T}}$.

(4)将特征向量正交化、单位化

取 $\boldsymbol{\alpha}_1=\boldsymbol{\xi}_1,\boldsymbol{\alpha}_2=\boldsymbol{\xi}_2,\boldsymbol{\alpha}_3=\boldsymbol{\xi}_3-\dfrac{(\boldsymbol{\alpha}_2,\boldsymbol{\xi}_3)}{(\boldsymbol{\alpha}_2,\boldsymbol{\alpha}_2)}\boldsymbol{\alpha}_2$,得正交向量组:

$$\boldsymbol{\alpha}_1=(1/2,1,1)^{\mathrm{T}},\boldsymbol{\alpha}_2=(-2,1,0)^{\mathrm{T}},\boldsymbol{\alpha}_3=(-2/5,-4/5,1)^{\mathrm{T}}$$

将其单位化得:

$$\boldsymbol{\eta}_1=\begin{pmatrix}1/3\\ 2/3\\ 2/3\end{pmatrix},\boldsymbol{\eta}_2=\begin{pmatrix}-2/\sqrt{5}\\ 1/\sqrt{5}\\ 0\end{pmatrix},\boldsymbol{\eta}_3=\begin{pmatrix}-2/\sqrt{45}\\ -4/\sqrt{45}\\ 5/\sqrt{45}\end{pmatrix}$$

(5)作正交变换

作正交矩阵

$$\boldsymbol{P}=\begin{pmatrix}1/3 & -2/\sqrt{5} & -2/\sqrt{45}\\ 2/3 & 1/\sqrt{5} & -4/\sqrt{45}\\ 2/3 & 0 & 5/\sqrt{45}\end{pmatrix}$$

故所求正交变换为

$$\begin{pmatrix}x_1\\ x_2\\ x_3\end{pmatrix}=\begin{pmatrix}1/3 & -2/\sqrt{5} & -2/\sqrt{45}\\ 2/3 & 1/\sqrt{5} & -4/\sqrt{45}\\ 2/3 & 0 & 5/\sqrt{45}\end{pmatrix}\begin{pmatrix}y_1\\ y_2\\ y_3\end{pmatrix}$$

在此变换下原二次型化为标准型

$$f=9y_1^2+18y_2^2+18y_3^2$$

5.2.3 用配方法化二次型为标准型

配方法就是初等代数里配平方的方法,通过该方法得到的标准型不唯一.

(1) 若二次型至少含有一个系数不为 0 的平方项,如 $a_{ii}\neq 0$,则可先把含有 x_i 的乘积项集中,然后配方,再对其余的变量重复上述过程直到将所有变量都配成平方项为止,这是一个可逆线性变换,通过此变换可得到标准型.

(2)若二次型中不含有平方项,但是 $a_{ij}\neq 0(i\neq j)$,令

$$\begin{cases}x_i=y_i-y_j\\ x_j=y_i+y_j\\ x_k=y_k\end{cases}\qquad(k=1,2,\cdots,n;k\neq i,j)$$

这也是一个可逆变换,通过这样的变换可将不含有平方项的二次型化为含有平方项的二次型,然后再按上述(1)中介绍的方法配方即可.

配方法是一种可逆线性变换,但平方项的系数与 $\boldsymbol{A}$ 的特征值无关. 由此得出如下结论.

定理 5.2 任意二次型都可以通过可逆线性变换化为标准型.

定理 5.3 对任一实对称矩阵 $\boldsymbol{A}$,均存在非奇异矩阵 $\boldsymbol{C}$ 使 $\boldsymbol{B}=\boldsymbol{C}^{\mathrm{T}}\boldsymbol{A}\boldsymbol{C}$ 为对角矩阵. 即任一实对称矩阵都与一个对角矩阵合同.

例 2 将二次型 $f(x_1,x_2,x_3)=x_1^2+4x_2^2+4x_3^2+2x_1x_2-2x_1x_3+4x_2x_3$ 化成标准型,并

写出所对应的线性变换.

解:因标准型是平方项的代数和,故可利用配方法解之.

$$\begin{aligned}f(x_1,x_2,x_3)&=x_1^2+2x_1(x_2-x_3)+(x_2-x_3)^2+4x_2^2+4x_3^2+4x_2x_3-(x_2-x_3)^2\\&=(x_1+x_2-x_3)^2+3x_2^2+3x_3^2+6x_2x_3\\&=(x_1+x_2-x_3)^2+3(x_2+x_3)^2\end{aligned}$$

令

$$\begin{cases}y_1=x_1+x_2-x_3\\y_2=\quad\ \ x_2+x_3\\y_3=\qquad\quad\ x_3\end{cases}$$

可将原二次型化成标准型

$$f=y_1^2+3y_2^2$$

即所作的可逆线性变换为

$$\begin{cases}x_1=y_1-y_2+2y_3\\x_2=\quad\ \ y_2-y_3\\x_3=\qquad\quad\ y_3\end{cases}$$

标准型矩阵为 $\boldsymbol{B}=\begin{pmatrix}1&0&0\\0&3&0\\0&0&0\end{pmatrix}$,而原二次型的矩阵为 $\boldsymbol{A}=\begin{pmatrix}1&1&-1\\1&4&2\\-1&2&4\end{pmatrix}$,线性变换矩阵为

$$\boldsymbol{C}=\begin{pmatrix}1&-1&2\\0&1&-1\\0&0&1\end{pmatrix}$$

易验证

$$\boldsymbol{C}^{\mathrm{T}}\boldsymbol{A}\boldsymbol{C}=\boldsymbol{B}=\begin{pmatrix}1&0&0\\0&3&0\\0&0&0\end{pmatrix},且\boldsymbol{y}^{\mathrm{T}}\boldsymbol{B}\boldsymbol{y}=y_1^2+3y_2^2.$$

可见,要把二次型化为标准型,关键在于求出一个非奇异矩阵 $\boldsymbol{C}$,使得 $\boldsymbol{C}^{\mathrm{T}}\boldsymbol{A}\boldsymbol{C}$ 是对角矩阵.

例3 将二次型 $f(x_1,x_2,x_3)=2x_1x_2+2x_1x_3-6x_2x_3$ 化成标准型,并求所用的变换

矩阵.

解:由于所给二次型中无平方项,所以令

$$\begin{cases} x_1=y_1+y_2 \\ x_2=y_1-y_2, \\ x_3=y_3 \end{cases} \quad 即 \quad \begin{pmatrix} x_1 \\ x_2 \\ x_3 \end{pmatrix}=\begin{pmatrix} 1 & 1 & 0 \\ 1 & -1 & 0 \\ 0 & 0 & 1 \end{pmatrix}\begin{pmatrix} y_1 \\ y_2 \\ y_3 \end{pmatrix}$$

代入原二次型得 $f=2y_1^2-2y_2^2-4y_1y_3+8y_2y_3$. 再配方,得

$$f=2(y_1-y_3)^2-2(y_2-2y_3)^2+6y_3^2$$

令

$$\begin{cases} z_1=y_1-y_3 \\ z_2=y_2-2y_3 \\ z_3=y_3 \end{cases}$$

可以得到

$$\begin{cases} y_1=z_1+z_3 \\ y_2=z_2+2z_3 \\ y_3=z_3 \end{cases}$$

亦即

$$\begin{pmatrix} y_1 \\ y_2 \\ y_3 \end{pmatrix}=\begin{pmatrix} 1 & 0 & 1 \\ 0 & 1 & 2 \\ 0 & 0 & 1 \end{pmatrix}\begin{pmatrix} z_1 \\ z_2 \\ z_3 \end{pmatrix}$$

代入原二次型得标准型 $f=2z_1^2-2z_2^2+6z_3^2$. 所用线性变换矩阵为

$$\boldsymbol{C}=\begin{pmatrix} 1 & 1 & 0 \\ 1 & -1 & 0 \\ 0 & 0 & 1 \end{pmatrix}\begin{pmatrix} 1 & 0 & 1 \\ 0 & 1 & 2 \\ 0 & 0 & 1 \end{pmatrix}=\begin{pmatrix} 1 & 1 & 3 \\ 1 & -1 & -1 \\ 0 & 0 & 1 \end{pmatrix}(|\boldsymbol{C}|=-2\neq 0).$$

所用线性变换为 $\boldsymbol{x}=\boldsymbol{C}\boldsymbol{z}$.

5.2.4 二次型的规范化

将二次型化为平方项的代数和形式后,可进一步安排变量的次序(相当于作一次可逆线性变换),使这个标准型为

$$k_1x_1^2+\cdots+k_px_p^2-k_{p+1}x_{p+1}^2-\cdots-k_rx_r^2 \tag{5-4}$$

其中 $k_i>0(i=1,2,\cdots,r)$.

为把标准型各项的符号突显出来，继续通过如下可逆线性变换

$$\begin{cases} x_i = y_i/\sqrt{k_i} & (i=1,2,\cdots,r) \\ x_j = y_j & (j=r+1,r+2,\cdots,n) \end{cases}$$

可将二次型(5-4)化为规范型

$$y_1^2+\cdots+y_p^2-y_{p+1}^2-\cdots-y_r^2$$

定理 5.4　任何二次型都可通过可逆线性变换化为规范型，且不论作何种可逆线性变换，规范型都是唯一的.

设 r 是二次型的秩，通常把规范型中的正项个数 p 称为二次型的正惯性指数，负项个数 $r-p$ 称为二次型的负惯性指数，二次型的正惯性指数、负惯性指数是由二次型本身唯一确定的.

二次型的正、负惯性指数是合同变换下的不变量.

例 4　将二次型 $f(x_1,x_2,x_3)=2x_1x_2+2x_1x_3-6x_2x_3$ 化成规范型，并求其正惯性指数.

解: 由例 3 知所求二次型的标准型为 $f=2z_1^2-2z_2^2+6z_3^2$. 令

$$\begin{cases} w_1=\sqrt{2}\,z_1 \\ w_2=\sqrt{2}\,z_2 \\ w_3=\sqrt{6}\,z_3 \end{cases}$$

则可把所求二次型化成规范型 $f=w_1^2+w_2^2-w_3^2$，且 f 的正惯性指数为 2.

5.2.5　化二次型为标准型的 MATLAB 实现

1. 化二次型为标准型

使用 MATLAB 化二次型为标准型时可以首先创建二次型的矩阵，然后用库函数 eig 求矩阵的特征值与特征向量，从而将其化为标准型.

例 5　使用 MATLAB 化二次型

$$f(x_1,x_2,x_3)=2x_1^2+5x_2^2+5x_3^2+4x_1x_2-4x_1x_3-8x_2x_3$$

为标准型.

解: 相应的 MATLAB 代码为：

```
>> A = [2,2,-2;2,5,-4;-2,-4,5];
>> [P,D] = eig(A)
P =
    0.1176    0.9354   -0.3333
```

```
    0.6722   -0.3221   -0.6667

    0.7310    0.1457    0.6667

D =

    1.0000         0         0

         0    1.0000         0

         0         0   10.0000
```

所以经过正交变换 $\boldsymbol{x}=\boldsymbol{P}\boldsymbol{y}=\begin{pmatrix}0.1176 & 0.9354 & -0.3333\\0.6722 & -0.3221 & -0.6667\\0.7310 & 0.1457 & 0.6667\end{pmatrix}\boldsymbol{y}$，二次型可化成标准型

$$f=y_1^2+y_2^2+10y_3^2$$

2. 化二次曲面为标准型

例 6 使用MATLAB化二次曲面

$$2x_1^2+5x_2^2+5x_3^2+4x_1x_2-4x_1x_3-8x_2x_3=10$$

为标准型.

解:相应的MATLAB代码为:

```
>> A = [2,2, -2;2,5, -4; -2, -4,5];

>> eig(A)

ans =

    1.0000

    1.0000

   10.0000
```

则经过正交变换 $\boldsymbol{x}=\boldsymbol{P}\boldsymbol{y}$，可将二次型化为标准型 $f=y_1^2+y_2^2+10y_3^2$. 从而二次曲面可化为 $y_1^2+y_2^2+10y_3^2=10$，即 $\frac{y_1^2}{10}+\frac{y_2^2}{10}+\frac{y_3^2}{1}=1$.

习题 5-2

(A)

1. 用配方法化下列二次型为标准型，并求所用的变换.

(1) $f=x_1^2+2x_2^2+5x_3^2+2x_1x_2+2x_1x_3+6x_2x_3$；

(2) $f=-4x_1x_2+2x_1x_3+2x_2x_3$.

2. 设 $f(x_1,x_2,x_3,x_4)=2x_1x_2+2x_1x_3-2x_1x_4-2x_2x_3+2x_2x_4+2x_3x_4$，求一个正交变换 $\boldsymbol{x}=\boldsymbol{Py}$ 将该二次型化为标准型.

(B)

1. 已知二次型 $f(x_1,x_2,x_3)=5x_1^2+5x_2^2+cx_3^2-2x_1x_2+6x_1x_3-6x_2x_3$ 的秩为 2，求 c，并用正交变换化二次型为标准型.

2. 将二次型 $f(x_1,x_2,x_3)=x_1^2+2x_2^2+2x_1x_2-2x_1x_3$ 化为规范型，并指出其正惯性指数及秩.

5.3 正定二次型

5.3.1 二次型正定性的概念

定义 5.4 设二次型 $f(x)=\boldsymbol{x}^T\boldsymbol{A}\boldsymbol{x}$，如果对任何非零向量 $\boldsymbol{x}$，恒有

(1) $\boldsymbol{x}^T\boldsymbol{A}\boldsymbol{x}>0$ 成立，则称 $f(x)=\boldsymbol{x}^T\boldsymbol{A}\boldsymbol{x}$ 为正定二次型，矩阵 $\boldsymbol{A}$ 称为正定矩阵；$\boldsymbol{x}^T\boldsymbol{A}\boldsymbol{x}\geqslant 0$ 成立，则称 $f(x)=\boldsymbol{x}^T\boldsymbol{A}\boldsymbol{x}$ 为半正定二次型.

(2) $\boldsymbol{x}^T\boldsymbol{A}\boldsymbol{x}<0$ 成立，则称 $f(x)=\boldsymbol{x}^T\boldsymbol{A}\boldsymbol{x}$ 为负定二次型，矩阵 $\boldsymbol{A}$ 称为负定矩阵；$\boldsymbol{x}^T\boldsymbol{A}\boldsymbol{x}\leqslant 0$ 成立，则称矩阵 $\boldsymbol{A}$ 为半负定矩阵.

二次型的正定(负定)、半正定(半负定)统称为有定性.

二次型的有定性与其矩阵的有定性之间具有一一对应关系. 因此，对二次型的正定性的判定可转化为对其矩阵的正定性的判定.

例如：(1) 二次型 $f(x_1,x_2,x_3,x_4)=x_1^2+2x_2^2+3x_3^2+4x_4^2$ 是正定二次型；

(2) 二次型 $f(x_1,x_2,x_3,x_4)=-x_1^2-2x_2^2-3x_3^2-4x_4^2$ 是负定二次型；

(3) 二次型 $f(x_1,x_2,x_3,x_4)=x_1^2+2x_2^2+3x_3^2-2x_1x_2$ 是半正定二次型.

5.3.2 二次型正定性的判定

定理 5.5 对角矩阵 $\boldsymbol{D}=\text{diag}(d_1,d_2,\cdots,d_n)$ 正定的充要条件是 $d_i>0(i=1,2,\cdots,n)$.

证明：(1) 充分性. 对任一非零向量 $\boldsymbol{x}$，至少有 $\boldsymbol{x}$ 的某个分量 $x_k\neq 0$，因 $d_k>0$，$x_k\neq 0$，故 $d_kx_k^2>0$，而 $i\neq k$ 时，$d_ix_i^2\geqslant 0$，所以有

$$\boldsymbol{x}^{\mathrm{T}}\boldsymbol{D}\boldsymbol{x}=\sum_{i=1}^{n}d_ix_i^2>0$$

即 $\boldsymbol{D}$ 为正定矩阵.

(2)必要性.设 $\boldsymbol{D}$ 为正定矩阵,则对任一非零向量 $\boldsymbol{x}$,有

$$\boldsymbol{x}^{\mathrm{T}}\boldsymbol{D}\boldsymbol{x}=\sum_{i=1}^{n}d_ix_i^2>0$$

取 $\boldsymbol{x}=\boldsymbol{\varepsilon}_i(i=1,2,\cdots,n)$,则

$$\boldsymbol{\varepsilon}_i{}^{\mathrm{T}}\boldsymbol{D}\boldsymbol{\varepsilon}_i=d_i>0(i=1,2,\cdots,n)$$

定义 5.5 n 阶方阵 $\boldsymbol{A}=(a_{ij})$ 的 k 个行标和列标相同的子式

$$\begin{vmatrix} a_{i_1i_1} & a_{i_1i_2} & \cdots & a_{i_1i_k} \\ a_{i_2i_1} & a_{i_2i_2} & \cdots & a_{i_2i_k} \\ \vdots & \vdots & & \vdots \\ a_{i_ki_1} & a_{i_ki_2} & \cdots & a_{i_ki_k} \end{vmatrix} \quad (1\leqslant i_1<i_2<\cdots<i_k\leqslant n)$$

称为 $\boldsymbol{A}$ 的一个 k 阶主子式.而子式

$$|\boldsymbol{A}_k|=\begin{vmatrix} a_{11} & a_{12} & \cdots & a_{1k} \\ a_{21} & a_{22} & \cdots & a_{2k} \\ \vdots & \vdots & & \vdots \\ a_{k1} & a_{k2} & \cdots & a_{kk} \end{vmatrix} \quad (k=1,2,\cdots,n)$$

称为 $\boldsymbol{A}$ 的 k 阶顺序主子式.

定理 5.6 若 $\boldsymbol{A}$ 是对称矩阵,则下列命题等价:

(1)$f(x)=\boldsymbol{x}^{\mathrm{T}}\boldsymbol{A}\boldsymbol{x}$ 为正定二次型(或 $\boldsymbol{A}$ 称为正定矩阵);

(2)$\boldsymbol{A}$ 的特征值全大于零;

(3)$\boldsymbol{A}$ 的正惯性指数 $p=n$;

(4)存在非奇异矩阵 $\boldsymbol{C}$ 使 $\boldsymbol{A}=\boldsymbol{C}^{\mathrm{T}}\boldsymbol{C}$,即 $\boldsymbol{A}$ 与 $\boldsymbol{E}$ 合同;

(5)$\boldsymbol{A}$ 的所有顺序主子式 $|\boldsymbol{A}_k|>0(k=1,2,\cdots,n)$.

证明:(1)⇒(2) 由于对于任一对称矩阵 $\boldsymbol{A}$,总存在正交矩阵 $\boldsymbol{C}$ 使

$$\boldsymbol{C}^{\mathrm{T}}\boldsymbol{A}\boldsymbol{C}=\begin{pmatrix} \lambda_1 & & & \\ & \lambda_2 & & \\ & & \ddots & \\ & & & \lambda_n \end{pmatrix}$$

其中，$\lambda_1,\lambda_2,\cdots,\lambda_n$ 是 $\boldsymbol{A}$ 的全部特征值(重根按重数计算)，得证.

(2)⇒(3)⇒(4)显然.

(4)⇒(1)　对于任意 $\boldsymbol{x}\neq\boldsymbol{0}$，有 $\boldsymbol{Cy}\neq\boldsymbol{0}$，于是

$$\boldsymbol{x}^{\mathrm{T}}\boldsymbol{A}\boldsymbol{x}=\boldsymbol{x}^{\mathrm{T}}\boldsymbol{C}^{\mathrm{T}}\boldsymbol{C}\boldsymbol{x}=(\boldsymbol{C}\boldsymbol{x})^{\mathrm{T}}\boldsymbol{C}\boldsymbol{x}>0$$

等价条件(5)此处不予证明.

推论 5.1　若 $\boldsymbol{A}$ 为正定矩阵，则 $|\boldsymbol{A}|>0$.

证明：$|\boldsymbol{A}|=|\boldsymbol{C}^{\mathrm{T}}\boldsymbol{C}|=|\boldsymbol{C}|^2$，因 $\boldsymbol{C}$ 是可逆矩阵，$|\boldsymbol{C}|\neq0$，故 $|\boldsymbol{A}|>0$.

例 2　当 k 取何值时，二次型

$$f(x_1,x_2,x_3)=x_1^2+2x_1x_2+4x_1x_3+2x_2^2+6x_2x_3+kx_3^2$$

是正定的.

解：题设二次型的矩阵 $\boldsymbol{A}=\begin{pmatrix}1&1&2\\1&2&3\\2&3&k\end{pmatrix}$，根据定理 5.6 有

$$|\boldsymbol{A}_3|=|\boldsymbol{A}|=k-5>0$$

故当 $k>5$ 时，$f(x_1,x_2,x_3)$ 是正定的.

定理 5.7　若 $\boldsymbol{A}$ 是对称矩阵，则下列命题等价：

(1) $f(x)=\boldsymbol{x}^{\mathrm{T}}\boldsymbol{A}\boldsymbol{x}$ 为负定二次型(或 $\boldsymbol{A}$ 称为负定矩阵)；

(2) $\boldsymbol{A}$ 的特征值全小于零；

(3) $\boldsymbol{A}$ 的负惯性指数 $q=n$；

(4)存在非奇异矩阵 $\boldsymbol{C}$ 使 $\boldsymbol{A}=-\boldsymbol{C}^{\mathrm{T}}\boldsymbol{C}$，即 $\boldsymbol{A}$ 与 $-\boldsymbol{E}$ 合同；

(5) $\boldsymbol{A}$ 的奇数阶顺序主子式为负，偶数阶顺序主子式为正，即

$$(-1)^k|\boldsymbol{A}_k|>0\ (k=1,2,\cdots,n)$$

5.3.3　判定正定性的 MATLAB 实现

判断二次型或实对称矩阵的正定性时可以借助特征值，也可以借助顺序主子式.

例 3　判断二次型

$$f(x_1,x_2,x_3)=2x_1^2+5x_2^2+5x_3^2+4x_1x_2-4x_1x_3-8x_2x_3$$

是否正定.

解法一：用 eig 求其特征值，考察是否为正数.

```
>> A=[2,2,-2;2,5,-4;-2,-4,5];
>> eig(A)
ans =
    1.0000
    1.0000
   10.0000
```

由于矩阵 $\boldsymbol{A}$ 的特征值分别为 $\lambda_1=\lambda_2=1,\lambda_3=10$，均大于零，所以此二次型为正定二次型.

解法二：先用 poly 求矩阵多项式，再用 roots 求其根，最后考察它们是否全为正数.

```
>> p=poly(A)
p =
    1.0000  -12.0000   21.0000  -10.0000
>> x=roots(p)
x =
   10.0000
    1.0000
    1.0000
```

显然所有特征值全部大于零，所以此二次型为正定二次型.

解法三：根据定理 5.6，验证各阶顺序主子式是否都大于零即可.

```
>> A=[2,2,-2;2,5,-4;-2,-4,5];
>> A1=A(1,1);
>> det(A1)
ans =
     2
>> A2=A(1:2,1:2);
>> det(A2)
ans =
     6
>> det(A)
ans =
    10
```

由于各阶主子式 $|\boldsymbol{A}_1|=2>0$，$|\boldsymbol{A}_2|=6>0$，$|\boldsymbol{A}|=10>0$，所以该二次型正定.

例 4　问 a 为何值时，二次型

$$f(x_1,x_2,x_3)=x_1^2+x_2^2+5x_3^2+2ax_1x_2-2x_1x_3+4x_2x_3$$

为正定二次型？

解：按照定理 5.6，其各阶顺序主子式应都大于零.

```
>> syms a;
>> A=[1,a,-1;a,1,2;-1,2,5];
>> det(A(1,1))
ans =
1
>> det(A(1:2,1:2))
ans =
1-a^2
>> det(A)
ans =
-5*a^2-4*a
```

由 $\begin{cases} |\boldsymbol{A}_1|=1>0 \\ |\boldsymbol{A}_2|=1-a^2>0 \\ |\boldsymbol{A}|=-5a^2-4a>0 \end{cases}$

解得 $-\dfrac{4}{5}<a<0$.

所以当 $-\dfrac{4}{5}<a<0$ 时，此二次型为正定二次型.

习题 5-3

(A)

1. 判别二次型 $f(x_1,x_2,x_3)=2x_1^2+4x_2^2+5x_3^2-4x_1x_3$ 是否正定.

2. 设二次型 $f(x_1,x_2,x_3)=x_1^2+x_2^2+2x_3^2+2tx_1x_2-2x_1x_3$，试确定当 t 取何值时，$f(x_1,x_2,x_3)$ 为正定二次型.

(B)

1. 已知 $\begin{pmatrix} 2-a & 1 & 0 \\ 1 & 1 & 0 \\ 0 & 0 & a+3 \end{pmatrix}$ 是正定矩阵，求 a 的值.

2. 设对称矩阵 $\boldsymbol{A}$ 为正定矩阵，证明：存在可逆矩阵 $\boldsymbol{C}$ 使得 $\boldsymbol{A}=\boldsymbol{C}^{\mathrm{T}}\boldsymbol{C}$.

复习题五

一、单项选择题

1. 实二次型 $f(x_1,x_2,\cdots,x_n)=\boldsymbol{x}^{\mathrm{T}}\boldsymbol{A}\boldsymbol{x}$ 为正定的充要条件是（　　）.

A. f 的秩为 n　　　　B. f 的正惯性指数为 n

C. f 的正惯性指数等于 f 的秩　　　　D. f 的负惯性指数为 n

2. 设矩阵 $\boldsymbol{A}=\begin{pmatrix} 2 & -1 & -1 \\ -1 & 2 & -1 \\ -1 & -1 & 2 \end{pmatrix}$，$\boldsymbol{B}=\begin{pmatrix} 1 & 0 & 0 \\ 0 & 1 & 0 \\ 0 & 0 & 0 \end{pmatrix}$，则 $\boldsymbol{A}$ 与 $\boldsymbol{B}$（　　）.

A. 合同，且相似　　　　B. 合同，但不相似

C. 不合同，但相似　　　　D. 既不合同，也不相似

二、填空题

1. 二次型的矩阵为 $\boldsymbol{A}=\begin{pmatrix} 3 & 0 & 0 \\ 0 & -1 & 0 \\ 0 & 0 & 5 \end{pmatrix}$，则其规范型为__________.

2. 实二次型 $f(x_1,x_2,x_3)=x_1^2+2x_2x_3$ 的正惯性指数为__________.

3. 对于 n 元实二次型 $f(x_1,x_2,\cdots,x_n)=\boldsymbol{x}^{\mathrm{T}}\boldsymbol{A}\boldsymbol{x}$，它的正惯性指数 p，秩 r 与 n 之间的关系是__________.

三、解答题

1. 设二次型

$$f(x_1,x_2,x_3)=x_1^2+x_2^2+x_3^2+2ax_1x_2+2x_1x_3+2bx_2x_3$$

经正交变换 $\boldsymbol{x}=\boldsymbol{Q}\boldsymbol{y}$ 化为 $f=y_2^2+2y_3^2$，试求常数 a,b.

2. 对于二次型 $f(x_1,x_2,x_3)=x_1^2+2x_2^2+(1-k)x_3^2+2kx_1x_2+2x_1x_3$，问 k 为何值时，f 为正定二次型.

3. $\boldsymbol{A},\boldsymbol{B}$ 均是 n 阶实对称矩阵，其中 $\boldsymbol{A}$ 正定，证明存在实数 t，使 $t\boldsymbol{A}+\boldsymbol{B}$ 是正定矩阵.

附录 A　MATLAB 使用简介

A.1　MATLAB 介绍

MATLAB 是美国 MathWorks 公司出品的商业数学软件，是用于算法开发、数据可视化、数据分析及数值计算的高级技术计算语言和交互式环境，主要包括 MATLAB 和 Simulink 两大部分。

MATLAB 是 matrix 和 laboratory 两个词的组合，意为矩阵工厂(矩阵实验室)。它将数值分析、矩阵计算、科学数据可视化及非线性动态系统的建模和仿真等诸多强大功能集成在一个易于使用的视窗环境中，为科学研究、工程设计及必须进行有效数值计算的众多科学领域提供了一种全面的解决方案，并在很大程度上摆脱了传统非交互式程序设计语言(如 C、FORTRAN)的编程模式，代表了当今国际科学计算软件的先进水平。

MATLAB 和 Mathematica、Maple 并称为三大数学软件，在数学类科技应用软件中它在数值计算方面首屈一指。MATLAB 可以进行矩阵运算、绘制函数和数据、实现算法、创建用户界面、连接其他编程语言的程序等，主要应用于工程计算、控制设计、信号处理与通信、图像处理、信号检测、金融建模设计与分析等领域。

MATLAB 的基本数据单位是矩阵，它的指令表达式与数学、工程中常用的形式十分相似，故用 MATLAB 来解算问题要比用 C、FORTRAN 等语言完成相同的事情简单得多，并且 MATLAB 也吸收了像 Maple 等软件的优点，使 MATLAB 成为一个强大的数学软件。在新的版本中也加入了对 C，FORTRAN，C＋＋，Java 的支持(可以直接调用)，用户也可以将自己编写好的实用程序导入到 MATLAB 函数库中方便自己以后调用，此外许多的 MATLAB 爱好者都编写了一些经典的程序，用户直接进行下载就可以用。

A.2 MATLAB 的操作及运行界面

A.2.1 MATLAB 的启动

当 MATLAB 安装到硬盘上以后，一般会在 Windows 桌面上自动生成 MATLAB 程序图标。在这种情况下，直接点击图标即可启动 MATLAB。

A.2.2 MATLAB 操作桌面简介

图 A-1 为 R2010a 版 MATLAB 的操作桌面，它是一个高度集成的 MATLAB 工作界面。该桌面上包含四个最常用的界面：指令窗、当前目录浏览器、MATLAB 工作内存空间浏览器、历史指令窗。

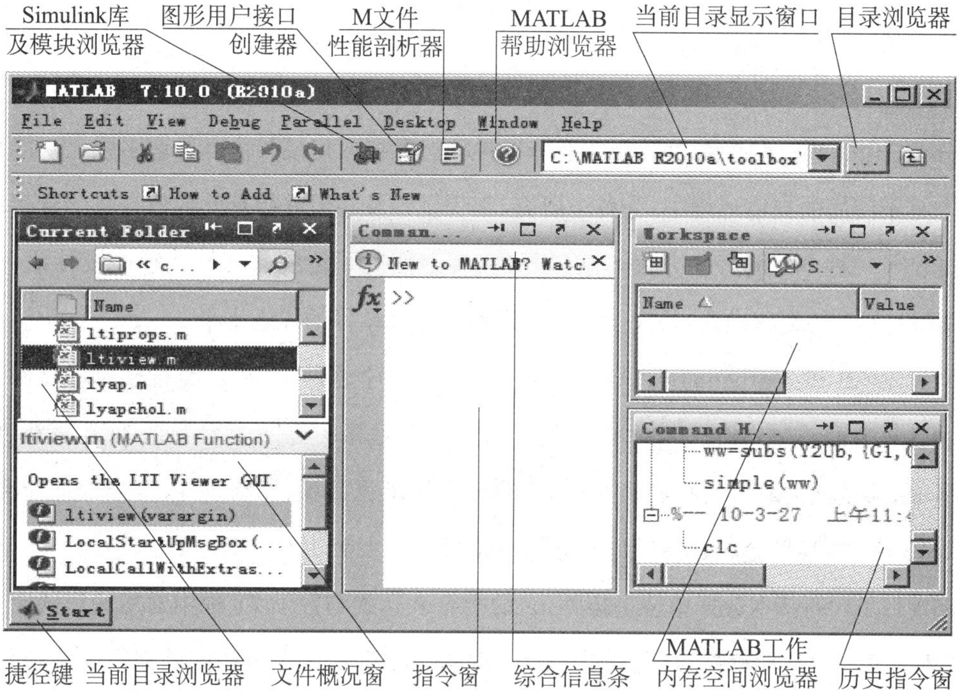

图 A-1 R2010a 版 MATLAB 的操作桌面

1. 指令窗

指令窗是进行各种 MATLAB 操作的最主要的窗口，在指令窗内，可键入各种送给

MATLAB 运作的指令、函数、表达式，可显示除图形外的所有运算结果。运行错误时，指令窗会给出相关的出错提示。

2. 当前目录浏览器

在当前目录浏览器中，展示着子目录、M 文件、MAT 文件和 MDL 文件等。对该界面上的 M 文件可直接进行复制、编辑和运行；对该界面上的 MAT 文件可直接送入 MATLAB 工作内存。此外，对该界面上的子目录可进行 Windows 平台的各种标准操作。

此外，在当前目录浏览器正下方还有一个“文件概况窗”。该窗口显示所选文件的概况信息。比如该窗口会显示：M 函数文件的 H1 行内容、最基本的函数格式及所包含的内嵌函数和其他子函数等。

3. MATLAB 工作内存空间浏览器

该浏览器默认地位于当前目录浏览器的后台，该窗口罗列出 MATLAB 工作空间中所有的变量名、大小、字节数。在该窗口中，可对变量进行观察、图示、编辑、提取和保存。

4. 历史指令窗

历史指令窗记录已经运作过的指令、函数、表达式及它们运行的日期、时间，该窗口中的所有指令、文字都允许复制、重运行及用于产生 M 文件。

5. 捷径键

引出通往本 MATLAB 所包含的各种组件、模块库、图形用户界面、帮助分类目录、演示算例等的捷径，以及向用户提供自建快捷操作的环境。

A.2.3　指令窗简介

MATLAB 的使用方法和界面有多种形式，但最基本的也是入门时首先要掌握的是 MATLAB 指令窗(command window)的基本表现形态和操作方式。

假如用户希望得到脱离操作桌面的几何独立指令窗，只要单击该指令窗右上角的按钮，就可获得如图 A-2 所示的指令窗。

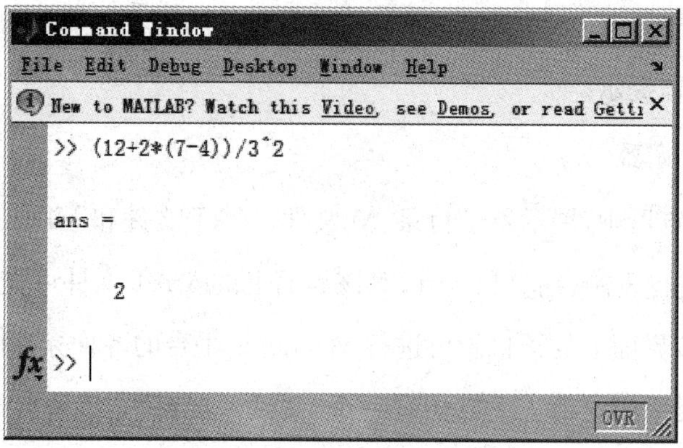

图 A-2　几何独立的指令窗

注释：图 A-2 所示的几何独立的指令窗表现了一个简单算式 $[12+2\times(7-4)]/3^2$ 的运行情况。

A.3　MATLAB 的基本知识

A.3.1　基本运算

在 MATLAB 下进行基本数学运算时，只需将运算表达式直接打在提示符号（>>）之后，并按下 Enter 键即可。MATLAB 表达式的基本运算符如表 A-1 所示。

表 A-1　MATLAB 表达式的基本运算符

	数学表达式	矩阵运算符	数组运算符
加	$a+b$	a + b	a + b
减	$a-b$	a − b	a − b
乘	$a\times b$	a * b	a .* b
除	$a\div b$	a / b 或 b \ a	a ./ b 或 b .\ a
幂	a^b	a ^ b	a .^b
圆括号	(　)	(　)	(　)

例如：

```
>> (5 * 2 + 1.3 - 0.8) * 10/25
ans = 4.2000
```

计算结束后，MATLAB 会将运算结果直接存入一变数 ans。

">>"是 MATLAB 的提示符号，但在计算机中文操作系统下，由于编码方式不同，此提示符号常会消失不见，但这并不会影响 MATLAB 的运算结果。

也可将上述运算式的结果设定给另一个变数 x：

```
x = (5 * 2 + 1.3 - 0.8) * 10^2/25

x = 42
```

此时 MATLAB 会直接显示 x 的值。若不想让 MATLAB 每次都显示运算结果，只需在运算式最后加上分号(;)即可，如下例：

```
y = sin(10) * exp( - 0.3 * 4^2);
```

若要显示变数 y 的值，直接键入 y 即可：

```
>>y

y = - 0.0045
```

MATLAB 书写表达式的规则与"手写算式"几乎完全相同，并遵从如下规则：

(1)表达式由变量名、运算符和函数名组成；

(2)表达式将按与常规相同的优先级自左至右执行运算；

(3)优先计算指数运算，乘除运算次之，最后为加减运算；

(4)括号可以改变运算的次序；

(5)书写表达式时，赋值符"＝"和运算符两侧允许有空格，以增加可读性。

A.3.2　MATLAB 常用函数

1. MATLAB 常用的基本数学函数

将 MATLAB 常用的基本数学函数的表达式介绍如下。

(1)abs(x)：计算纯量的绝对值或向量的长度。

(2)angle(z)：计算复数 z 的相角。

(3)sqrt(x)：开平方。

(4)real(z)：计算复数 z 的实部。

(5)imag(z)：计算复数 z 的虚部。

(6)conj(z)：计算复数 z 的共轭复数。

(7)round(x)：四舍五入至最近整数。

(8)fix(x)：无论正负，舍去小数至最近整数。

(9)floor(x):地板函数,即舍去正小数至最近整数。

(10)ceil(x):天花板函数,即加入正小数至最近整数。

(11)rat(x):将实数 x 化为分数表示。

(12)rats(x):将实数 x 化为多项分数展开。

(13)sign(x):符号函数。

2. MATLAB 常用的三角函数

将 MATLAB 中常用的三角函数的表达式介绍如下。

(1)sin(x):正弦函数。

(2)cos(x):余弦函数。

(3)tan(x):正切函数。

(4)asin(x):反正弦函数。

(5)acos(x):反余弦函数。

(6)atan(x):反正切函数。

3. 矩阵的常用函数

(1)zeros(n):创建一个 $n\times n$ 零矩阵。

(2)zeros(n,m):创建一个 $n\times m$ 零矩阵。

(3)ones(n):创建一个 $n\times n$ 且元素全为 1 矩阵。

(4)ones(n,m):创建一个 $n\times m$ 且元素全为 1 矩阵。

(5)eye(n):创建一个 $n\times n$ 的单位矩阵。

(6)eye(n,m):创建一个 $n\times m$ 的单位矩阵。

(7)triu(X):产生 $\boldsymbol{X}$ 矩阵的上三角形矩阵,其余元素补 0。

(8)tril(X):产生 $\boldsymbol{X}$ 矩阵的下三角形矩阵,其余元素补 0。

(9)flipud(X):使矩阵 $\boldsymbol{X}$ 沿水平轴上下翻转。

(10)fliplr(X):使矩阵 $\boldsymbol{X}$ 沿垂直轴上下翻转。

(11)det(X):计算方阵 $\boldsymbol{X}$ 的行列式。

(12)rank(X):求矩阵 $\boldsymbol{X}$ 的秩,得出行列式不为 0 的最大方阵边长。

(13)Inv(X):求矩阵的逆矩阵。

(14)[v,d]=eig(X):计算矩阵 $\boldsymbol{X}$ 的特征值和特征向量。

(15)diag(X):产生矩阵 $\boldsymbol{X}$ 的对角矩阵。

部分参考答案

习题 1-1

(A)

1. (1) $ab(b-a)$； (2) $x^2(x+1)$； (3) 0； (4) b^2+a+bc.

3. (1) 4； (2) 5； (3) 7； (4) $\frac{1}{2}n(n-1)$.

4. $-a_{11}a_{23}a_{32}a_{44}$.

5. (1) 正号；(2) 负号.

(B)

1. (1) $(-1)^{n-1}b_1b_2\cdots b_n$； (2) a^n-a^{n-2}； (3) $a_1a_2\cdots a_n+(-1)^{n-1}b_1b_2\cdots b_n$.

2. $f(x)=2x^2-3x+1$.

习题 1-2

(A)

1. (1) 0； (2) 0； (3) $abcd+ab+cd+ad+1$； (4) x^4.

3. $0,-1,-2$.

4. $x=\pm1, x=\pm\sqrt{3}$.

5. $(a_1a_2\cdots a_n)\left(a_0-\sum_{i=1}^{n}\frac{1}{a_i}\right)$.

(B)

1. $-2(n-2)!$

3. $5x(x-1)$.

5. 取 5,3,1 时为正,取 1,3,5 时为负.

习题 1-3

(A)

1. (1) 4；(2) -21；(3) -12；(4) $(a+b+c+d)(b-a)(c-a)(d-a)(c-b)(d-b)(d-c)$.

2. (1) -15; (2) 7.

3. (1) $D_n=x^n+(-1)^{n+1}y^n$;　(2) $D_n=a_0x^{n-1}+a_1x^{n-2}+\cdots+a_{n-1}$.

4. $f(x)=26x^3-x^2-22x-72$.

5. $0,-66$.

(B)

1. $(-1)^{(n-1)}2^{n-2}(n-1)$.

2. $x^n+a_1x^{n-1}+\cdots+a_{n-1}x+a_n$.

3. $b_1b_2\cdots b_n\left(1+\frac{a_1}{b_1}+\cdots+\frac{a_n}{b_n}\right)$.

4. $a_1a_2\cdots a_n\left(1+\frac{1}{a_1}+\frac{1}{a_2}+\cdots+\frac{1}{a_n}\right)$.

5. $\prod\limits_{1\leqslant j\leqslant i\leqslant n+1}(i-j)$.

习题 1-4

(A)

1. (1) $x_1=1, x_2=2, x_3=3, x_4=-1$;　(2) $x_1=3, x_2=-\frac{3}{2}, x_3=2, x_4=-\frac{1}{2}$.

3. 当 $\mu=0$ 或 $\lambda=1$ 时，该齐次线性方程组有非零解.

(B)

1. $x_1=\frac{1507}{665}$,　$x_2=-\frac{1145}{665}$,　$x_3=\frac{703}{665}$,　$x_4=\frac{-395}{665}$,　$x_5=\frac{212}{665}$.

2. $a=1-n$ 或 $a=1$.

3. $3,-\frac{3}{2},2,-\frac{1}{2}$.

复习题一

一、1. C.　　2. C.　　3. D.　　4. B.　　5. D.

二、1. $m-n$.　　2. $a+b+c=0$.　　3. 0.　　4. 4.　　5. 0.

三、1 (1) -1;　　(2) -24;　　(3) $(x+3)(x-1)^3$.

3. (1) x^4-16;　　(2) $acfh+bdeg-adeh-bcfg$;　　(3) $\beta^4-\alpha^4$.

4. $A_{41}+A_{42}=12, A_{23}+A_{24}=3$.

5. $2^{n+1}-2$.

习题 2-1

(A)

1.
$$\begin{array}{c} \\ 石头 \\ 剪子 \\ 布 \end{array}\begin{array}{c} \begin{array}{ccc} 石头 & 剪子 & 布 \end{array} \\ \begin{pmatrix} 0 & 1 & -1 \\ -1 & 0 & 1 \\ 1 & -1 & 0 \end{pmatrix} \end{array}.$$

2. (1) $\begin{pmatrix} -11 & 0 & 5 & 5 \\ -10 & 15 & -6 & 1 \\ 10 & -4 & 19 & 6 \end{pmatrix}$；　(2) $\begin{pmatrix} 5 & 1 & -1 & -2 \\ 5 & -6 & 2 & 0 \\ -3 & 2 & -8 & -2 \end{pmatrix}$.

3. (1) $\begin{pmatrix} 35 \\ 6 \\ 49 \end{pmatrix}$；　(2) $\begin{pmatrix} 0 & 0 & 0 \\ 0 & 0 & 0 \\ 0 & 0 & 0 \end{pmatrix}$；　(3) 10；　(4) $\begin{pmatrix} 3 & 6 & 9 \\ 2 & 4 & 6 \\ 1 & 2 & 3 \end{pmatrix}$；

(5) $a_{11}x_1^2+a_{22}x_2^2+a_{33}x_3^2+2a_{12}x_1x_2+2a_{13}x_1x_3+2a_{23}x_2x_3$.

4. $3\boldsymbol{AB}-2\boldsymbol{A}=\begin{pmatrix} 10 & 7 & 7 \\ -8 & 7 & 17 \\ 10 & 5 & 1 \end{pmatrix}$；$\boldsymbol{A}^{\mathrm{T}}\boldsymbol{B}=\begin{pmatrix} 4 & 3 & 3 \\ -2 & 3 & 5 \\ 4 & 1 & 1 \end{pmatrix}$.

5. (1) $\begin{pmatrix} 1 & 1 \\ 0 & 0 \end{pmatrix}$；　(2) $\begin{pmatrix} a^n & 0 & 0 \\ 0 & b^n & 0 \\ 0 & 0 & c^n \end{pmatrix}$；　(3) $\begin{pmatrix} \lambda^n & 0 & 0 \\ n\lambda^{n-1} & \lambda^n & 0 \\ \frac{n(n-1)}{2}\lambda^{n-2} & n\lambda^{n-1} & \lambda^n \end{pmatrix}$.

(B)

1. $\begin{pmatrix} a & b \\ 0 & a \end{pmatrix}(a,b\in\mathbf{R})$.

3. $\begin{pmatrix} 3 \\ 1 \end{pmatrix}$.

5. $-m^4$.

习题 2-2

(A)

1. (1) $\begin{pmatrix} 0 & -1 \\ 1 & 2 \end{pmatrix}$；　(2) $\begin{pmatrix} 5/3 & -2/3 & -1/3 \\ -1/3 & 1/3 & 2/3 \\ 1/3 & -1/3 & 1/3 \end{pmatrix}$；　(3) $\begin{pmatrix} 1 & -2 & 1 & 0 \\ 0 & 1 & -2 & 1 \\ 0 & 0 & 1 & -2 \\ 0 & 0 & 0 & 1 \end{pmatrix}$.

3. (1) $\begin{pmatrix} 2 & -23 \\ 0 & 8 \end{pmatrix}$；　(2) $\begin{pmatrix} 1 & 1 \\ 1/4 & 0 \end{pmatrix}$；　(3) $\begin{pmatrix} 4 & 5 & 2 \\ 1 & 2 & 2 \\ 7 & 8 & 2 \end{pmatrix}$.

(B)

3. $\begin{pmatrix} 6 & 0 & 0 \\ 0 & 2 & 0 \\ 0 & 0 & 1 \end{pmatrix}$.

习题 2－3

(A)

1. (1) $\begin{pmatrix} 3 & 0 & -2 \\ 5 & -1 & -2 \\ 0 & 3 & 2 \end{pmatrix}$；　(2) $\begin{pmatrix} 1 & 2 & 5 & 1 \\ 0 & 1 & 2 & -4 \\ 0 & 0 & -4 & 3 \\ 0 & 0 & 0 & -9 \end{pmatrix}$.

2. (1) $\begin{pmatrix} 1/2 & 0 & 0 \\ 0 & -5 & 2 \\ 0 & 3 & -1 \end{pmatrix}$；　(2) $\begin{pmatrix} 1/5 & 0 & 0 & 0 \\ 0 & 1 & 0 & 0 \\ 0 & 0 & 2 & -3 \\ 0 & 0 & -5 & 8 \end{pmatrix}$；

(3) $\begin{pmatrix} 0 & 0 & 1 & -3 \\ 0 & 0 & -2 & 7 \\ 1 & 0 & 0 & 0 \\ 0 & 1/3 & 0 & 0 \end{pmatrix}$.

(B)

1. $|\boldsymbol{A}^8| = 10^{16}$，$\boldsymbol{A}^4 = \begin{pmatrix} 5^4 & 0 & 0 & 0 \\ 0 & 5^4 & 0 & 0 \\ 0 & 0 & 2^4 & 0 \\ 0 & 0 & 2^6 & 2^4 \end{pmatrix}$.

2. (1) -4；　(2) 6.

习题 2-4

(A)

1. (1) $\begin{pmatrix}1&0&0\\0&1&0\\0&0&0\end{pmatrix}$;　(2) $\begin{pmatrix}1&0&0&0&0\\0&1&0&0&0\\0&0&0&0&0\\0&0&0&0&0\end{pmatrix}$.

2. (1) $\begin{pmatrix}-\frac{5}{2}&1&-\frac{1}{2}\\5&-1&1\\\frac{7}{2}&-1&\frac{1}{2}\end{pmatrix}$;　(2) $\begin{pmatrix}2/3&2/9&-1/9\\-1/3&-1/6&1/6\\-1/3&1/9&1/9\end{pmatrix}$.

3. (1) $\begin{pmatrix}10&2\\-15&-3\\12&4\end{pmatrix}$;　(2) $\begin{pmatrix}2&-1&-1\\-4&7&4\end{pmatrix}$;　(3) $\begin{pmatrix}2&0&-1\\-7&-4&3\\-4&-2&1\end{pmatrix}$.

(B)

1. $\begin{pmatrix}&&&1/a_n\\&&\iddots&\\&1/a_2&&\\1/a_1&&&\end{pmatrix}$.

2. $\begin{pmatrix}0&-1/2&0\\-3&-3/4&-1/2\\-1&0&0\end{pmatrix}$.

3. $\begin{pmatrix}-2&2&6\\2&0&-3\\2&-1&-3\end{pmatrix}$.

4. $\begin{pmatrix}3&-8&-6\\2&-9&-6\\-2&12&9\end{pmatrix}$.

5. $\begin{pmatrix}1&0&0\\-1&1&0\\0&0&1\end{pmatrix}\begin{pmatrix}1&0&0\\0&1&0\\3&0&1\end{pmatrix}\begin{pmatrix}1&0&0\\0&1&0\\0&0&-8\end{pmatrix}\begin{pmatrix}1&0&0\\0&1&3\\0&0&1\end{pmatrix}\begin{pmatrix}1&0&0\\0&0&1\\0&1&0\end{pmatrix}\begin{pmatrix}1&2&0\\0&1&0\\0&0&1\end{pmatrix}$.

习题 2-5

(A)

1. $r(\boldsymbol{A})=2$.

2. $r(\boldsymbol{A})\leqslant r(\boldsymbol{A}\quad \boldsymbol{b})\leqslant r(\boldsymbol{A})+1$.

3. 可能有;可能有.

4. (1)秩为 2,二阶子式 $\begin{vmatrix} 3 & 1 \\ 1 & -1 \end{vmatrix}=-4$;　(2) 秩为 3,三阶子式 $\begin{vmatrix} 1 & 1 & 0 \\ 3 & -1 & 1 \\ 0 & 0 & 1 \end{vmatrix}=-4$.

(B)

2. 当 $\lambda=3$ 时,$r(\boldsymbol{A})=2$;当 $\lambda\neq 3$ 时,$r(\boldsymbol{A})=3$.

复习题二

一、1. A.　2. C.　3. A.　4. C.　5. B.

二、1. $\dfrac{1}{ad-bc}\begin{pmatrix} a & -b \\ -c & a \end{pmatrix}$.

2. $\boldsymbol{AB}=\boldsymbol{BA}$.

3. $\dfrac{3}{2}$.

4. $\boldsymbol{E}(i,j)$.

5. $\begin{pmatrix} 1 & 3 & 2 \\ 4 & 6 & 5 \\ 7 & 9 & 8 \end{pmatrix}$.

三、3. $\begin{pmatrix} 0 & -10 & 6 \\ 0 & 4 & -2 \\ 1 & 0 & 0 \end{pmatrix}$.

4. (1) -3750;(2) -6;(3) $-\dfrac{1}{6}$;(4) $-\dfrac{1}{6}$;(5) $-\dfrac{1}{6}$.

5. 当 $x\neq 1$ 且 $x\neq -2$ 时,$r(\boldsymbol{A})=3$;当 $x=1$ 时,$r(\boldsymbol{A})=1$;当 $x=2$ 时,$r(\boldsymbol{A})=2$.

6. (1) $\boldsymbol{A}^{-1}=\dfrac{1}{4}\boldsymbol{A}-\dfrac{3}{4}\boldsymbol{E}$;(2) 2^{n+2}.

习题 3-1

(A)

1. (1)D；(2)C.

2. 有无穷多解.

3. 无解.

4. (1)只有零解；

(2) $\begin{pmatrix}x_1\\x_2\\x_3\\x_4\end{pmatrix}=k_1\begin{pmatrix}-2\\1\\0\\0\end{pmatrix}+k_2\begin{pmatrix}1\\0\\0\\1\end{pmatrix}(k_1,k_2\in\mathbf{R})$.

5. (1) $\begin{pmatrix}x_1\\x_2\\x_3\\x_4\end{pmatrix}=k_1\begin{pmatrix}-1/2\\1\\0\\0\end{pmatrix}+k_2\begin{pmatrix}1/2\\0\\1\\0\end{pmatrix}+\begin{pmatrix}1/2\\0\\0\\0\end{pmatrix}(k_1,k_2\in\mathbf{R})$；

(2) $\begin{pmatrix}x_1\\x_2\\x_3\\x_4\end{pmatrix}=k_1\begin{pmatrix}1/7\\5/7\\1\\0\end{pmatrix}+k_2\begin{pmatrix}1/7\\-9/7\\0\\1\end{pmatrix}+\begin{pmatrix}6/7\\-5/7\\0\\0\end{pmatrix}(k_1,k_2\in\mathbf{R})$.

(B)

1. 当 $p\neq2$ 时,方程组有唯一解;当 $p=2$ 且 $t\neq1$ 时,方程组无解;当 $p=2$ 且 $t=1$ 时,方程组有无穷多解,全部解为

$$\begin{pmatrix}x_1\\x_2\\x_3\\x_4\end{pmatrix}=k\begin{pmatrix}0\\-2\\1\\0\end{pmatrix}+\begin{pmatrix}-8\\3\\0\\2\end{pmatrix}(k\in\mathbf{R})$$

2. 当 $a\neq1$ 且 $a\neq-2$ 时,方程组有唯一解;当 $a=-2$ 时,方程组无解;当 $a=1$ 时,方程组有无穷多解,全部解为

$$\begin{pmatrix}x_1\\x_2\\x_3\end{pmatrix}=k_1\begin{pmatrix}-1\\1\\0\end{pmatrix}+k_2\begin{pmatrix}-1\\0\\1\end{pmatrix}+\begin{pmatrix}1\\0\\0\end{pmatrix}(k_1,k_2\in\mathbf{R})$$

习题 3-2

(A)

1. $(6,-5,-1/2,1)^T$.

2. 证明略. $\boldsymbol{\beta}=\boldsymbol{\alpha}_1+2\boldsymbol{\alpha}_2-\boldsymbol{\alpha}_3$ 等.

3. $\boldsymbol{\beta}=2\boldsymbol{\alpha}_1+3\boldsymbol{\alpha}_2+4\boldsymbol{\alpha}_3$.

(B)

1. $\boldsymbol{\alpha}_1=\frac{1}{2}(\boldsymbol{\beta}_1+\boldsymbol{\beta}_2),\boldsymbol{\alpha}_2=\frac{1}{2}(\boldsymbol{\beta}_2+\boldsymbol{\beta}_3),\boldsymbol{\alpha}_3=\frac{1}{2}(\boldsymbol{\beta}_1+\boldsymbol{\beta}_3)$.

2. (1) $x=-4,y\neq 0$;

(2) $x\neq -4$;

(3) $x=-4,y=0,\boldsymbol{b}=k\boldsymbol{\alpha}_1-(2k+1)\boldsymbol{\alpha}_2+\boldsymbol{\alpha}_3$($k$ 为任意实数).

习题 3-3

(A)

2. (1)线性相关;(2)线性无关;(3)线性相关.

3. $a=2$ 或 $a=-1$.

习题 3-4

(A)

1. (1)秩为 3,极大无关组为 $\boldsymbol{\alpha}_1,\boldsymbol{\alpha}_2,\boldsymbol{\alpha}_3$;

(2)秩为 2,极大无关组为 $\boldsymbol{\alpha}_1,\boldsymbol{\alpha}_2$.

2. (1)极大无关组为 $\boldsymbol{\alpha}_1,\boldsymbol{\alpha}_2,\boldsymbol{\alpha}_3=\frac{1}{2}\boldsymbol{\alpha}_1+\boldsymbol{\alpha}_2,\boldsymbol{\alpha}_4=\boldsymbol{\alpha}_1+\boldsymbol{\alpha}_2$;

(2)极大无关组为 $\boldsymbol{\alpha}_1,\boldsymbol{\alpha}_2,\boldsymbol{\alpha}_3=\frac{4}{3}\boldsymbol{\alpha}_1-\frac{1}{3}\boldsymbol{\alpha}_2,\boldsymbol{\alpha}_4=\frac{13}{3}\boldsymbol{\alpha}_1+\frac{2}{3}\boldsymbol{\alpha}_2$;

(3)极大无关组为 $\boldsymbol{\alpha}_1,\boldsymbol{\alpha}_2,\boldsymbol{\alpha}_3=\frac{3}{2}\boldsymbol{\alpha}_1-\frac{7}{2}\boldsymbol{\alpha}_2,\boldsymbol{\alpha}_4=\boldsymbol{\alpha}_1+2\boldsymbol{\alpha}_2$.

3. (1)第 1 列和第 2 列构成矩阵的列向量组的极大无关组,$\boldsymbol{\alpha}_3=2\boldsymbol{\alpha}_1-2\boldsymbol{\alpha}_2$;

(2)第 1,2,3 列构成矩阵的列向量组的极大无关组,$\boldsymbol{\alpha}_4=\boldsymbol{\alpha}_1+3\boldsymbol{\alpha}_2-\boldsymbol{\alpha}_3,\boldsymbol{\alpha}_5=-\boldsymbol{\alpha}_2+\boldsymbol{\alpha}_3$.

(B)

1. $a=2,b=5$.

习题 3-5

(A)

2. $\boldsymbol{\beta}_1=2\boldsymbol{\alpha}_1+3\boldsymbol{\alpha}_2-\boldsymbol{\alpha}_3,\boldsymbol{\beta}_2=3\boldsymbol{\alpha}_1-3\boldsymbol{\alpha}_2-2\boldsymbol{\alpha}_3$(验证过程略).

3. $\left(\frac{2}{3},-\frac{2}{3},-1\right),\left(\frac{4}{3},1,\frac{2}{3}\right)$.

(B)

1. (1) $\boldsymbol{P}=\begin{pmatrix}5&-2&-2\\4&-3&-2\\-2&2&3\end{pmatrix}$;

(2) $\begin{pmatrix}x_1\\x_2\\x_3\end{pmatrix}=\begin{pmatrix}5&-2&-2\\4&-3&-2\\-2&2&3\end{pmatrix}\begin{pmatrix}y_1\\y_2\\y_3\end{pmatrix}$;

(3) $\begin{pmatrix}x_1\\x_2\\x_3\end{pmatrix}=\begin{pmatrix}1\\0\\1\end{pmatrix}$, $\begin{pmatrix}y_1\\y_2\\y_3\end{pmatrix}=\frac{1}{13}\begin{pmatrix}7\\6\\5\end{pmatrix}$.

2. (2) $\boldsymbol{P}=\begin{pmatrix}2&3&4\\0&-1&0\\-1&0&-1\end{pmatrix}$.

习题 3-6

(A)

1. (1) $\boldsymbol{\eta}_1=(-2,1,1,0,0)^{\mathrm{T}}$, $\boldsymbol{\eta}_2=(-1,-3,0,1,0)^{\mathrm{T}}$, $\boldsymbol{\eta}_3=(2,1,0,0,1)^{\mathrm{T}}$, $\boldsymbol{x}=c_1\boldsymbol{\eta}_1+c_2\boldsymbol{\eta}_2+c_3\boldsymbol{\eta}_3\ (c_1,c_2,c_3\in\mathbf{R})$;

(2) $\boldsymbol{\eta}_1=(-1,1,0,0,0)^{\mathrm{T}}$, $\boldsymbol{\eta}_2=(0,0,1,0,1)^{\mathrm{T}}$, $\boldsymbol{x}=c_1\boldsymbol{\eta}_1+c_2\boldsymbol{\eta}_2\ (c_1,c_2\in\mathbf{R})$;

(3) $\boldsymbol{\eta}=(-2,1,0,0,0)^{\mathrm{T}}$, $\boldsymbol{x}=c\boldsymbol{\eta}\ (c\in\mathbf{R})$.

2. (1) $\boldsymbol{x}=c_1\begin{pmatrix}-1/2\\-1/2\\1\\0\\0\end{pmatrix}+c_2\begin{pmatrix}0\\-1\\0\\1\\0\end{pmatrix}+c_3\begin{pmatrix}2\\-3\\0\\0\\1\end{pmatrix}+\begin{pmatrix}-9/2\\23/2\\0\\0\\0\end{pmatrix}\ (c_1,c_2,c_3\in\mathbf{R})$;

(2) $\boldsymbol{x}=\begin{pmatrix}5/4\\-1/4\\0\\0\end{pmatrix}+c_1\begin{pmatrix}3/2\\3/2\\1\\0\end{pmatrix}+c_2\begin{pmatrix}-3/4\\7/4\\0\\1\end{pmatrix}\ (c_1,c_2\in\mathbf{R})$.

(B)

2. 齐次线性方程组为$\begin{cases} x_1-2x_2+x_3=0 \\ 2x_1-3x_2+x_4=0 \end{cases}$.

4. $k\begin{pmatrix}3\\4\\5\\6\end{pmatrix}+\begin{pmatrix}2\\3\\4\\5\end{pmatrix}(k\in\mathbf{R})$.

复习题三

一、1. A.　　2. C.　　3. A.　　4. B.　　5. C.

二、1. $r(\mathbf{A})<n$.

2. 共面.

3. 只有零解.

4. $\boldsymbol{\alpha}_1,\boldsymbol{\alpha}_2,\boldsymbol{\alpha}_3,\boldsymbol{\alpha}_4$.

5. $n-1$.

三、1. $k=2$.

2. $\boldsymbol{\alpha}_1,\boldsymbol{\alpha}_2;\boldsymbol{\alpha}_3=-\frac{1}{2}\boldsymbol{\alpha}_1-\frac{5}{2}\boldsymbol{\alpha}_2,\boldsymbol{\alpha}_4=2\boldsymbol{\alpha}_1-\boldsymbol{\alpha}_2$.

3. (1)齐次线性方程组的基础解系为

$$\boldsymbol{\xi}_1=\begin{pmatrix}-2\\1\\1\\0\end{pmatrix}\quad \boldsymbol{\xi}_2=\begin{pmatrix}-1\\-3\\0\\1\end{pmatrix}$$

(2)通解为

$$k_1\boldsymbol{\xi}_1+k_2\boldsymbol{\xi}_2+\boldsymbol{\eta}=k_1\begin{pmatrix}-2\\1\\1\\0\end{pmatrix}+k_2\begin{pmatrix}-1\\-3\\0\\1\end{pmatrix}+\begin{pmatrix}-2\\-1\\0\\0\end{pmatrix}(k_1,k_2\in\mathbf{R})$$

4. $\boldsymbol{x}=\boldsymbol{\eta}_1+c_1(\boldsymbol{\eta}_2-\boldsymbol{\eta}_1)+c_2(\boldsymbol{\eta}_3-\boldsymbol{\eta}_1)(c_1,c_2\in\mathbf{R})$.

习题 4－1

(A)

1. (1)无意义；(2)无意义.

2. $\frac{\pi}{2}$.

3. $e_1=\left(\frac{1}{2},\frac{1}{2},\frac{1}{2},\frac{1}{2}\right)$，$e_2=\left(0,\frac{-2}{\sqrt{14}},\frac{-1}{\sqrt{14}},\frac{3}{\sqrt{14}}\right)$，$e_3=\left(\frac{1}{\sqrt{6}},\frac{1}{\sqrt{6}},\frac{-2}{\sqrt{6}},0\right)$.

4. (1)不是正交矩阵；

(2)是正交矩阵.

(B)

1. $\boldsymbol{\alpha}_2=\begin{pmatrix}1\\0\\-1\end{pmatrix}$，$\boldsymbol{\alpha}_3=\frac{1}{2}\begin{pmatrix}-1\\2\\-1\end{pmatrix}$.

习题 4－2

(A)

1. $\boldsymbol{\alpha}$ 是 $\boldsymbol{A}$ 的特征向量，$\boldsymbol{\beta}$ 不是 $\boldsymbol{A}$ 的特征向量.

3. $\boldsymbol{A}$ 的特征值等于 $a_{11},a_{22},\cdots,a_{nn}$.

4. (1)$\lambda_1=2,\lambda_2=4$. 对应于 $\lambda_1=2$ 的特征向量为 $k_1\boldsymbol{p}_1=k_1\begin{pmatrix}1\\1\end{pmatrix}(k_1\neq0)$，对应于 $\lambda_2=4$ 的特征向量为 $k_2\boldsymbol{p}_2=k_2\begin{pmatrix}-1\\1\end{pmatrix}(k_2\neq0)$.

(2)$\lambda_1=1,\lambda_2=\lambda_3=2$. 对应于 $\lambda_1=1$ 的特征向量为 $k_1\boldsymbol{p}_1=k_1\begin{pmatrix}-1\\1\\1\end{pmatrix}(k_1\neq0)$，对应于 $\lambda_2=\lambda_3=2$ 的特征向量为 $k_2\boldsymbol{p}_2+k_3\boldsymbol{p}_3=k_2\begin{pmatrix}1\\0\\1\end{pmatrix}+k_3\begin{pmatrix}0\\1\\1\end{pmatrix}$($k_2,k_3$ 不全为 0).

(3)$\lambda_1=-1,\lambda_2=\lambda_3=2$. 对应 $\lambda_1=-1$ 的全体特征向量为 $k_1(1,0,1)^{\mathrm{T}}(k_1\neq0)$，对应于 $\lambda_2=\lambda_3=2$ 的全体特征向量为 $k_2(1,4,0)^{\mathrm{T}}+k_3(1,0,4)^{\mathrm{T}}$($k_2,k_3$ 不同时为 0).

5. $2\boldsymbol{A},\boldsymbol{A}^{-1}$ 的特征值分别为 2，-4，6 和 1，$-1/2$，1/3.

(B)

2. $\lambda_1=0, \lambda_2=\lambda_3=2$,对应于 $\lambda_1=0$ 的特征向量为 $k_1\boldsymbol{p}_1=k_1\begin{pmatrix}1\\0\\-1\end{pmatrix}(k_1\neq 0)$,对应于 $\lambda_2=\lambda_3=2$的特征向量为 $k_2\boldsymbol{p}_2+k_3\boldsymbol{p}_3=k_2\begin{pmatrix}0\\1\\0\end{pmatrix}+k_3\begin{pmatrix}1\\0\\1\end{pmatrix}$ $(k_2,k_3$ 不全为 0).

3. 50.

习题 4-3

(A)

2. (1) 可以化为对角矩阵;(2)不可以化为对角矩阵.

3. $k(1,0,1)^{\mathrm{T}}(k\neq 0)$.

4. (1) $\frac{1}{3}\begin{pmatrix}1&2&2\\2&1&-2\\2&-2&1\end{pmatrix}$; (2) $\begin{pmatrix}-2/\sqrt{5}&2\sqrt{5}/15&-1/3\\1/\sqrt{5}&4\sqrt{5}/15&-2/3\\0&\sqrt{5}/3&2/3\end{pmatrix}$.

5. $\boldsymbol{P}=\begin{pmatrix}1&0&0\\0&1/\sqrt{2}&1/\sqrt{2}\\0&-1/\sqrt{2}&1/\sqrt{2}\end{pmatrix}$.

(B)

1. $a=-1$.

2. $\boldsymbol{A}=\begin{pmatrix}-2&3&-3\\-4&5&-3\\-4&4&-2\end{pmatrix}$.

3. $x=4, y=5$.

复习题四

一、1. C.　　2. B.　　3. C.　　4. D.

二、1. 2.

2. 非零三维向量.

3. -1.

4. 1.

三、1. $\lambda_1=2,\lambda_2=\lambda_3=-1$，属于特征值 $\lambda=2$ 的所有特征向量为 $k_1(1,1,1)^T(k_1\neq0)$，属于特征值 $\lambda_2=\lambda_3=-1$ 的所有特征向量为 $k_2(1,-1,0)^T+k_3(-1,0,1)^T(k_2,k_3$ 不全为零).

2. 不能相似对角化.

3. $a=-1$，属于特征值 $\lambda_1=1$ 的所有特征向量为 $k_1(1,-1,1)^T(k_1\neq0)$，属于特征值 $\lambda_2=0$ 的所有特征向量为 $k_2(-1,0,1)^T(k_2\neq0)$，属于特征值 $\lambda_3=-1$ 的所有特征向量为 $k_3(1,2,1)^T(k_3\neq0)$.

5. (1) $-4,-6,-12$；

(2) 可以，因为三个特征值不同，$\boldsymbol{\Lambda}=\begin{pmatrix}-4&0&0\\0&-6&0\\0&0&-12\end{pmatrix}$.

习题 5-1

(A)

1. D.

2. (1) $(x,y,z)\begin{pmatrix}3&1&-2\\1&-1&5/2\\-2&5/2&5\end{pmatrix}\begin{pmatrix}x\\y\\z\end{pmatrix}$；

(2) $(x_1,x_2,x_3,x_4)\begin{pmatrix}0&1/2&1&-2\\1/2&0&0&3/2\\1&0&0&0\\-2&3/2&0&0\end{pmatrix}\begin{pmatrix}x_1\\x_2\\x_3\\x_4\end{pmatrix}$.

3. $f(x_1,x_2,x_3,x_4)=x_1^2-2x_1x_2-6x_1x_3+2x_1x_4-4x_2x_3+x_2x_4+\dfrac{1}{3}x_3^2-3x_3x_4$.

(B)

1. 二次型的秩为 2.

2. $2y_1^2-2y_2^2+20y_3^2$.

习题 5－2

(A)

1. (1) $f=y_1^2+y_2^2$, $\begin{pmatrix}x_1\\x_2\\x_3\end{pmatrix}=\begin{pmatrix}1&-1&1\\0&1&-2\\0&0&1\end{pmatrix}\begin{pmatrix}y_1\\y_2\\y_3\end{pmatrix}$;

(2) $f=-4y_1^2+4y_2^2+y_3^2$, $\begin{pmatrix}x_1\\x_2\\x_3\end{pmatrix}=\begin{pmatrix}1&1&-1/2\\1&-1&-1/2\\0&0&1\end{pmatrix}\begin{pmatrix}y_1\\y_2\\y_3\end{pmatrix}$.

2. $\begin{pmatrix}x_1\\x_2\\x_3\\x_4\end{pmatrix}=\begin{pmatrix}1/2&1/\sqrt{2}&0&1/2\\-1/2&1/\sqrt{2}&0&-1/2\\-1/2&0&1/\sqrt{2}&1/2\\1/2&0&1/\sqrt{2}&-1/2\end{pmatrix}\begin{pmatrix}y_1\\y_2\\y_3\\y_4\end{pmatrix}$, $f=-3y_1^2+y_2^2+y_3^2+y_4^2$.

(B)

1. $c=3$.

2. $f=y_1^2+y_2^2-y_3^2$,正惯性指数为 2,秩为 3.

习题 5－3

(A)

1. 正定.

2. $-1/\sqrt{2}<t<1/\sqrt{2}$.

(B)

1. $-3<a<1$.

复习题五

一、1. B.　　2. B.

二、1. $y_1^2+y_2^2-y_3^2$.

2. 2.

3. $p=r=n$.

三、1. $a=0,b=0$.

2. $-1<k<0$.

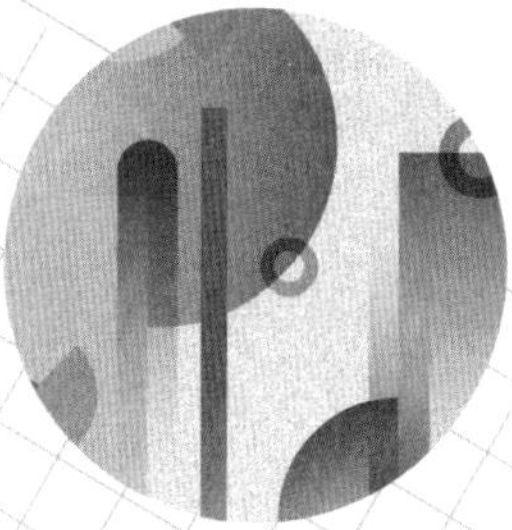

线性代数

(第3版)

责任编辑：严慧明
封面设计：乔　楚

官方微信公众号

ISBN 978-7-5121-4539-9

9 787512 145399 >

定价: 38.00 元